"十三五"职业教育国家规划教材

新编五年制高等职业教育教材

数学

（第4版）

（第1册）

SHUXUE

主　编　洪晓峰　张　伟

副主编　周文龙　吴邦昆　江万满

编　委（按姓氏笔画排序）

仲继东　朱兴伟　江万满

李兰兰　吴邦昆　张　伟

陈　傑　周文龙　洪晓峰

葛文军　程堂宝

图书在版编目(CIP)数据

数学. 第1册/洪晓峰,张伟主编. —4版. —合肥:安徽大学出版社,2018.8
(2022.8重印)
新编五年制高等职业教育教材
ISBN 978-7-5664-1623-0

Ⅰ. ①数… Ⅱ. ①洪…②张… Ⅲ. ①数学—高等职业教育—教材 Ⅳ. ①O1

中国版本图书馆CIP数据核字(2018)第131285号

数 学(第1册)(第4版)

洪晓峰 张 伟 主编

出版发行:北京师范大学出版集团
安 徽 大 学 出 版 社
(安徽省合肥市肥西路3号 邮编230039)
www.bnupg.com
www.ahupress.com.cn
印 刷:合肥图腾数字快印有限公司
经 销:全国新华书店
开 本:787 mm×1092 mm 1/16
印 张:15.5
字 数:306千字
版 次:2018年8月第4版
印 次:2022年8月第7次印刷
定 价:39.00元
ISBN 978-7-5664-1623-0

策划编辑:刘中飞 张明举
责任编辑:张明举
责任印制:赵明炎
装帧设计:李 军
美术编辑:李 军

安徽省五年制高等职业教育《数学》教材自 2001 年(第 1 版)出版发行以来,得到了各级领导和专家以及教材使用学校的师生的肯定和支持.根据教学的实际情况和要求,我们曾分别于 2003 年和 2007 年对教材进行了修订.2011 年我们在充分听取各方意见和广泛吸取同类、同层次教材的长处的基础上,再次对这套教材进行修订,修订后的第 3 版教材共分 2 册.第 1 册以初等数学为主,第 2 册以二次曲线、极坐标与参数方程、数列与数学归纳法、排列、组合、二项式定理以及一元函数微积分为主.特别要说明的是第 3 版教材的修订,教材结构变动较大,教材的质量得到进一步提高.在此衷心感谢为第 3 版教材的修订工作付出辛勤劳动的安徽机电职业技术学院夏国斌(第 3 版主编),安徽电气工程学校徐小伍,合肥铁路工程学校洪晓峰、葛文军,安徽化工学校周文龙、汪敏,安徽理工学校董安明,海军安庆市职业技术学校孙科,安徽省汽车工业学校章斌、徐黎,安徽省第一轻工业学校张永胜,安徽经济技术学院赵家成等老师.当然,我们也更不会忘记为本套教材(第 1 版)的出版作出重要贡献的夏国斌、韩业岚、李立众、姜绳、梁继会、刘传宝、吴方庭、辛颖、程伟、高山、吴照春、王芳玉、刘莲娣、杨兴慎、陈红、潘晓安等老师.

为了让本套教材更贴近目前五年制高职数学教学的实际,在保持第 3 版原有结构的基础上,我们再次对教材进行修订.本次修订对第 3 版的内容进行了部分增减和调整,修订后的第 4 版教材仍分 2 册,第 1 册内容包括:集合、充要条件、不等式,函数,任意角的三角函数,简化公式、加法定理、正弦型曲线,反三角函数、解斜三角形,平面向量,复数,空间图形,直线等.第 2 册内容包括:二次曲线,坐标转换与参数方程,排列、组合、概率初步,数列,极限与连续,导数与微分,导数的应用,积分及其应用,简单的微分方程等.修订后的第 4 版全套教材主要体现以下特色:

1. 简明易学,使用方便. 教材在内容的组织与编排方面,由浅入深、由易到难、由具体到抽象,适应学生的年龄特点和认知水平,力求紧密结合实际. 为使教材更具弹性,更趋完善,能够适应更多专业的需要,我们安排了一定数量的选学内容("*"号标记). 在练习的安排上,采取多梯度安排练习题的方式,教材每节内容后均配有A(基础题)、B(提高题)两套课外习题,每章后还配有复习题和单元自测题,可供学生进行单元复习和自我检测. 另外,本套教材中所有的习题、复习题及自测题都提供了参考答案,使用者可通过扫描二维码查阅.

2. 紧密结合实际. 注重从生活中的实际问题引入数学概念,利用数学知识解决实际问题.

3. 体现时代特征. 一方面,强调对计算器的使用,将相关知识点与计算器的使用相结合;另一方面,将一些教学内容与常用计算机软件有机结合起来,利用软件的强大功能,方便教师的教学,增强学生对数学的理解,提高教学效率.

4. 拓宽视野. 每章后附有阅读材料,内容涉及数学史及相关知识应用案例.

本套教材主要适用于五年制高等职业教育数学课程,同时也可以作为中等职业教育数学课程学习的辅助用书. 教材必学部分的教学时数约为 200 学时.

本书是这套教材的第 1 册,由合肥铁路工程学校洪晓峰、皖北卫生职业学院张伟担任主编,参加本次教材修订的人员还有合肥铁路工程学校葛文军、黄山职业技术学院江万满、合肥职业技术学院吴邦昆、合肥市经贸旅游学校陈傑、合肥工业学校程堂宝、淮北卫生学校仲继东、安徽医学高等专科学校朱兴伟、安徽化工学校周文龙.

在教材的编写、修订过程中,我们得到了安徽省教育厅有关部门、各有关学校及安徽大学出版社的大力支持和帮助,在此一并表示衷心的感谢!

限于编者的学识和水平,教材中出现的错误、疏漏和不完善之处在所难免,敬请使用本教材的师生和同行予以指正.

编　者

2018 年 7 月

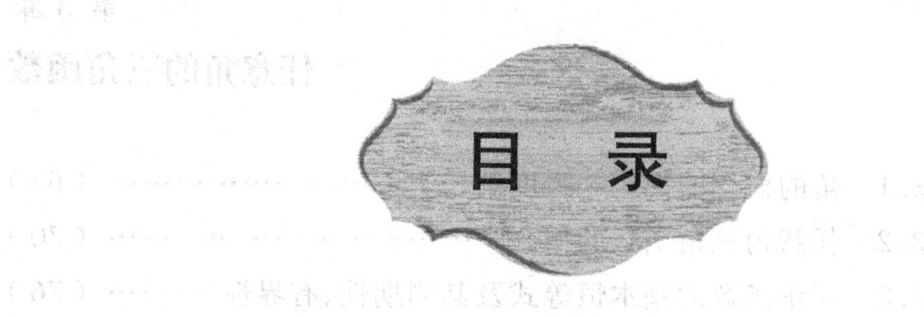

目　录

第 1 章　集合　充要条件　不等式

第 2 章　函数

第3章
任意角的三角函数

第4章
简化公式 加法定理 正弦型曲线

第5章
*反三角函数 *解斜三角形

第 6 章

平面向量

第 7 章

*复数

第 8 章

*空间图形

第 9 章

直线

附录

常用的数学符号

第1章

集合　充要条件　不等式

集合是数学中最基本的概念之一.本章首先介绍有关集合的一些重要概念、常用符号和简单运算,然后学习一些命题的初步知识,最后讨论一元二次不等式及其他常见类型不等式的解法.

1.1　集合的概念

一、集合的意义

我们在初中用过"集合"这个词,例如整数集合,是把所有的整数作为一个整体加以研究.

我们把具有某种特定性质的对象的总体称为**集合**(简称"集"),把构成集合的对象称为集合的**元素**.

下面来看几个例子:

(1) 某校一年级的全体学生构成一个集合,其中每个学生都是这个集合的元素.

(2) 某工厂金工车间的全部机床组成一个集合,车间中的每一台机床都是这个集合的元素.

(3) 所有自然数组成一个集合,自然数 $0,1,2,3,\cdots,n,\cdots$,都是这个集合的元素.

(4) 方程 $x^2-1=0$ 的所有实数根组成一个集合,这个集合有两个元素 1 与 -1.

(5) 不等式 $x-4>0$ 的所有解组成一个集合,显然,凡是大于 4 的实数都是这个集合的元素.

(6) 平面上与两定点距离相等的点的全体组成一个集合，这样的集合是连接两点的线段垂直平分线，该垂直平分线上每一个点都是这个集合的元素.

若一个集合只含有限个元素，这样的集合称为**有限集合**；若集合含无限多个元素，这样的集合称为**无限集合**. 例如，在上面的例子中，(1)、(2)、(4)这三个集合是有限集合，而(3)、(5)、(6)这三个集合是无限集合.

一般地，一个集合，通常用大写字母 A、B、C、… 表示，集合中的元素用小字母 a、b、c、… 表示. 如果 a 是集合 A 中的元素，记为 $a\in A$，读作"a 属于 A"；如果 a 不是集合 A 中的元素，记为 $a\overline{\in} A$，读作"a 不属于 A".

例如，在上例中，用 $\mathbf{N}$ 表示自然数集，则 $2\in\mathbf{N}$，$0\in\mathbf{N}$，$-2\overline{\in}\mathbf{N}$.

由数组成的集合称为**数集**. 常见的数集及其符号如下表所示：

数　集	自然数集	整数集	有理数集	实数集
符　号	$\mathbf{N}$	$\mathbf{Z}$	$\mathbf{Q}$	$\mathbf{R}$

在数集中，若元素都是正数，应在集合记号的右上角标以"＋"号；若元素都是负数，应在集合记号的右上角标以"－". 例如：正有理数集记作 $\mathbf{Q}^{+}$，负实数集记为 $\mathbf{R}^{-}$. 特别地，在自然数集中排除 0 的集合，记为 $\mathbf{N}^{*}$ 或 $\mathbf{N}_{+}$.

满足方程(组)或不等式(组)的所有解组成的集合称为方程(组)或不等式(组)的**解集**.

只含有一个元素的集合称为**单元集**. 例如，方程 $x+1=0$ 的解集中只有一个元素 -1，这就是单元集.

不含有任何元素的集合称为**空集**，记作 $\varnothing$. 例如，方程 $x^2+1=0$ 在实数范围内解的集合就是空集. 至少有一个元素的集合称为**非空集合**.

二、集合的表示法

1. 列举法

把属于某个集合的元素一一列举出来，写在大括号{　}内，每个元素之间用逗号隔开，每个元素仅写一次，不考虑顺序，这种表示集合的方法称为**列举法**.

例如，小于 4 的自然数的集合可表示为 $\{0,1,2,3\}$.

当集合的元素很多，不需要或不可能一一列出时，也可只写出几个元素，其他用省略号表示. 例如，小于 100 的自然数集可表示为 $\{0,1,2,3,\cdots,99\}$，正偶数集可表示为 $\{2,4,6,\cdots,2n,\cdots\}$.

2. 描述法

把属于某个集合的元素所具有的特定性质描述出来，写在大括号{　}内，这种表示集合的方法称为**描述法**.

例如，正偶数集$\{2,4,6,\cdots,2n,\cdots\}$可表示为$\{x|x=2n,n\in \mathbf{N}^*\}$或{正偶数}.其中竖线左边的$x$表示该集合的任意一个元素，竖线右边写出集合元素的特定性质.

又例如，反比例函数$y=\frac{1}{x}$的图像上的点(x,y)组成的集合可表示为

$$\{(x,y)|y=\frac{1}{x},x\neq 0\}.$$

例 1　用列举法表示下列集合：

(1) $\{x|x$ 是大于 3 且小于 10 的奇数$\}$；

(2) $\{x|x^2-5x+6=0,x\in \mathbf{R}\}$.

解　(1) $\{5,7,9\}$；

(2) 方程 $x^2-5x+6=0$ 的解集为$\{2,3\}$，其中 $x\in\mathbf{R}$ 一般可省略不写.

例 2　用描述法表示下列集合：

(1) 不等式 $x-5>3$ 的解组成的集合；

(2) 在平面直角坐标系内，抛物线 $y=x^2$ 上所有点组成的集合；

(3) 在平面直角坐标系的第Ⅰ象限内所有点组成的集合.

解　(1) 不等式 $x-5>3$ 的解集可表示为：

$$\{x|x-5>3\},$$

即

$$\{x|x>8\};$$

(2) 如图 1-1(1)所示，在直角坐标系内，抛物线 $y=x^2$ 上所有点的集合是$\{(x,y)|y=x^2\}$；

(3) 如图 1-1(2)所示，在直角坐标系的第Ⅰ象限内所有点的集合是$\{(x,y)|x>0,y>0\}$.

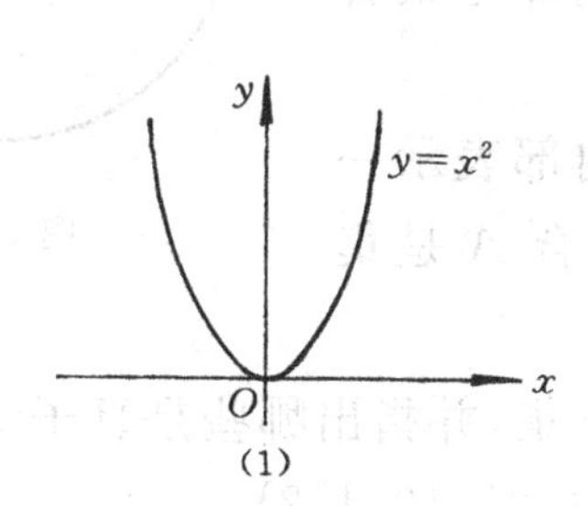

(1)

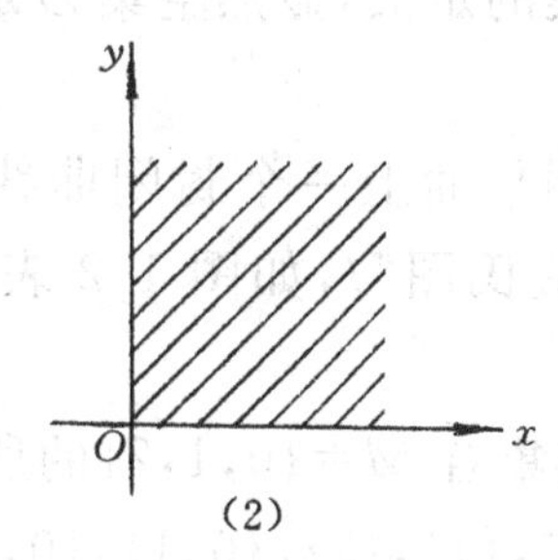

(2)

图 1-1

关于集合的概念，再作如下说明：

(1)作为集合的元素必须是确定的，否则就不能构成集合. 这就是说，对于任何一个对象，或者属于这个集合，或者不属于这个集合，二者必居其一.

例如，某班高个子同学全体，就不能构成集合，因为没有规定多高才算是高个子，因而"高个子同学"不能确定.

(2)一个给定的集合，它的元素是互异的. 也就是说，集合中的任何两个元素都是不同的对象，相同的对象归入同一个集合时只能算作集合的一个元素.

例如，方程 $x^2-2x+1=0$ 的解集为$\{1\}$，但不能写成$\{1,1\}$.

(3)一个给定的集合，它的元素无先后顺序.

例如，集合$\{-2,2\}$和集合$\{2,-2\}$表示同一个集合.

三、集合之间的关系

1. 集合的包含关系

由下面的两个集合

$$A=\{1,2,3\},B=\{1,2,3,4\}$$

可以发现，集合 A 的任何一个元素都是集合 B 的元素，因此，我们给出下面定义：

定义 设有两个集合 A 和 B，如果集合 A 的任何一个元素都是集合 B 的元素，则集合 A 称为集合 B 的**子集**，记作 $A\subseteq B$ 或 $B\supseteq A$，读作"A 包含于 B"或"B 包含 A".

由定义可得：$A\subseteq A$.

规定：$\varnothing\subseteq A$.

如果集合 A 是集合 B 的子集，并且 B 中至少有一元素不属于 A，那么集合 A 称为集合 B 的**真子集**，记为 $A\subsetneqq B$ 或 $B\supsetneqq A$.

例如，$\mathbf{N}\subseteq\mathbf{N}$，$\mathbf{N}\subsetneqq\mathbf{R}$.

根据真子集的定义，显然空集$\varnothing$是任何非空集合的真子集.

我们通常用平面上一个封闭曲线的内部表示一个集合（称为"文氏图"），如图 1-2 表示集合 A 是集合 B 的真子集.

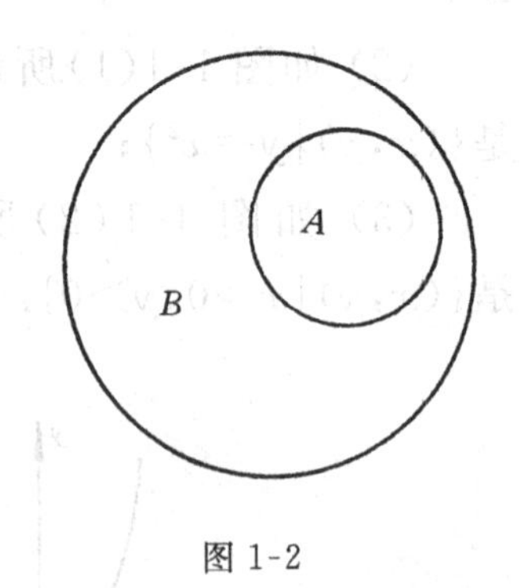

图 1-2

例 3 写出集合 $M=\{0,1,2\}$的所有子集，并指出哪些是真子集.

解 $\varnothing$，$\{0\}$，$\{1\}$，$\{2\}$，$\{0,1\}$，$\{0,2\}$，$\{1,2\}$，$\{0,1,2\}$.

集合 M 的子集共有 8 个，其中除$\{0,1,2\}$外，其余都是 M 的真子集.

2. 集合的相等

定义　对于两个集合 A、B，如果 $A\subseteq B$，同时 $B\subseteq A$，则称集合 A 和集合 B **相等**，记作 $A=B$.

由定义可知，两个集合相等就表示这两个集合的元素完全相同.

例如，$\{1,2,3,4\}=\{3,2,4,1\}$.

例 4　讨论集合 $A=\{x\mid x^2-3x+2=0\}$ 与集合 $B=\{1,2\}$ 之间的关系.

解　由方程 $x^2-3x+2=0$ 解得，$x_1=1$，$x_2=2$. 于是，$A=\{1,2\}$，因为集合 A 与集合 B 元素相同，所以，$A=B$.

习题 1-1(A 组)

1. 按以下语句给出的条件是否能组成集合？

(1) 某图书馆的全部藏书；

(2) 某商场漂亮服装的全体；

(3) 所有的钝角三角形.

2. 写出下列集合的元素：

(1) 一年中有 31 天的月份的集合；

(2) 平方后仍等于原数的数的集合；

(3) 英文元音字母的集合.

3. 用适当的符号($\in$，$\overline{\in}$，$=$，$\supseteq$，$\subseteq$)填空：

(1) 3 ____ $\mathbf{N}$；　(2) 0 ____ $\mathbf{Z}^+$；　(3) π ____ $\mathbf{Q}$；

(4) $\mathbf{Z}$ ____ $\mathbf{N}$；　(5) a ____ $\{a\}$；　(6) 0 ____ $\varnothing$；

(7) $\{a,b,c\}$ ____ $\{c,b,a\}$；　(8) $\varnothing$ ____ $\{a,b\}$.

4. 用适当的方法表示下列集合：

(1) 小于 10 的所有正整数的平方数；

(2) 直线 $y=2x$ 上所有点；

(3) 方程组 $\begin{cases}x+y=2\\xy=-3\end{cases}$ 的解集；

(4) 不等式 $3(x-1)<2x-5$ 的解集.

扫一扫，获取参考答案

5. 写出 $\{a,b,c,d\}$ 的所有子集，并指出其中哪些是真子集.

习题 1-1(B 组)

1. 用适当的符号($\in, \notin, =, \subseteq, \supseteq$)填空：

(1) -3 ____ $\mathbf{Q}^{-}$；　(2) $\sqrt{3}$ ____ $\mathbf{R}$；　(3) π ____ $\mathbf{Q}$；

(4) $\mathbf{Z}$ ____ $\mathbf{Q}$ ____ $\mathbf{R}$；　(5) $\{x|x>2\}$ ____ $\{x|x>3\}$.

2. 用适当的方法表示下列集合：

(1) 方程 $x^2+6x+9=0$ 的解集；

(2) 数轴上点 $x=3$ 左方的所有点；

(3) 直角坐标系第Ⅱ象限内的所有点；

(4) 所有 4 的正整数倍且小于 100 的数.

3. 设 $A=\{1,3,5,7,9\}$，写出集合 A 中符合下列条件的子集：

(1) 元素都是质数；

(2) 元素都能被 3 整除；

(3) 元素都能被 2 整除.

扫一扫，获取参考答案

4. 讨论下列各题中两个集合间的关系：

(1) $A=\{x|0\leqslant x<1\}$；　$B=\{x|x-2<0\}$；

(2) $A=\{x|x=2n, n\in\mathbf{Z}\}$；　$B=\{x|x=2(n+1), n\in\mathbf{Z}\}$.

1.2　集合的运算

一、交集

先看一个例子，某商店进了两批货，第一批有服装、文具、自行车、化妆品、皮鞋五个品种，第二批有化妆品、自行车、电子表、收录机四个品种，分别记作：

$A=\{$服装，文具，自行车，化妆品，皮鞋$\}$，

$B=\{$化妆品，自行车，电子表，收录机$\}$.

试问：两次进货都有的品种有哪些？显然两批货物的公共元素是化妆品和自行车，它们组成的集合是

$C=\{$化妆品，自行车$\}$.

对于这样的集合，给出以下定义：

定义　设 A、B 是两个集合，把既属于 A 又属于 B 的所有元素组成的集合称为 A 与 B 的**交集**，记作 $A\cap B$，读作“A 交 B”，即

$$A\cap B=\{x|x\in A \text{ 且 } x\in B\}.$$

因此，在上面的例子中有

$$C=A\cap B.$$

按照集合 A 与集合 B 本身的相互关系，它们的交集有如图 1-3 所示的四种情形，图中阴影部分表示 $A\cap B$.

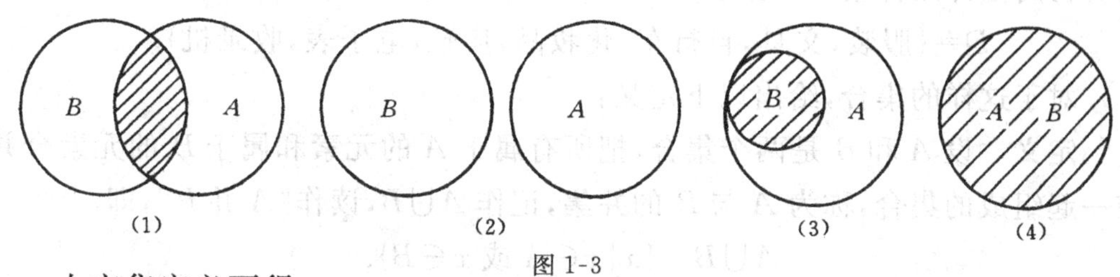

图 1-3

由交集定义可得：

$$A\cap B\subseteq A,\qquad A\cap B\subseteq B,$$
$$A\cap A=A,\qquad A\cap\varnothing=\varnothing.$$

求集合的交集的运算称为**交运算**.

例 1 设 $A=\{$奇数$\}$，$B=\{$偶数$\}$，$Z=\{$整数$\}$，求 $A\cap Z$，$B\cap Z$，$A\cap B$.

解 $A\cap Z=\{$奇数$\}\cap\{$整数$\}=\{$奇数$\}=A$；

$B\cap Z=\{$偶数$\}\cap\{$整数$\}=\{$偶数$\}=B$；

$A\cap B=\{$奇数$\}\cap\{$偶数$\}=\varnothing$.

例 2 设 $A=\{(x,y)\mid 4x+y=6\}$，$B=\{(x,y)\mid 3x+2y=7\}$，求 $A\cap B$.

解
$$\begin{aligned}A\cap B&=\{(x,y)\mid 4x+y=6\}\cap\{(x,y)\mid 3x+2y=7\}\\&=\left\{(x,y)\middle|\begin{cases}4x+y=6\\3x+2y=7\end{cases}\right\}\\&=\{(1,2)\}.\end{aligned}$$

例 3 设 $A=\{12$ 的正约数$\}$，$B=\{18$ 的正约数$\}$，$C=\{$不大于 5 的自然数$\}$，求(1) $(A\cap B)\cap C$； (2) $A\cap(B\cap C)$.

解 因为，$A=\{1,2,3,4,6,12\}$，

$B=\{1,2,3,6,9,18\}$，

$C=\{0,1,2,3,4,5\}$，

所以，(1) $(A\cap B)\cap C=\{1,2,3,6\}\cap\{0,1,2,3,4,5\}$
$=\{1,2,3\}$；

(2) $A\cap(B\cap C)=\{1,2,3,4,6,12\}\cap\{1,2,3\}$
$=\{1,2,3\}$.

由交集定义可得，交运算满足：

交换律： $A\cap B=B\cap A$.

结合律： $(A\cap B)\cap C=A\cap(B\cap C)$.

二、并集

在本节开始的例子中，如果要问两次进货的品种总共有哪些？显然是两批货物的全部品种组成的集合，即：

$D=\{$服装，文具，自行车，化妆品，皮鞋，电子表，收录机$\}$.

对于这样的集合，给出以下定义：

定义 设 A 和 B 是两个集合，把所有属于 A 的元素和属于 B 的元素合并在一起组成的集合，称为 A 与 B 的**并集**，记作 $A\cup B$，读作“A 并 B”，即

$$A\cup B=\{x|x\in A \text{ 或 } x\in B\}.$$

因此，在上面的例子中有 $D=A\cup B$.

上面定义中的“$x\in A$ 或 $x\in B$”包含了三种可能的情况：

(1) $x\in A$ 但 $x\notin B$；

(2) $x\in B$ 但 $x\notin A$；

(3) $x\in A$ 且 $x\in B$.

在一个具体问题中，这三种情况不会同时出现，但是，不管出现哪一种情况，$A\cup B$ 中的元素都至少属于 A 或 B 中的一个，图 1-4 中的阴影部分表示$A\cup B$.

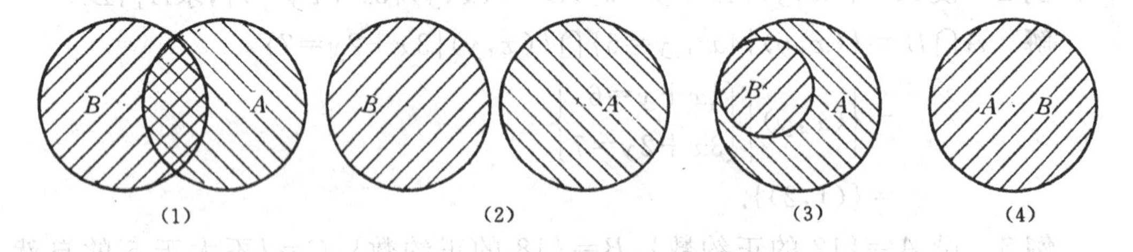

图 1-4

由并集定义得：

$$A\subseteq A\cup B,\qquad B\subseteq A\cup B,$$
$$A\cup A=A,\qquad A\cup\varnothing=A.$$

求集合的并集的运算称为**并运算**.

例 4 设 $A=\{x|(x-1)(x+2)=0\}$，$B=\{x|x^2-4=0\}$，求 $A\cup B$.

解 因为，$A=\{x|(x-1)(x+2)=0\}=\{1,-2\}$，

$B=\{x|x^2-4=0\}=\{-2,2\}$，

所以，$A\cup B=\{1,-2\}\cup\{-2,2\}=\{-2,1,2\}$.

例 5 设 $A=\{$锐角三角形$\}$，$B=\{$钝角三角形$\}$，求 $A\cup B$.

解 $A\cup B=\{$锐角三角形$\}\cup\{$钝角三角形$\}=\{$斜三角形$\}$.

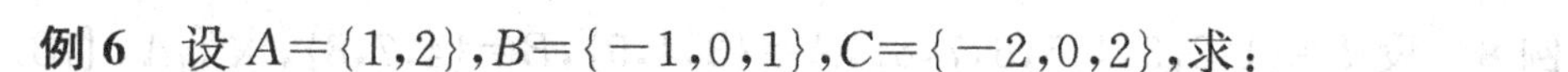

例 6　设 $A=\{1,2\}$, $B=\{-1,0,1\}$, $C=\{-2,0,2\}$，求：

(1) $(A\cup B)\cup C$；　(2) $A\cup(B\cup C)$.

解　因为，$A\cup B=\{-1,0,1,2\}$, $B\cup C=\{-2,-1,0,1,2\}$，

所以，(1) $(A\cup B)\cup C=\{-1,0,1,2\}\cup\{-2,0,2\}=\{-2,-1,0,1,2\}$，

(2) $A\cup(B\cup C)=\{1,2\}\cup\{-2,-1,0,1,2\}=\{-2,-1,0,1,2\}$.

由并集定义可得，并运算满足：

交换律：　$A\cup B=B\cup A$.

结合律：　$(A\cup B)\cup C=A\cup(B\cup C)$.

并集与交集除各自满足交换律和结合律外，交、并运算还有如下两个分配律：

(1) $A\cap(B\cup C)=(A\cap B)\cup(A\cap C)$；

(2) $A\cup(B\cap C)=(A\cup B)\cap(A\cup C)$.

例 7　设 $A=\{0,1,2,3,4\}$, $B=\{1,2,3\}$, $C=\{1,4\}$，求 $(A\cap B)\cup(A\cap C)$.

解　$(A\cap B)\cup(A\cap C)=A\cap(B\cup C)=\{0,1,2,3,4\}\cap\{1,2,3,4\}=\{1,2,3,4\}$.

三、补集

我们在研究集合与集合之间的关系时，如果一些集合都是某一给定集合的子集，那么称这个给定的集合为这些集合的**全集**，通常用 I 表示. 全集 I 一般用矩形来表示. 在研究数集时，一般将实数集 R 作为全集.

设集合 A 是全集 I 的子集，I 中不属于 A 的元素组成一个新的集合，对于这样的集合我们给出下面的定义：

定义　设 A 为全集 I 的子集，由 I 中不属于 A 的元素组成的集合称为集合 A 在 I 中的**补集**，记作 $\complement_I A$，读作"A 在 I 中的补集"，即

$$\complement_I A=\{x\mid x\in I 且 x\notin A\}.$$

集合 A 的补集 $\complement_I A$ 为如图 1-5 所示的阴影部分，由补集的定义和图 1-5 可得：

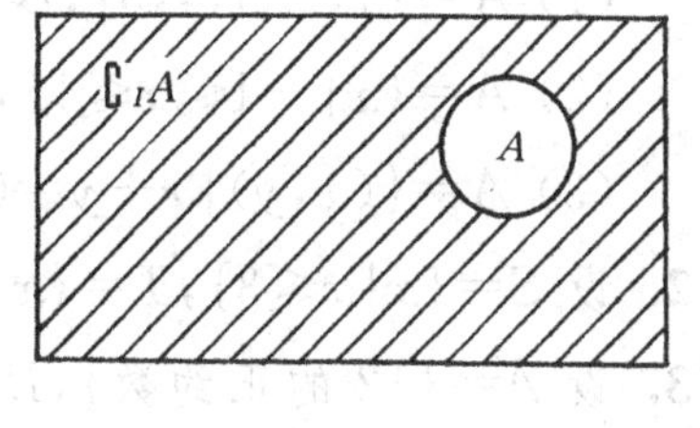

图 1-5

$A\cup\complement_I A=I$，　$A\cap\complement_I A=\varnothing$，　$\complement_I I=\varnothing$，

$\complement_I\varnothing=I$，　　$\complement_I(\complement_I A)=A$.

求集合的补集的运算称为**补运算**.

必须注意：补集是相对全集而言的，即使是同一个集合，如果所讨论的范围不一样，取的全集不同，则它的补集也不同.

例 8 设 $I=\{1,2,3,4,5,6,7,8\}$，$A=\{3,4,5\}$，$B=\{4,7,8\}$，求 $\complement_I A$，$\complement_I B$.

解 $\complement_I A=\{1,2,6,7,8\}$，$\complement_I B=\{1,2,3,5,6\}$.

例 9 设 $I=\{1,2,3,4,5,6,7,8,9,10\}$，$A=\{1,3,5\}$，$B=\{2,3,4,5,6\}$，求证：

(1) $\complement_I(A\cup B)=\complement_I A\cap\complement_I B$；

(2) $\complement_I(A\cap B)=\complement_I A\cup\complement_I B$.

证明 (1) 因为，$A\cup B=\{1,2,3,4,5,6\}$，
所以，$\complement_I(A\cup B)=\{7,8,9,10\}$.

又因为，$\complement_I A=\{2,4,6,7,8,9,10\}$，$\complement_I B=\{1,7,8,9,10\}$，

$\complement_I A\cap\complement_I B=\{7,8,9,10\}$，

所以，$\complement_I(A\cup B)=\complement_I A\cap\complement_I B$.

(2) 因为，$A\cap B=\{3,5\}$，

所以，$\complement_I(A\cap B)=\{1,2,4,6,7,8,9,10\}$，

$\complement_I A\cup\complement_I B=\{1,2,4,6,7,8,9,10\}$.

所以，$\complement_I(A\cap B)=\complement_I A\cup\complement_I B$.

上例所证的两个等式对于任意给定集合 A 和 B 也成立，称为**德·摩根**(De·Morgan)公式，也称**反演律**，即：

(1) $\complement_I(A\cap B)=\complement_I A\cup\complement_I B$；

(2) $\complement_I(A\cup B)=\complement_I A\cap\complement_I B$.

习题 1-2(A 组)

1. 已知两个集合 A 与 B，求 $A\cap B$，$A\cup B$：

(1) $A=\{1,2,3,4,5\}$，$B=\{4,5,6,7\}$；

(2) $A=\{x\mid -1\leqslant x\leqslant 1\}$，$B=\{x\mid x>0\}$；

(3) $A=\{(x,y)\mid x+y=0\}$，$B=\{(x,y)\mid x-y=0\}$.

2. 设 $S=\{x\mid x\leqslant 3\}$，$T=\{x\mid x<1\}$，求 $S\cap T$ 及 $S\cup T$，并在数轴上表示出来.

3. 设 $A=\{12$ 的正约数$\}$，$B=\{18$ 的正约数$\}$，$C=\{$不大于 6 的自然数$\}$，求：

(1) $(A\cap B)\cap C$；

(2) $(A\cap B)\cup C$.

4. 设 $I=\{$小于 9 的正整数$\}$，$A=\{1,2,3\}$，$B=\{3,4,5,6\}$，求：

$\complement_I A$，$\complement_I B$，$\complement_I(A\cap B)$，$\complement_I A\cup\complement_I B$.

5. 用集合 A、B、C 的交、并、补来表示下列文氏图(如图 1-6 所示)中的阴影部分.

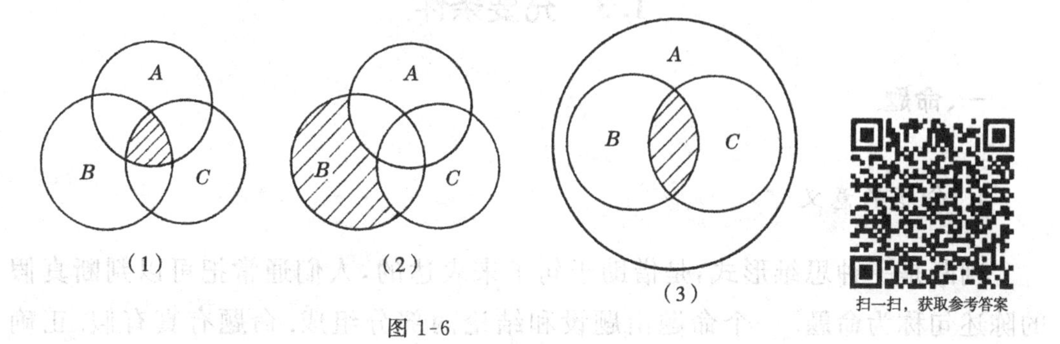

图 1-6

习题 1-2(B 组)

1. 已知两个非空集合 $A\neq B$,在下列各题"____"处填上适当的符号：

(1) $A\cap B$ ____ $A\cup B$；　　(2) $A\cap B$ ____ $B\cap A$；

(3) $A\cup B$ ____ B；　　(4) $A\cap B$ ____ B.

2. 设 $A=\{1,2,4,5,9\}$,$B=\{3,5,7\}$,$C=\{3,6,7,8,10\}$,求：

(1) $A\cup B\cup C$；

(2) $A\cap B\cap C$；

(3) $(A\cap B)\cup(A\cap C)$.

3. 设 $I=\{$不大于 10 的自然数$\}$,$A=\{1,2,4,5,9\}$, $B=\{3,6,7,8,10\}$,求：

(1) $\complement_I A\cup B$；

(2) $\complement_I A\cap\complement_I B$；

(3) $\complement_I(A\cap B)$.

4. 设 A 与 B 表示集合,用 A 与 B 之间的运算关系表示图 1-7 中阴影部分.

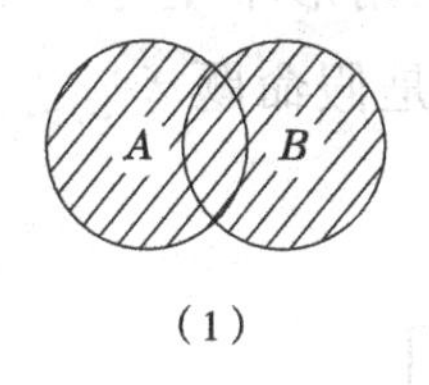

(1)

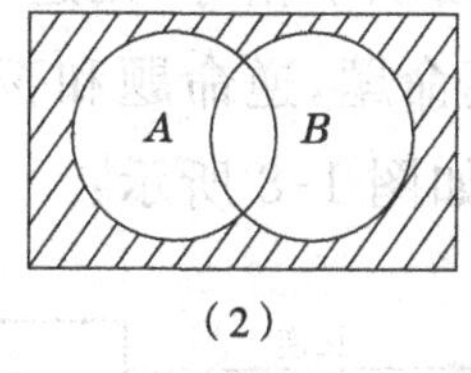

(2)

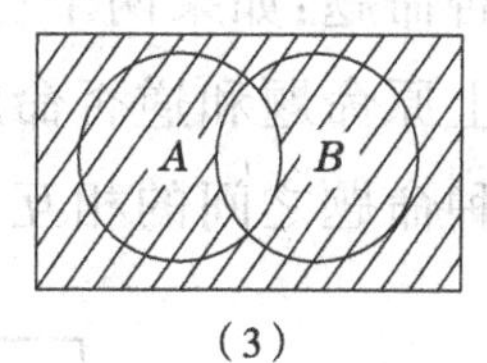

(3)

图 1-7

1.3 充要条件

一、命题

1. 命题的意义

判断是一种思维形式，是借助于句子来表达的，人们通常把可以判断真假的陈述句称为**命题**. 一个命题由题设和结论两部分组成. 命题有真有假. 正确的命题是**真命题**，错误的命题是**假命题**. 命题的“真”和“假”，称为命题的**真值**. 分别用大写英文字母 T 和 F 表示.

例如：对顶角相等. 这是一真命题，用 T 表示.

相等的角是对顶角. 这是一假命题，用 F 表示.

2. 四种命题形式

如果用 P 和 Q 分别表示两个命题，那么四种命题的形式是：

原命题：$P\Rightarrow Q$；　　逆命题：$Q\Rightarrow P$；

否命题：$\neg P\Rightarrow \neg Q$；　　逆否命题：$\neg Q\Rightarrow \neg P$.

其中“$\neg P$”（或“$\neg Q$”）是 P（或 Q）的否定，读作“P 非”（或“Q 非”）.

例 1 写出“两个三角形全等则面积相等”的逆命题、否命题、逆否命题，并判断真假.

解 逆命题：如果两个三角形面积相等，则两个三角形全等.

否命题：如果两个三角形不全等则两个三角形面积不相等.

逆否命题：如果两个三角形面积不相等，则这两个三角形不全等.

以上原命题和逆否命题是真命题，逆命题和否命题是假命题.

四种命题之间的相互关系，如图 1-8 所示：

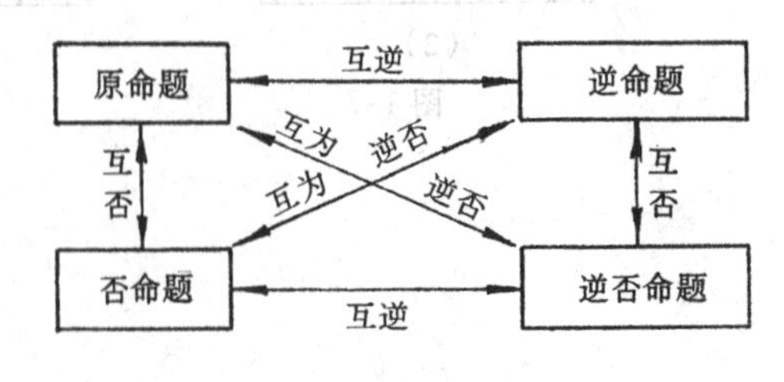

图 1-8

一般的,一命题的真假与其他三个命题的真假有如下三种关系:

(1) 原命题为真,它的逆命题不一定为真.

例如,原命题:"若 $a=0$,则 $ab=0$",是真命题,它的逆命题"若 $ab=0$,则 $a=0$",是假命题.

(2) 原命题为真,它的否命题不一定为真.

例如,原命题"若 $a=0$,则 $ab=0$",是真命题,它的否命题"若 $a\neq0$,则 $ab\neq0$",是假命题.

(3) 原命题为真,它的逆否命题一定为真.

例如,原命题"若 $a=0$,则 $ab=0$",是真命题,它的逆否命题"若 $ab\neq0$,则 $a\neq0$",是真命题.

二、充要条件

1. 充分条件与必要条件

前面我们讨论了"若 P 则 Q"形式的命题,其中有的命题为真,有的命题为假."若 P 则 Q"为真,是指由 P 经过推理可以得出 Q,也就是说,如果 P 成立,那么 Q 一定成立.记作 $P\Rightarrow Q$,或者 $Q\Leftarrow P$.如果由 P 推不出 Q,命题为假,记作 $P\nRightarrow Q$.

一般地,如果已知 $P\Rightarrow Q$,那么,P 是 Q 的**充分条件**,Q 是 P 的**必要条件**.

例如,"$a=b$"是"$a^2=b^2$"的充分条件;"$a^2=b^2$"是"$a=b$"的必要条件.

例 2 设 P:两个三角形全等,Q:两个三角形面积相等.问:P 是 Q 的什么条件,Q 是 P 的什么条件?

解 由 $P\Rightarrow Q$ 可知,P 是 Q 的充分条件,Q 是 P 的必要条件.

2. 充分必要条件

如果一个圆的两弦等长,那么这两弦的弦心距相等;反之,如果一个圆的两弦的弦心距相等,那么这两弦等长.可以看出,"一个圆的两弦等长"既是"两弦的弦心距相等"的充分条件,又是必要条件.这时,我们称"一个圆的两弦等长"是"两弦的弦心距相等"的充分必要条件.

一般地,如果既有 $P\Rightarrow Q$,又有 $Q\Rightarrow P$,那么,我们称 P 是 Q 的**充分必要条件**(简称**充要条件**),记作 $P\Leftrightarrow Q$,有时也称 P、Q **等价**.

例 3 说出下面各组条件之间的逻辑关系.

(1) "$\Delta=0$"与"一元二次方程 $ax^2+bx+c=0(a\neq0)$有两个相等的实根";

(2)“$a=-b$”与“$a^2=b^2$”.

解 (1)“$\Delta=0$”是“一元二次方程 $ax^2+bx+c=0(a\neq 0)$ 有两个相等的实根”的充要条件；

(2)“$a=-b$”是“$a^2=b^2$”的充分条件，但不是必要条件，“$a^2=b^2$”是“$a=-b$”的必要条件，但不是充分条件.

习题 1-3(A 组)

1. 写出下列命题的否定，并判断它们的真假：

(1) P:$\sqrt{3}$是有理数；

(2) P:四边形不都是平行四边形.

2. 下列各命题作为原命题，写出它的逆命题、否命题、逆否命题，哪些是正确的？哪些是不正确的？

(1) 末位是 5 的整数，可以被 5 整除；

(2) 当 $x=2$ 时，$x^2-3x+2=0$；

(3) 线段的垂直平分线上的点到这条线段两个端点的距离相等.

3. 在下列各题中填上适当的条件(充分条件、必要条件、充要条件)：

(1) 四边相等的四边形是正方形__________；

(2) $b^2-4ac>0$ 是一元二次方程 $ax^2+bx+c=0(a\neq 0)$ 具有实根的________.

扫一扫，获取参考答案

习题 1-3(B 组)

1. 试写出下列命题的等价命题：

(1) 若 $ABCD$ 是四边形，则 $ABCD$ 是梯形；

(2) 一元二次方程 $ax^2+bx+c=0$ 没有实数根，则 $\Delta<0$.

2. 用充分条件、必要条件、充分必要条件填空：

(1) $x=4$ 是 $x^2-x-12=0$ 的________；

(2) $a>0$ 且 $b>0$ 是 $ab>0$ 的________；

(3) $a\in A$ 且 $a\in B$ 是 $a\in A\cap B$ 的________；

(4) $|a|=1$ 是 $a=-1$ 的________.

扫一扫，获取参考答案

1.4 不 等 式

一、区间

介于两个实数之间的所有实数的集合称为**区间**，这两个实数称为**区间端点**.

设 a、b 为任意两个实数，且 $a<b$，规定如表 1-1 所示：

表 1-1

不等式	集　合	区　间	图　示
$a\leqslant x\leqslant b$	$\{x\mid a\leqslant x\leqslant b\}$	$[a,b]$闭区间	
$a<x<b$	$\{x\mid a<x<b\}$	(a,b)开区间	
$a<x\leqslant b$	$\{x\mid a<x\leqslant b\}$	$(a,b]$左开右闭区间	
$a\leqslant x<b$	$\{x\mid a\leqslant x<b\}$	$[a,b)$左闭右开区间	
$x\geqslant a$	$\{x\mid x\geqslant a\}$	$[a,+\infty)$	
$x>a$	$\{x\mid x>a\}$	$(a,+\infty)$	
$x\leqslant b$	$\{x\mid x\leqslant b\}$	$(-\infty,b]$	
$x<b$	$\{x\mid x<b\}$	$(-\infty,b)$	
$-\infty<x<+\infty$	**R**	$(-\infty,+\infty)$	

在数轴上，这些区间都可以用一条以 a 和 b 为端点的线段来表示，端点间的距离称为**区间的长**. 区间的长为有限时，称为**有限区间**，区间长为无限时，称为**无限区间**.

这里，记号“∞”读作“无穷大”，它不表示某一个确定的实数，它描述了一个变量的绝对值无限增大的趋势，其中“$+\infty$”读作“正无穷大”，“$-\infty$”读作“负无穷大”.

二、不等式的性质

解不等式要对不等式变换形式，而不等式变换形式必须以不等式的基本性质作为依据，才能保证不等式变换形式的正确性.

不等式有以下一些基本性质：

性质1 如果 $a>b,b>c$，那么 $a>c$.

性质2 如果 $a>b$，那么 $a+c>b+c$.

推论 如果 $a>b,c>d$，那么 $a+c>b+d$.

性质3 如果 $a>b,c>0$，那么 $ac>bc$，

如果 $a>b,c<0$，那么 $ac<bc$.

推论 如果 $a>b>0,c>d>0$，那么 $ac>bd$.

三、不等式的解法

1. 一元一次不等式（组）

含有一个未知数并且未知数的次数是一次的不等式称为一元一次不等式，使不等式成立的未知数的取值称为不等式的解.

由两个或两个以上的一元一次不等式联立而成的不等式组，称为一元一次不等式组. 不等式组中所有不等式的公共解称为不等式组的解.

例1 解不等式 $\frac{2+x}{2}\geqslant\frac{2x-1}{3}$.

解 去分母，得 $3(2+x)\geqslant2(2x-1)$，

去括号，得 $6+3x\geqslant4x-2$，

移项，得 $3x-4x\geqslant-2-6$，

合并同类项，得 $-x\geqslant-8$，

将系数化为1，得 $x\leqslant8$.

所以，原不等式的解集为 $\{x|x\leqslant8\}=(-\infty,8]$.

例2 解不等式组：

(1) $\begin{cases}4x-4\geqslant3x+1,\\3x+1>2x-1;\end{cases}$ (2) $\begin{cases}\frac{x}{2}<\frac{x+3}{5},\\2x+1<x+1;\end{cases}$ (3) $\begin{cases}10+2x\leqslant11+3x,\\7+2x>6+3x.\end{cases}$

解 (1)原不等式组可化为 $\begin{cases}x\geqslant5,\\x>-2,\end{cases}$

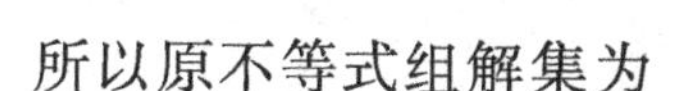

所以原不等式组解集为

$$\{x \mid x \geqslant 5\} = [5, +\infty);$$

(2)原不等式组可化为$\begin{cases} x < 2, \\ x < 0, \end{cases}$

所以原不等式组解集为

$$\{x \mid x < 0\} = (-\infty, 0);$$

(3)原不等式组可化为$\begin{cases} x \geqslant -1, \\ x < 1, \end{cases}$

所以原不等式组解集为

$$\{x \mid -1 \leqslant x < 1\} = [-1, 1).$$

例 3 解下列不等式：

(1) $\dfrac{x+5}{x-8} > 0$；　　(2) $\dfrac{2x+4}{x-3} \leqslant 1$；　　(3) $(2x-1)(2-x) < 0$.

解 (1) $\begin{cases} x+5 > 0, \\ x-8 > 0, \end{cases}$ 或 $\begin{cases} x+5 < 0, \\ x-8 < 0, \end{cases}$

得　　$x > 8$ 或 $x < -5$，

所以原不等式解集为$\{x \mid x > 8 \text{ 或 } x < -5\}$；

(2) $\dfrac{2x+4}{x-3} - 1 \leqslant 0$，$\dfrac{x+7}{x-3} \leqslant 0$，

$$\begin{cases} x+7 \leqslant 0, \\ x-3 > 0, \end{cases} \text{ 或 } \begin{cases} x+7 \geqslant 0, \\ x-3 < 0, \end{cases}$$

即$-7 \leqslant x < 3$，所以原不等式解集为$\{x \mid -7 \leqslant x < 3\}$.

(3)$\begin{cases} 2x-1 > 0, \\ 2-x < 0, \end{cases}$ 或 $\begin{cases} 2x-1 < 0, \\ 2-x > 0, \end{cases}$

得 $x > 2$ 或 $x < \dfrac{1}{2}$. 所以原不等式的解集为$\left\{x \mid x > 2 \text{ 或 } x < \dfrac{1}{2}\right\}$.

2. 一元二次不等式

含有一个未知数并且未知数的最高次数是二的不等式称为**一元二次不等式**，它的一般形式为：

$$ax^2 + bx + c > 0 \quad \text{或} \quad ax^2 + bx + c < 0 \quad (a > 0).$$

一元二次不等式的解集与一元二次方程以及二次函数图像密切相关，设$y = ax^2 + bx + c(a > 0)$，如表 1-2 所示.

表 1-2

判别式		$\Delta>0$	$\Delta=0$	$\Delta<0$
图像		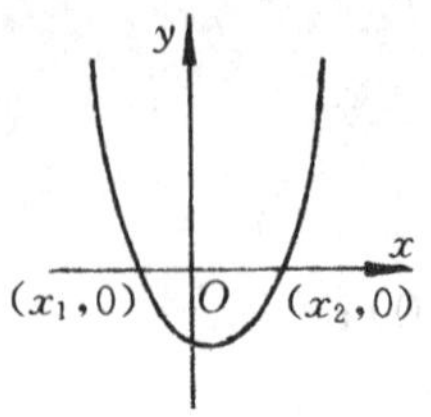	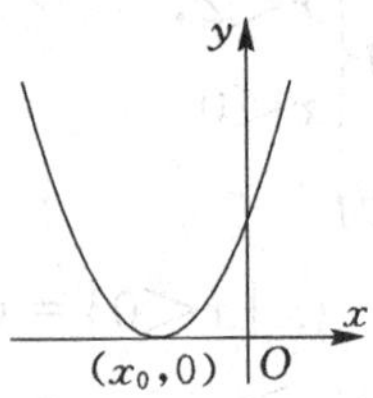	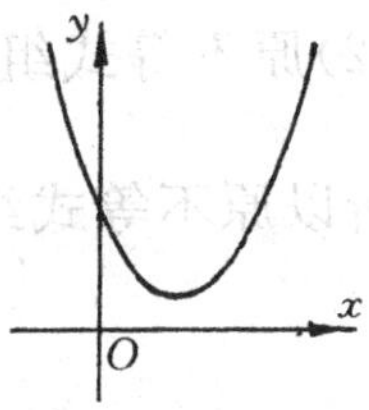
解集	$y>0$	$\{x\mid x<x_1$ 或 $x>x_2\}$	$\{x\mid x\neq x_0\}$	$\mathbf{R}$
	$y=0$	$\{x\mid x=x_1$ 或 $x=x_2\}$	$\{x\mid x=x_0\}$	$\varnothing$
	$y<0$	$\{x\mid x_1<x<x_2\}$	$\varnothing$	$\varnothing$

例 4 解下列一元二次不等式：

(1) $3x^2-5x+2>0$； (2) $-x^2-2x+15\geqslant0$；

(3) $2x^2-3x>-4$； (4) $x^2-6x\leqslant-9$.

解 (1) 因为 $\Delta=25-24=1>0$，方程 $3x^2-5x+2=0$ 有两个不相等实根：

$$x_1=\frac{2}{3},x_2=1.$$

所以原不等式解集为

$$\left\{x\,\middle|\,x<\frac{2}{3}\text{或 }x>1\right\}=\left(-\infty,\frac{2}{3}\right)\cup(1,+\infty).$$

(2)将原不等式化为 $x^2+2x-15\leqslant0$，即$(x+5)(x-3)\leqslant0$，可以看出，方程 $x^2+2x-15=0$ 有两个不相等的实根：$x_1=-5,x_2=3$.

所以原不等式的解集为

$$\{x\mid-5\leqslant x\leqslant3\}=[-5,3].$$

(3) 将原不等式化为

$$2x^2-3x+4>0,$$

因为 $\Delta=-23<0$，方程 $2x^2-3x+4=0$ 无实根，所以原不等式解集为

$$\{x\mid x\in\mathbf{R}\}=(-\infty,+\infty).$$

(4) 将原不等式化为

$$x^2-6x+9\leqslant0,$$

因为 $\Delta=0$，方程 $x^2-6x+9=0$ 有两个相等的实根：

$$x_1=x_2=3.$$

所以原不等式解集为

$$\{x|x=3\}.$$

例 5　汽车在行驶中，由于惯性作用，刹车后还要继续往前滑行一段距离后才能停车，这段距离称为刹车距离，通过试验，得到某种牌子的汽车在一种路面上的刹车距离 S(m)与汽车车速 x(km/h)之间有如下关系：

$$S=0.025x+\frac{x^2}{360}.$$

在一次交通事故中，测得这种车的刹车距离大于 11.5 m，问这辆汽车刹车前的速度是多少？

解　依题意得 $S>11.5$，即 $0.025x+\frac{x^2}{360}>11.5$，整理得

$$x^2+9x-4140>0$$

解方程 $x^2+9x-4140=0$，得实根

$$x_1=-69, x_2=60.$$

所以不等式解为 $\{x|x<-69 \text{ 或 } x>60\}$.

答：这辆汽车刹车前车速应大于 60 km/h.

3. 绝对值不等式

含有绝对值记号的不等式称为**绝对值不等式**. 当 $a>0$ 时，有

$$|x|<a \quad \Leftrightarrow \quad -a<x<a$$

$$|x|>a \quad \Leftrightarrow \quad x>a \text{ 或 } x<-a$$

如图 1-9 所示：

图 1-9

例 6　解下列不等式：

(1) $|4x-3|<5$；　　　　(2) $|x-3|\geqslant 1$.

解　(1) 原不等式等价于

$$-5<4x-3<5, \text{即} -2<4x<8,$$

解得

$$-\frac{1}{2}<x<2.$$

所以原不等式解集为$\left\{x\left|-\frac{1}{2}<x<2\right.\right\}$；

(2) 原不等式等价于 $x-3\geqslant 1$ 或 $x-3\leqslant -1$，即

$$x\geqslant 4 \quad 或 \quad x\leqslant 2,$$

所以原不等式解集为$\{x|x\geqslant 4$ 或 $x\leqslant 2\}$.

例 7 解不等式 $3x+|x|-4>0$.

解 原不等式可化为下面两个不等式组

$$(\text{Ⅰ})\begin{cases}x\geqslant 0,\\3x+x-4>0,\end{cases} \quad 或 \quad (\text{Ⅱ})\begin{cases}x<0,\\3x-x-4>0,\end{cases}$$

解（Ⅰ）得$\{x|x>1\}$，解（Ⅱ）得$\varnothing$，所以原不等式解集为$\{x|x>1\}$.

习题 1-4(A 组)

1. 解下列不等式：

(1) $\frac{2x+5}{3}+\frac{1-2x}{6}\leqslant\frac{4x+7}{5}$；　(2) $\frac{7x-2}{2}+\frac{x-2}{3}>2(x+1)$.

2. 解下列不等式组：

(1) $\begin{cases}5x-3>0,\\x-2\geqslant 5;\end{cases}$　(2) $\begin{cases}x+3<7,\\2x-3\leqslant x+2;\end{cases}$　(3) $\begin{cases}\frac{2}{5}(x-2)\leqslant x-\frac{2}{5},\\15-9x>10-4x.\end{cases}$

3. 解下列不等式：

(1) $(3-2x)(2+x)>0$；　(2) $\frac{2x-1}{x+4}>0$.

4. 解下列不等式：

(1) $x^2-6x-7\geqslant 0$；(2) $x^2<9$；(3) $3x^2-7x+2\leqslant 0$.

5. 解下列不等式：

(1) $|3x-5|\leqslant 2$；　(2) $\left|\frac{1}{2}x+1\right|>4$.

扫一扫，获取参考答案

6. k 为何值时，方程 $x^2-(k+2)x+4=0$ 有两个相异的实根？

习题 1-4(B 组)

1. 解下列不等式：

(1) $\left|\frac{x-1}{2}+2\right|>\frac{3}{4}$；(2) $\left|\frac{3x-5}{4}+\frac{1}{6}\right|\leqslant\frac{2}{3}$.

2. 解下列不等式：

(1) $4x-15\geqslant x^2+2x$；

(2) $x(x-1)<x(2x-3)+2$；

(3) $\dfrac{2x-1}{3(x+1)}\geqslant 1$；

(4) $|2x^2+x|\leqslant 1$.

3. 方程$(m+1)x^2-3x+2=0$有两个不相等的实数根，求实数m的取值范围.

扫一扫，获取参考答案

复习题 1

1. 选择题：

(1) 设全集$I=\{1,2,3,4,5\}$，集合$A=\{1,3\}$，$B=\{1,2,4\}$，则$\complement_I(A\cup B)=$(　　).

A. $\{2,3,4\}$　　B. $\{1\}$　　C. $\{1,2,3,4\}$　　D. $\{5\}$

(2) 设全集$I=\{1,2,3,4,5\}$，集合$A=\{1,3\}$，$B=\{1,2,4\}$，则$(\complement_I A)\cap B=$(　　).

A. $\{2,4,5\}$　　B. $\{2,4\}$　　C. $\{1,3,4,5\}$　　D. $\{5\}$

(3) 设集合$A=\{0,2\}$，集合$B=\{1,a^2\}$，且$A\cup B=\{0,1,2,4\}$，则$a=$(　　).

A. 2　　B. -2　　C. 4　　D. ± 2

(4) 设全集$I=\{1,3,5,7\}$，集合$A=\{1,|a-5|\}$，$\complement_I A=\{5,7\}$，则$a=$(　　).

A. 2　　B. 8　　C. 2或8　　D. 2或-8

(5) 若集合M满足$M\subseteq\{1,2,3\}$，则M有(　　)种可能.

A. 4　　B. 6　　C. 7　　D. 8

(6) "$xy=0$"是"$x^2+y^2=0$"的(　　).

A. 充分不必要条件　　B. 必要不充分条件

C. 充要条件　　D. 无关条件

(7) "$x\in A$"是"$x\in A\cup B$"的(　　).

A. 充分不必要条件　　B. 必要不充分条件

C. 充要条件　　D. 无关条件

(8) 若实数a,b满足$a<b$，则下列式子一定成立的是(　　).

A. $ac<bc$　　B. $a+c<b+c$

C. $ac^2<bc^2$　　D. $|a|<|b|$

(9) 设$M=\{x\mid x\leqslant\sqrt{13}\}$，$b=\sqrt{11}$，则下面关系正确的是(　　).

A. $\{b\}\subsetneqq M$　　B. $b\subsetneqq M$　　C. $b\notin M$　　D. $\{b\}\in M$

2. 当 m 是何实数时，方程 $2x^2+2(3-2m)x+2m+1=0$：

(1) 有两个不等实根？　　(2) 有两个相等实根？

(3) 没有实根？

3. 求下列不等式的解集：

(1) $2x^2-5x-3\geqslant 0$；　　(2) $4x^2-4x+1<0$；

(3) $x^2-2x+3>0$；　　(4) $-x^2+5x>0$；

(5) $|x^2-1|<3$.

4. 下列各对命题的相互关系怎样，它们是否等价？

(1) $P\Rightarrow Q$ 和 $\neg P\Rightarrow \neg Q$；　　(2) $Q\Rightarrow P$ 和 $\neg P\Rightarrow \neg Q$；

(3) $\neg Q\Rightarrow \neg P$ 和 $\neg P\Rightarrow \neg Q$.

5. 解下列不等式组：

(1) $\begin{cases}1-\dfrac{x+1}{2}\leqslant 2-\dfrac{x+2}{3},\\ x(x-1)\geqslant (x+3)(x-3)；\end{cases}$　　(2) $\begin{cases}3+x<4+2x,\\ 5x-3<4x-1,\\ 7+2x>6+3x.\end{cases}$

6. 设全集 $I=R$，集合 $A=\{x|x^2-36<0\}$，集合 $B=\{x|x^2+2x-3<0\}$，求：

(1) $A\cap B$；

(2) $A\cup B$；

(3) $\complement_I A$；

(4) $\complement_I(A\cup B)$.

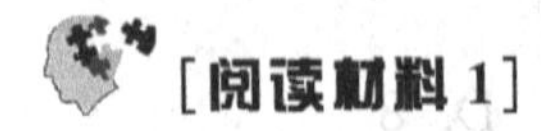

集合的元素个数与子集个数

在研究集合时，会遇到有关集合的元素个数和子集个数的问题，我们把有限集合 A 的元素个数记作 card(A). 例如，$A=\{a,b\}$，则 card(A)=2，子集个数为 4.

看一个有关集合元素个数的例子，某商店进了两批货，第一批有服装、文具、自行车、化妆品、皮鞋五个品种，第二批有化妆品、自行车、电子表、收录机四个品种，分别记作：

$A=\{$服装，文具，自行车，化妆品，皮鞋$\}$，

$B=\{$化妆品，自行车，电子表，收录机$\}$.

这里，card(A)=5，card(B)=4，求两次一共进了几种货；回答两次一共进

了 9 (=5+4) 种，显然是不对的，这个问题是要求 card($A\cup B$). 在这个例子中，两次进的货里有相同的品种，相同的品种数实际就是 card($A\cap B$). 由于

$A\cup B$={服装，文具，自行车，化妆品，皮鞋，电子表，收录机}，

$A\cap B$={化妆品，自行车}，

所以 card($A\cup B$)=7，card($A\cap B$)=2.

那么 card(A)、card(B)、card($A\cup B$)、card($A\cap B$)之间有什么关系呢？

一般地，有 card($A\cup B$)=card(A)+card(B)−card($A\cap B$).

例 某班有 7 名学生订了电脑报，有 10 名学生订了网络报，其中有 3 名学生订了上述两种报纸，问这个班共有多少人订了报纸？

解 设 A={订电脑报的学生}，B={订网络报的学生}，则

$A\cap B$={同时订电脑报和网络报的学生}，

$A\cup B$={订电脑报或网络报的学生}.

由已知可得：card(A)=7，card(B)=10，card($A\cap B$)=3，所以

card($A\cup B$)=card(A)+card(B)−card($A\cap B$)=7+10−3=14.

下面我们来看看一个有限集合 A 的元素个数 card(A)与它的子集个数之间的关系：

例如，$A=\{1\}$，所有子集为：$\varnothing$，{1}，即 card(A)=1，子集个数为 2；$A=\{1,2\}$，所有子集为：$\varnothing$，{1}，{2}，{1,2}，即 card(A)=2，子集个数为 4；$A=\{1,2,3\}$，所有子集为：$\varnothing$，{1}，{2}，{3}，{1,2}，{1,3}，{2,3}，{1,2,3}，即 card(A)=3，子集个数为 8.

一般地，对有限集合 A，若 card(A)=n，则其子集个数为 2^n 个，其中真子集个数为 2^n-1 个.

第 1 章单元自测

1. 填空题

(1) 不等式 $x^2-4|x|+3<0$ 的解集为__________.

(2) 命题“若 $x_1>2$，$x_2>2$，则 $x_1+x_2>4$”的逆命题是____________，命题的真假性是____________.

(3) 已知 p 是 q 的充分条件，q 是 r 的必要条件，又是 s 的充分条件也是 s 的必要条件，则 r 是 s 的________条件，s 是 p ________条件，s 是 q 的________.

2. 选择题

(1) 集合{0,1,2}的真子集个数是( ).

A. 2 B. 5 C. 7 D. 8

(2) 已知集合 $M=\{-1,1\}$，$N=\{0,a\}$，$M\cap N=\{1\}$，则 $M\cup N=$（　　）.

A. $\{-1,1,0,a\}$　　B. $\{-1,1,0\}$　　C. $\{0,-1\}$　　D. $\{-1,1,a\}$

(3) 若集合 $A\cup B=\varnothing$，则（　　）.

A. $A\neq\varnothing,B\neq\varnothing$　　B. $B=\varnothing,A\neq\varnothing$

C. $A=B=\varnothing$　　D. $A=\varnothing,B\neq\varnothing$

(4) 设集合 $M=\{$平行四边形$\}$，$P=\{$菱形$\}$，$Q=\{$矩形$\}$，$T=\{$正方形$\}$，则下面判断中，正确的是（　　）.

A. $(P\cup Q)\cup T=M$　　B. $P\cup Q=T$

C. $P\cap Q=T$　　D. $P\cup Q=M$

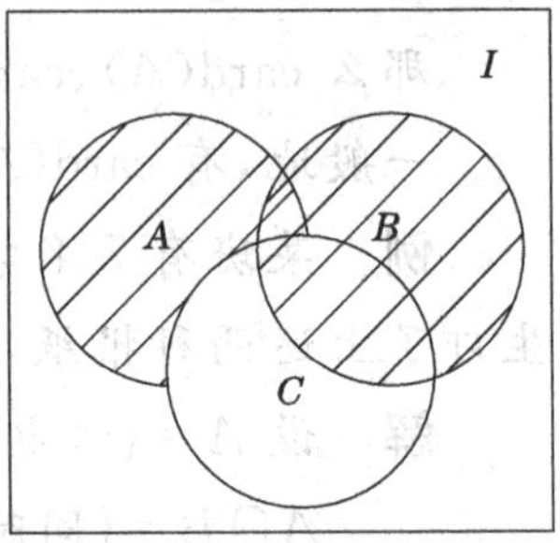

(5) 图 1-10 阴影部分表示（　　）.

A. $(A\cap \complement_I C)\cup B$　　B. $(B\cap C)\cup A$

C. $(A\cup C)\cap B$　　D. $(A\cup C)\cap \complement_I B$

图 1-10

(6) 设集合 $M=\{x|0\leqslant x<2\}$，集合 $N=\{x|x^2-2x-3<0\}$，则 $M\cap N=$（　　）.

A. $\{x|0\leqslant x\leqslant 1\}$　　B. $\{x|0\leqslant x\leqslant 2\}$

C. $\{x|0\leqslant x<1\}$　　D. $\{x|0\leqslant x<2\}$

3. 解答题

(1) 已知集合 $A=\{x\mid x^2-ax+a^2-19=0\}$，$B=\{x\mid x^2-5x+6=0\}$，$C=\{x|x^2+2x-8=0\}$. 若 $A\cap B\neq\varnothing$，$A\cap C=\varnothing$，求实数 a 的值.

(2) 解下列不等式：

① $4<|1-3x|<7$；② $\dfrac{x+1}{2x-3}<1$；③ $(ax-2)(x-2)>0$.

(3) 已知不等式 $kx^2-2x+6k<0$ 的解集是 $\mathbf{R}$，求实数 k 的取值范围.

扫一扫，获取参考答案

第2章

函　数

函数是数学中一个极其重要的基本概念，是学习高等数学和其他科学技术必不可少的基础. 本章主要阐述函数的定义及有关的一些基本知识，介绍有理指数幂和对数的概念与运算，并在此基础上讨论幂函数、指数函数、对数函数等的概念、图像和性质.

2.1　函数的概念

一、函数的定义

在初中我们已经学习过函数的概念，并且知道可以用函数描述变量之间的依赖关系，现在，我们将进一步学习函数及其构成要素. 下面先看几个实例：

(1)一辆汽车在一段平坦的公路上以 100 km/h 的速度匀速行驶 2 h，则汽车行驶的路程 S 与行驶时间 t 的关系是

$$S=100t. \qquad ①$$

这里，汽车行驶时间 t 的变化范围是数集 $D=\{t|0\leqslant t\leqslant 2\}$，汽车行驶路程 S 的变化范围是数集 $M=\{S|0\leqslant S\leqslant 200\}$. 从问题的实际意义可知，对于数集 D 中的任意一个时间 t. 按照对应关系①，在数集 M 中都有唯一确定的路程 S 和它对应.

(2)在气象观测站的百叶箱内，气温自动记录仪把某一天的气温变化描述在纪录纸上，形成如图 2-1 所示的曲线，根据这个图像，我们就能知道这一天内时间 t 从 0 点到 24 点气温 T 的变化情形.

根据图 2-1 的曲线可知，时间 t 的变化范围是数集 $D=\{t|0\leqslant t\leqslant 24\}$. 气温 T 的变化范围是数集 $M=\{T|23<T\leqslant 33\}$，并且，对于数集 D 中的每一个时刻 t，

按照图中曲线，在数集 M 中都有唯一确定的气温 T 和它对应.

(3)GDP 是国内生产总值，它被看成显示一个国家（地区）经济状况的一个重要指标，表 2-1 中 GDP 增长率随时间（年）变化的情况表明，“十一五”时期的五年是我国经济保持平稳较快增长，综合国力大幅提升的五年.

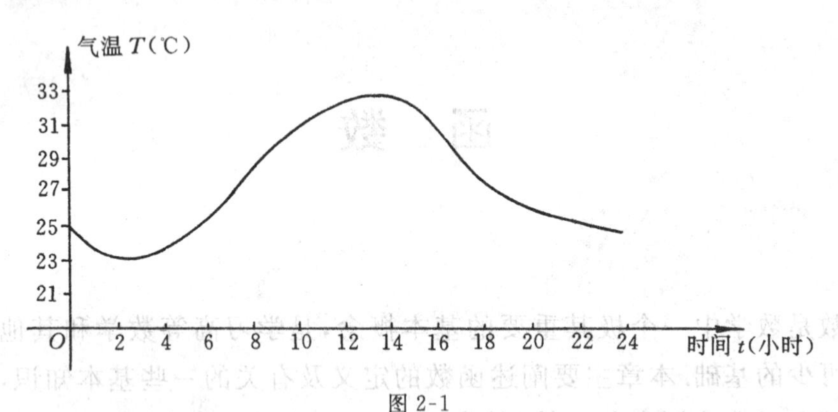

图 2-1

表 2-1 “十一五”时期我国 GDP 增长情况

时间(年)	2006	2007	2008	2009	2010
GDP 增长率(%)	12.7	14.2	9.6	9.2	10.3

我们可以仿照(1)、(2)描述表 2-1 中 GDP 增长率和时间（年）的关系.

以上各例中两个变量所描述的关系就是函数关系. 一般地，有下列定义：

定义 设 D 是一非空数集，如果对于 D 中的每一个 x，按照某一对应法则 f，总有确定的实数 y 与之对应，则称 y 是定义在数集 D 上的 x 的**函数**，记作 $y=f(x)$. D 称为函数 $f(x)$ 的**定义域**，x 称为**自变量**，y 称为**因变量**.

如果自变量取某一数值 x_0 时，函数具有确定的对应值，那么称函数在点 x_0 处有定义. 函数 $f(x)$ 在 x_0 点的对应值称为函数在该点的函数值，记作

$$f(x_0) \text{或} y|_{x=x_0}.$$

例如，函数 $f(x)=x^2+2x-1$ 在 $x=2$ 处的函数值为 $f(2)=2^2+2\times2-1=7$；函数 $y=2x-1$ 在 $x=0$ 处的函数值为 $y|_{x=0}=2\times0-1=-1$.

当自变量 x 取遍定义域 D 中每一数值时，对应的函数值的全体称为函数 $f(x)$ 的**值域**，记作 M.

函数 $y=f(x)$ 中表示对应关系的记号 f 也可以改用其他字母，例如，$y=g(x)$，$y=F(x)$，$y=\varphi(x)$ 等.

函数的定义域通常由问题的实际背景确定，如前面所述的三个实例. 如果一个函数没有指明定义域，则它的定义域是指使函数有意义的自变量的取值范围.

函数的定义域与对应关系称为函数的**两个要素**，两个要素完全相同的函数才是相同的函数.

例如，函数 $f(x)=\sqrt{x^2}$ 与 $g(t)=|t|$ 的定义域相同，都是 $(-\infty,+\infty)$，两个函数所描述的对应关系也完全相同(两个函数的自变量任取相同的值，对应的函数值相等)，所以，$f(x)=\sqrt{x^2}$ 与 $g(t)=|t|$ 表示的是同一个的函数.

例 1 求下列函数的定义域：

(1) $y=\frac{1}{2}x+1$；　　(2) $y=\frac{1}{x+1}$；

(3) $y=\sqrt{x}+\sqrt{-x}$；　　(4) $y=\sqrt{1-x}+\frac{1}{2x+1}$.

解 (1) 对于函数 $y=\frac{1}{2}x+1$，当 x 取任何实数时，函数都是有意义的，所以这个函数的定义域为实数集 $\mathbf{R}$，用区间表示为 $(-\infty,+\infty)$；

(2) 对于函数 $y=\frac{1}{x+1}$，由于分式的分母不能为零，即 $x+1\neq 0$，因此 $x\neq -1$，所以这个函数的定义域为

$$\{x\,|\,x\neq -1, x\in \mathbf{R}\},$$

用区间表示为 $(-\infty,-1)\cup(-1,+\infty)$；

(3) 对于函数 $y=\sqrt{x}+\sqrt{-x}$，由于当 $x\geqslant 0$ 时，$\sqrt{x}$ 才有意义，当 $x\leqslant 0$ 时，$\sqrt{-x}$ 才有意义，因此，只有当 $x=0$ 时，$\sqrt{x}$ 与 $\sqrt{-x}$ 才同时有意义，所以这个函数的定义域为集合 $\{0\}$；

(4) 对于函数 $y=\sqrt{1-x}+\frac{1}{2x+1}$，由于当 $1-x\geqslant 0$ 时，$\sqrt{1-x}$ 才有意义，当 $2x+1\neq 0$ 时，$\frac{1}{2x+1}$ 才有意义.

因此，只有当 $x\leqslant 1$，并且 $x\neq -\frac{1}{2}$ 时，$\sqrt{1-x}$ 与 $\frac{1}{2x+1}$ 才同时有意义.

所以这个函数的定义域为

$$\left\{x\,\middle|\,x\leqslant 1 \text{ 且 } x\neq -\frac{1}{2}\right\}.$$

用区间表示为 $\left(-\infty,-\frac{1}{2}\right)\cup\left(-\frac{1}{2},1\right]$.

二、函数的表示法

表示函数的方法，常用的有解析法(公式法)、图像法和列表法(表格法).

解析法：就是把两个变量之间的函数关系用一个数学式子来表示，如本节开头的实例(1)中的 S 与 t 的关系：

$$S=100t.$$

在其定义域的不同部分用不同的解析式表示的函数称为**分段函数**.

分段函数的定义域，就是分段函数各个解析式中自变量取值范围的并集.

求分段函数的函数值时，应把自变量的值代入相应取值范围的解析式进行计算.

例 2 设函数

$$f(x)=\begin{cases}\dfrac{2}{x}, & x<0,\\ 2(1-x), & 0\leqslant x\leqslant 1,\\ \dfrac{1}{x^2-1}, & x>1,\end{cases}$$

求 $f(-1)$，$f(0)$，$f\left(\dfrac{1}{2}\right)$，$f(1)$，$f(2)$.

解 $f(-1)=\dfrac{2}{-1}=-2$，

$f(0)=2(1-0)=2$，

$f\left(\dfrac{1}{2}\right)=2\left(1-\dfrac{1}{2}\right)=1$，

$f(1)=2(1-1)=0$，

$f(2)=\dfrac{1}{2^2-1}=\dfrac{1}{3}$.

图像法：就是把两个变量之间的函数关系用图像来表示，如本节开头的实例(2)中的气温 T 与时间 t 的关系.

列表法：就是将两个变量之间的函数关系用列表来表示，如本节开头的实例(3)中的 GDP 增长率(%)与时间(年)的关系.

三、函数的基本性质

1. 函数的奇偶性

先看几个例子.

例如，函数 $y=x$ 的图像是关于坐标原点对称的，如图 2-2(1)所示.

函数 $y=x^2$ 的图像是关于 y 轴对称的，如图 2-2(2)所示.

函数 $y=2x+1$ 的图像既不关于坐标原点对称，也不关于 y 轴对称，如图 2-2(3)所示.

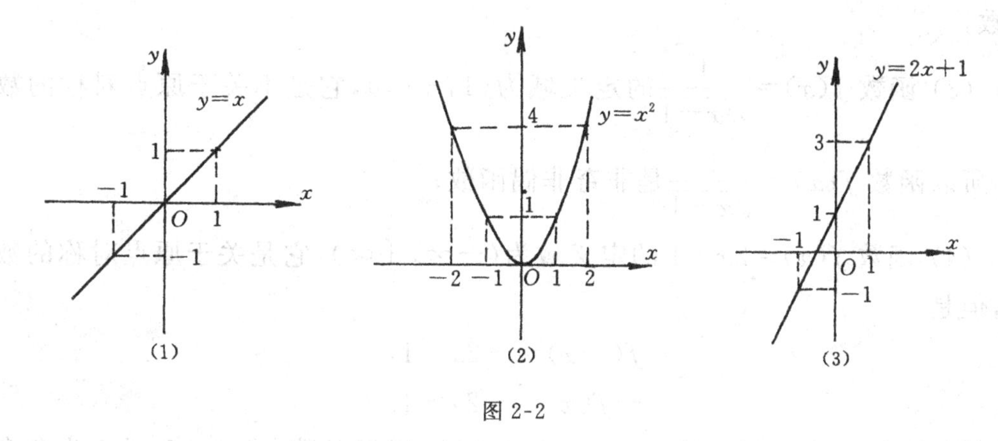

图 2-2

如果我们把函数图像的这种性质，用代数形式来表示，就可得到如下定义：

定义　设函数 $y=f(x)$ 的定义域 D 是关于原点对称的数集（即如果 $x\in D$，那么必有 $-x\in D$).

(1) 如果对于定义域 D 内的任意 x，都有

$$f(-x)=-f(x),$$

那么称函数 $y=f(x)$ 为**奇函数**.

(2) 如果对于定义域 D 内的任意 x，都有

$$f(-x)=f(x),$$

那么称函数 $y=f(x)$ 为**偶函数**.

既不是奇函数，也不是偶函数的函数称为**非奇非偶函数**.

由上面定义我们知道，奇函数的图像关于原点对称，偶函数的图像关于 y 轴对称，非奇非偶函数的图像既不关于原点对称，也不关于 y 轴对称.

例 3　判断下列函数的奇偶性：

(1) $f(x)=x^3$；　　(2) $f(x)=\dfrac{1}{x^2+1}$；

(3) $f(x)=\dfrac{1}{\sqrt{x-1}}$；　　(4) $f(x)=2x+1$.

解　(1) 函数 $f(x)=x^3$ 的定义域为 $(-\infty,+\infty)$，它是关于原点对称的数集，并且 $f(-x)=(-x)^3=-x^3=-f(x)$，所以函数 $f(x)=x^3$ 为奇函数；

(2) 函数 $f(x)=\dfrac{1}{x^2+1}$ 的定义域为 $(-\infty,+\infty)$，它是关于原点对称的数

集，并且 $f(-x)=\frac{1}{(-x)^2+1}=\frac{1}{x^2+1}=f(x)$，所以函数 $f(x)=\frac{1}{x^2+1}$ 为偶函数；

(3) 函数 $f(x)=\frac{1}{\sqrt{x-1}}$ 的定义域为 $(1,+\infty)$，它是不关于原点对称的数集，所以函数 $f(x)=\frac{1}{\sqrt{x-1}}$ 是非奇非偶函数；

(4) 函数 $f(x)=2x+1$ 的定义域为 $(-\infty,+\infty)$，它是关于原点对称的数集，但是

$$f(-x)=-2x+1,$$
$$-f(x)=-2x-1.$$

因此 $f(-x)\neq f(x)$ 且 $f(-x)\neq -f(x)$，所以函数 $f(x)=2x+1$ 为非奇非偶函数.

2. 函数的单调性

先看几个例子.

例如，函数 $y=2x$ 在定义域内随着自变量 x 的增大而增大，如图 2-3(1)所示.

函数 $y=-x$ 在定义域内随着自变量 x 的增大而减小，如图 2-3(2)所示.

如果我们把函数图像的这种性质，用代数形式来表示，就可得到如下定义：

定义 设函数 $y=f(x)$ 在区间 I 内有定义，

(1) 如果对于区间 I 内任意两点 x_1 及 x_2，当 $x_1<x_2$ 时，有

$$f(x_1)<f(x_2),$$

那么函数 $y=f(x)$ 称为区间 I 内的**单调增函数**，区间 I 称为函数 $y=f(x)$ 的**单调增加区间**.

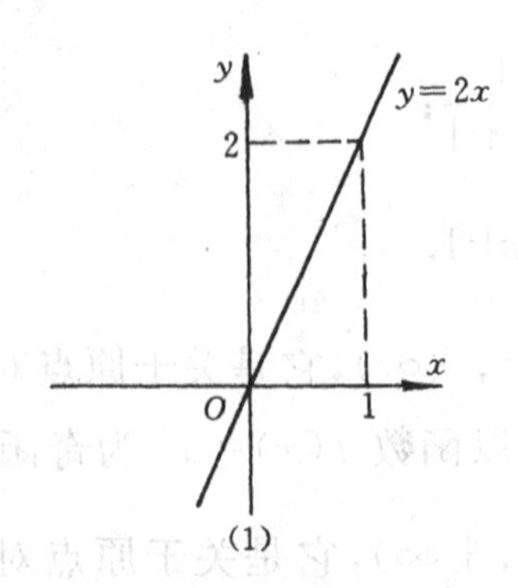

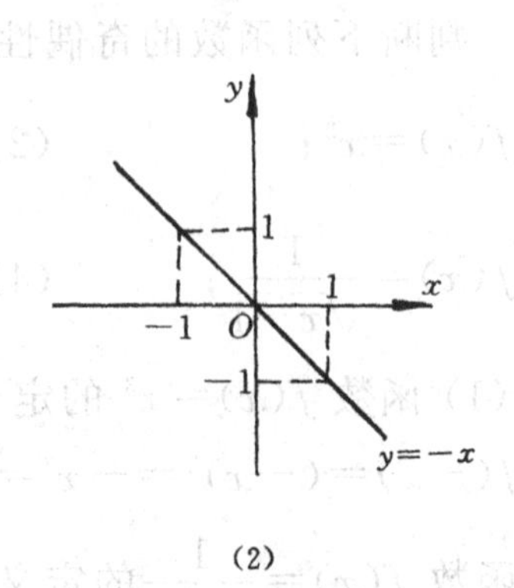

图 2-3

(2) 如果对于区间 I 内任意两点 x_1 及 x_2，当 $x_1<x_2$ 时，有

$$f(x_1)>f(x_2),$$

那么函数 $y=f(x)$ 称为区间 I 内的**单调减函数**，区间 I 称为函数 $y=f(x)$ 的**单调减少区间**.

如果函数 $y=f(x)$ 在区间 I 内是单调增函数或单调减函数，那么就说函数 $y=f(x)$ 在这一区间具有(严格的)单调性.

例 4 判断函数 $f(x)=x^2$ 在区间 $(-\infty,0)$ 内的单调性.

解 函数 $f(x)=x^2$ 在 $(-\infty,0)$ 内有定义，在区间 $(-\infty,0)$ 内任取两点 x_1 及 x_2，设 $x_1<x_2$，有：

$$f(x_2)-f(x_1)=x_2^2-x_1^2=(x_2+x_1)(x_2-x_1)$$

因为 $x_1<0$，$x_2<0$，$x_1<x_2$，所以 $f(x_2)-f(x_1)<0$

即 $f(x_1)>f(x_2)$

因此，函数 $f(x)=x^2$ 在区间 $(-\infty,0)$ 内是单调减函数.

应该注意的是：

(1) 定义中区间 I 可以是任何一种形式的区间；

(2) 区间 I 可能是函数的定义域，也可能是定义域中的一部分.

四、反函数

1. 反函数的定义

先看下面的例子.

在能盛 10 m³ 的水池中，已有 4 m³ 的水，如以每分钟 2 m³ 的速度向这个水池注水，那么 3 分钟可盛满；设开始注水到 t 分钟后，水池中的水量为 V m³，则 V 与 t 的函数关系为

$$V=f(t)=2t+4,$$

它的定义域为 $D=\{t|0\leqslant t\leqslant 3\}$，它的值域为 $M=\{V|4\leqslant V\leqslant 10\}$.

根据 $V=2t+4$，已知时间 t 的每一个值 $(t\in D)$，可以求出对应的水量 V 的唯一确定的值 $(V\in M)$，即 $V=2t+4$ 的对应关系是单值对应，反之，根据此式，已知水量 V 的每一个值 $(V\in M)$，我们也能求出对应的时间 t 的唯一确定的值 $(t\in D)$，即 $V=2t+4$ 的反对应关系也是单值对应. 由此可知，t 是定义在 M 上 V 的函数，这个函数可由 $V=2t+4$ 解出 t 而得到

$$t=\frac{V-4}{2},$$

它的定义域为 $M=\{V|4\leqslant V\leqslant 10\}$，值域为 $D=\{t|0\leqslant t\leqslant 3\}$.

我们称函数 $t=\dfrac{V-4}{2}$ 为函数 $V=2t+4$ 的反函数.

一般地，我们给出下面的反函数定义：

定义 设有函数 $y=f(x)$，其定义域为 D，值域为 M，如果对于 M 中的每一个 y 值（$y\in M$），都可以从关系式 $y=f(x)$ 确定唯一的 x 值（$x\in D$）与之对应，这样就确定了一个以 y 为自变量的新函数，记为 $x=f^{-1}(y)$，这个函数就称为函数 $y=f(x)$ 的**反函数**，它的定义域为 M，值域为 D.

一个函数只有当它的反对应关系也是单值对应的时候才有反函数.

由定义可以看出，函数 $y=f(x)$ 的反函数 $x=f^{-1}(y)$ 是以 y 为自变量的，但习惯上都以 x 表示自变量，所以反函数 $x=f^{-1}(y)$ 通常表示为 $y=f^{-1}(x)$，虽然在这里改变了变量的字母，但是它的定义域和对应关系这两个确定函数的要素并未改变，因此，函数 $x=f^{-1}(y)$ 与函数 $y=f^{-1}(x)$ 是一样的，都是函数 $y=f(x)$ 的反函数.

以后如无特殊说明，函数 $y=f(x)$ 的反函数都是指以 x 为自变量的反函数 $y=f^{-1}(x)$.

由定义也容易得出，函数 $y=f(x)$ 的反函数为 $y=f^{-1}(x)$，而函数 $y=f^{-1}(x)$ 的反函数为 $y=f(x)$，因此，函数 $y=f(x)$ 与函数 $y=f^{-1}(x)$ 互为反函数.

2. 简单函数反函数的求法

如果函数 $y=f(x)$ 有反函数，那么，只要从关系式 $y=f(x)$ 中解出 x，就可得到以 y 为自变量的反函数 $x=f^{-1}(y)$，再将字母 x 与 y 互换，就得到以 x 为自变量的反函数 $y=f^{-1}(x)$. 例如函数 $y=x^2$，当 $x\geqslant 0$ 时的反函数为 $y=\sqrt{x}$，当 $x\leqslant 0$ 时的反函数为 $y=-\sqrt{x}$.

例 5 求函数 $y=2x-3$ 的反函数，并在同一平面直角坐标系中作出它们的图像.

解 函数 $y=2x-3$ 的反对应关系是单值对应的，因此，它有反函数，由关系式 $y=2x-3$ 解出 x，得

$$x=\frac{y+3}{2},$$

将 x 与 y 对换，得

$$y=\frac{x+3}{2}=\frac{1}{2}x+\frac{3}{2}.$$

因此,函数 $y=2x-3$ 的反函数为$y=\frac{1}{2}x+\frac{3}{2}$.

如图 2-4 所示,函数 $y=2x-3$ 的图像是经过点$(0,-3)$与$\left(\frac{3}{2},0\right)$的直线,而其反函数 $y=\frac{1}{2}x+\frac{3}{2}$的图像是经过点$(-3,0)$与$\left(0,\frac{3}{2}\right)$的直线.

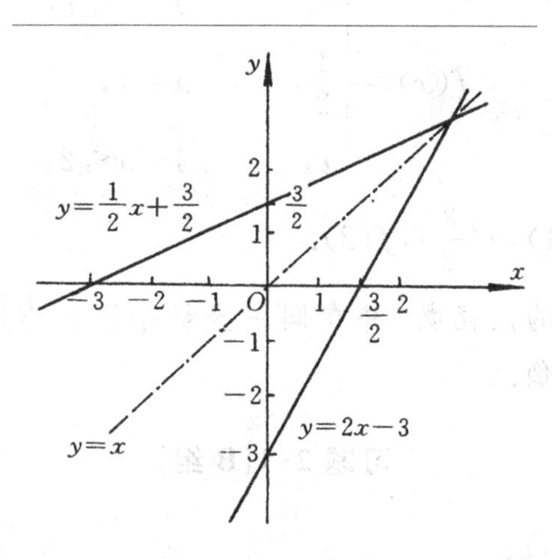

图 2-4

从图 2-4 可以看出,直线 $y=2x-3$ 的图像与直线 $y=\frac{1}{2}x+\frac{3}{2}$的图像关于直线$y=x$对称.

一般地,函数 $y=f(x)$的图像与其反函数 $y=f^{-1}(x)$的图像关于直线$y=x$对称.

习题 2-1(A 组)

1. 已知函数 $f(x)=2x-3, x\in\{0,1,2,3,5\}$,试求:$f(0),f(1),f(2),f(3),f(5)$和函数的值域.

2. (1) 已知函数 $f(x)=x^2+1$,求证:$f(a)=f(-a)$;

(2) 已知函数 $f(x)=x^3-2x$,求证:$f(-a)=-f(a)$.

3. 求下列函数的定义域:

(1) $f(x)=\frac{1}{x-3}$;　　(2) $f(x)=\frac{x^2+1}{x+1}$;

(3) $f(x)=\sqrt{2x+5}$;　　(4) $f(x)=\sqrt{x^2-1}$.

4. 判断下列函数的奇偶性:

(1) $f(x)=\frac{1}{x^2}$;　　(2) $f(x)=x+\frac{1}{x}$;

(3) $f(x)=\dfrac{x}{x^2+1}$；　　(4) $f(x)=x^2+x$；

(5) $f(x)=\dfrac{x^2+2}{x^2-1}$；　　(6) $f(x)=\sqrt{2x+1}$.

5. 已知函数

$$f(x)=\begin{cases}0, & 0\leqslant x<1,\\ \dfrac{1}{2}, & x=1,\\ x, & 1<x\leqslant 2,\end{cases}$$

求 $f(0)$，$f(\dfrac{1}{2})$，$f(1)$，$f(\dfrac{3}{2})$，$f(2)$.

扫一扫，获取参考答案

6. 求函数 $y=3x-1$ 的反函数，并在同一坐标平面内作出该函数与其反函数的图像.

习题 2-1(B 组)

1. 求下列函数的定义域：

(1) $f(x)=\dfrac{1}{x^2-1}+x$；　　(2) $f(x)=\dfrac{1}{x+3}+\sqrt{x+4}$.

2. 判断下列函数在指定区间内的单调性：

(1) $f(x)=3x+2, x\in(-\infty,+\infty)$；

(2) $f(x)=\dfrac{3}{x}, x\in(-\infty,0)$；

(3) $f(x)=x^2+1, x\in(0,+\infty)$；

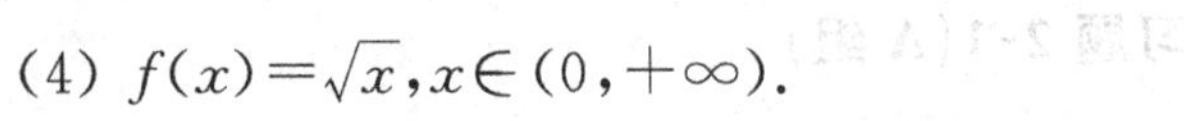
(4) $f(x)=\sqrt{x}, x\in(0,+\infty)$.

扫一扫，获取参考答案

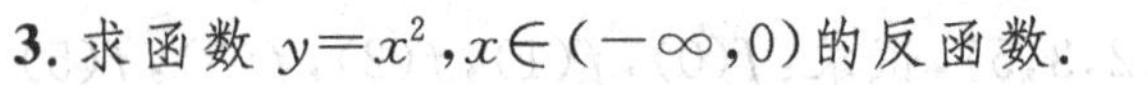
3. 求函数 $y=x^2, x\in(-\infty,0)$ 的反函数.

2.2　有理指数幂　幂函数

一、有理指数幂

我们已知整数指数幂的定义：

正整数指数幂：$\underbrace{a\cdot a\cdot\cdots\cdot a}_{n个a}=a^n\ (n\in\mathbf{N}^*)$.

零指数幂：$a^0=1\ (a\neq 0)$.

负整数指数幂：$a^{-n}=\dfrac{1}{a^n}\quad(a\neq 0,n\in\mathbf{N}^*)$.

现在介绍分数指数幂的定义：

1. 根式

我们知道，如果 $x^2=a$，那么 x 叫做 a 的平方根，例如，± 2 就是 4 的平方根；如果 $x^3=a$，那么 x 叫做 a 的立方根，例如，2 就是 8 的立方根.

定义 如果 $x^n=a$，那么 x 叫做 a 的 n 次方根，其中 $n>1$，且 $n\in\mathbf{N}^*$.

当 n 是奇数时，正数的 n 次方根是一个正数，负数的 n 次方根是一个负数，这时 a 的 n 次方根表示 $\sqrt[n]{a}$.

例如，$\sqrt[5]{32}=2$，$\sqrt[5]{-32}=-2$.

当 n 是偶数时，正数的 n 次方根有两个，且它们互为相反数，分别表示为 $\sqrt[n]{a}$，$-\sqrt[n]{a}$；负数没有偶次方根. 例如，$\sqrt[4]{16}=2$，$-\sqrt[4]{16}=-2$.

16 的 4 次方根可以表示为 $\pm\sqrt[4]{16}=\pm 2$.

0 的任何次方根都是 0，记作 $\sqrt[n]{0}=0$.

式子 $\sqrt[n]{a}$ 叫做根式，这里 n 叫做根指数，a 叫做被开方数.

根据 n 次方根的定义，根式具有下列性质：

(1) $(\sqrt[n]{a})^n=a$.

(2) 当 n 为奇数时，$\sqrt[n]{a^n}=a$；当 n 为偶数时，$\sqrt[n]{a^n}=|a|=\begin{cases}a, & a\geqslant 0,\\ -a, & a<0.\end{cases}$

2. 分数指数幂

定义 $a^{\frac{m}{n}}=\sqrt[n]{a^m}\quad(m,n\in\mathbf{N}^*,且\ n>1,a>0)$.

即正数的正分数指数幂表示一个根式，它的根指数是分数指数的分母，根底数的幂指数是分数指数的分子.

例如，$2^{\frac{3}{2}}=\sqrt{2^3}=2\sqrt{2}$；

$(8)^{\frac{2}{3}}=\sqrt[3]{8^2}=\sqrt[3]{64}=4$.

定义 $a^{-\frac{m}{n}}=\dfrac{1}{a^{\frac{m}{n}}}=\dfrac{1}{\sqrt[n]{a^m}}\quad(m,n\in\mathbf{N}^*,且\ n>1,a>0)$.

即正数的负分数指数幂表示一个根式的倒数，根式的根指数是分数指数的分母，根底数的幂指数是分数指数的分子.

例如，$2^{-\frac{1}{2}}=\frac{1}{2^{\frac{1}{2}}}=\frac{1}{\sqrt{2}}=\frac{\sqrt{2}}{2}$；

$$(0.001)^{-\frac{2}{3}}=\frac{1}{(0.001)^{\frac{2}{3}}}=\frac{1}{0.01}=100.$$

0 的正分数指数幂等于 0，0 的负分数指数幂没有意义.

分数指数幂的引入，把幂的概念从整数指数幂推广到了有理指数幂.

3. 有理指数幂的运算性质

分数指数幂的运算法则与整数指数幂的运算法则完全相同，具有以下性质：

(1) $a^m\cdot a^n=a^{m+n}\quad(a>0,\ m,n\in\mathbf{Q})$；

(2) $\frac{a^m}{a^n}=a^{m-n}\quad(a>0,\ m,n\in\mathbf{Q})$；

(3) $(a^m)^n=a^{m\cdot n}\quad(a>0,\ m,n\in\mathbf{Q})$；

(4) $(ab)^n=a^n\cdot b^n\quad(a>0,b>0,n\in\mathbf{Q})$.

从上面的例子还可以看到，应用以上法则进行幂的运算可以简捷地得到结果. 例如：

$$4^{\frac{3}{2}}=(2^2)^{\frac{3}{2}}=2^{2\times\frac{3}{2}}=2^3=8;$$

$$(0.001)^{-\frac{2}{3}}=[(0.1)^3]^{-\frac{2}{3}}=(0.1)^{3\times(-\frac{2}{3})}=(0.1)^{-2}=\frac{1}{(0.1)^2}=100.$$

下面再举一些代数式化简的例子.

例 1 化简下列各式：

(1) $25^{\frac{1}{2}}$； (2) $\left(\frac{4}{25}\right)^{-\frac{3}{2}}$.

解 (1) $25^{\frac{1}{2}}=(5^2)^{\frac{1}{2}}=5^{2\times\frac{1}{2}}=5$；

(2) $\left(\frac{4}{25}\right)^{-\frac{3}{2}}=\left[\left(\frac{2}{5}\right)^2\right]^{-\frac{3}{2}}=\left(\frac{2}{5}\right)^{2\times(-\frac{3}{2})}=\left(\frac{2}{5}\right)^{-3}=\frac{125}{8}$.

例 2 化简下列各题：

(1) $\left(\frac{3}{4}x^2y^{\frac{1}{3}}\right)\left(\frac{2}{5}x^{-\frac{1}{2}}y^{-\frac{1}{6}}\right)\left(\frac{5}{6}x^{\frac{1}{3}}y^{-\frac{3}{2}}\right)$；

(2) $(x^{-\frac{5}{6}}y^{\frac{2}{3}})\div(x^{-\frac{1}{3}}y^{\frac{1}{2}})$；

(3) $(x^{\frac{1}{4}}y^{-\frac{3}{8}})^8$.

解 (1)原式$=\left(\frac{3}{4}\times\frac{2}{5}\times\frac{5}{6}\right)x^{2-\frac{1}{2}+\frac{1}{3}}y^{\frac{1}{3}-\frac{1}{6}-\frac{3}{2}}=\frac{1}{4}x^{\frac{11}{6}}y^{-\frac{4}{3}}$；

(2) 原式$=x^{-\frac{5}{6}-(-\frac{1}{3})}y^{\frac{2}{3}-\frac{1}{2}}=x^{-\frac{1}{2}}y^{\frac{1}{6}}$；

(3) 原式$=(x^{\frac{1}{4}})^8(y^{-\frac{3}{8}})^8=x^2y^{-3}=\frac{x^2}{y^3}$.

4.利用计算器求根式的值及进行指数幂运算

例 3 利用 CASIO fx-82ES PLUS 型计算器计算(精确到 0.0001)：

(1) $\sqrt[4]{0.56}$；　(2) $3^{\frac{3}{4}}$；　(3) $5^{-\frac{4}{5}}$；　(4) $\frac{1}{\sqrt[5]{0.45^3}}$.

解 首先进行计算器的状态设置.操作步骤为:按键 MODE→按键 1,将计算器设定为普通计算状态；

再设定精确度.操作步骤为:按键 SHIFT→按键 MODE→按键 6→按键 4(精确到 0.0001).

(1) $\sqrt[\blacksquare]{\square}$键可以方便地计算出 n 次根式的值.按照下面的步骤操作：

按键 SHIFT→按键 $\sqrt[\blacksquare]{\square}$→输入根指数 4 →按键▷ →输入被开方数 0.56 →按键＝显示计算结果 0.8651.即 $\sqrt[4]{0.56}\approx 0.8651$；

(2) 通过键 $x^{\blacksquare}$来计算分数指数幂的操作步骤为:输入底→按键 $x^{\blacksquare}$→输入指数→按键＝显示计算结果.即 $3^{\frac{3}{4}}\approx 2.2795$；

(3) $5^{-\frac{4}{5}}\approx 0.2759$；

(4) $\frac{1}{\sqrt[5]{0.45^3}}=0.45^{-\frac{3}{5}}\approx 1.6146$.

二、幂函数

我们先看几个问题：

(1)如果张红购买了每千克 1 元的蔬菜 m 千克,那么她需要支付 $p=m$ 元,这里 p 是 m 的函数；

(2)如果正方形的边长为 a,那么正方形的面积 $S=a^2$,这里 S 是 a 的函数；

(3)如果正方体的底边边长为 a,那么正方体的体积 $V=a^3$,这里 V 是 a 的函数；

(4)如果一个正方形场地的面积为 S,那么这个正方形的边长 $a=S^{\frac{1}{2}}$,这里 a 是 S 的函数；

(5)如果某人 t s 内骑车行进了 1 km,那么他骑车的平均速度 $V=t^{-1}$ km/s,这里 V 是 t 的函数.上述问题如果不考虑它们的实际意义,问题中所涉及的函

数，都是形如 $y=x^{\alpha}$ 的函数.

定义 函数 $y=x^{\alpha}$ 称为**幂函数**，其中指数 α 为常量，它可以为任何实数.

例如，函数 $y=x$，$y=x^2$，$y=x^3$，$y=x^{-1}$，$y=x^{-2}$，$y=x^{\frac{1}{2}}$，$y=x^{-\frac{1}{2}}$ 等都是幂函数.

幂函数 $y=x^{\alpha}$ 的定义域随指数 α 的值而确定.

对于幂函数我们只讨论 $\alpha=1,2,3,\frac{1}{2},-1$ 的情形.

在同一平面直角坐标系内作出幂函数 $y=x$，$y=x^2$，$y=x^3$，$y=x^{\frac{1}{2}}$ 和 $y=x^{-1}$ 的图像，如图 2-5 所示.

通过图 2-5，我们可以得出：

(1)函数 $y=x$，$y=x^2$，$y=x^3$，$y=x^{\frac{1}{2}}$ 和 $y=x^{-1}$ 的图像都通过点(1，1)；

(2)在区间(0，+∞)内，函数 $y=x$，$y=x^2$，$y=x^3$ 和 $y=x^{\frac{1}{2}}$ 是单调增函数，函数 $y=x^{-1}$ 是单调减函数；

(3)函数 $y=x$，$y=x^3$，$y=x^{-1}$ 是奇函数，函数 $y=x^2$ 是偶函数，函数 $y=x^{\frac{1}{2}}$ 是非奇非偶函数.

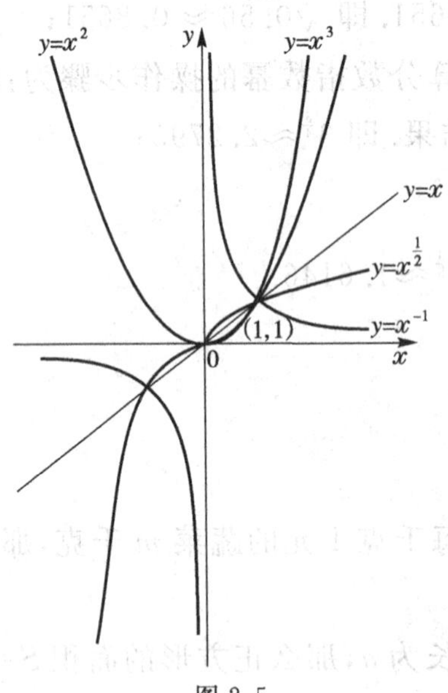

图 2-5

一般地，当 $\alpha>0$ 时，幂函数 $y=x^{\alpha}$ 具有下列共同性质：

①图像都通过坐标原点和点(1，1)；

②函数在区间(0，+∞)内是单调增函数.

当 $\alpha<0$ 时，幂函数 $y=x^{\alpha}$ 具有下列共同性质：

①图像都通过点(1，1)；

②函数在区间(0，+∞)内是单调减函数.

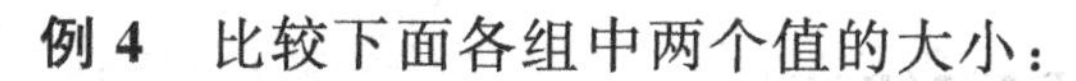

例4 比较下面各组中两个值的大小：

(1) $1.3^{\frac{3}{2}}$ 和 $1.6^{\frac{3}{2}}$； (2) $0.18^{-1.3}$ 和 $0.15^{-1.3}$.

解 (1) $1.3^{\frac{3}{2}}$ 和 $1.6^{\frac{3}{2}}$ 可以看作幂函数 $y=x^{\frac{3}{2}}$ 在 $x=1.3$ 和 $x=1.6$ 时的两个函数值，因为 $\alpha=\frac{3}{2}>0$，$1.3,1.6\in(0,+\infty)$，并且 $1.3<1.6$，由幂函数 $y=x^{\alpha}$ $(\alpha>0)$ 在 $(0,+\infty)$ 内是单调增函数可知：

$$1.3^{\frac{3}{2}}<1.6^{\frac{3}{2}}.$$

(2) $0.18^{-1.3}$ 和 $0.15^{-1.3}$ 可以看作幂函数 $y=x^{-1.3}$ 在 $x=0.18$ 和 $x=0.15$ 时的两个函数值，因为 $\alpha=-1.3$，$0.18,0.15\in(0,+\infty)$，并且 $0.18>0.15$，由幂函数 $y=x^{\alpha}(\alpha<0)$ 在 $(0,+\infty)$ 内是单调减函数可知

$$0.18^{-1.3}<0.15^{-1.3}.$$

习题 2-2(A 组)

1. 求下列各分数指数幂的值：

(1) $25^{-\frac{1}{2}}$； (2) $32^{-\frac{2}{5}}$； (3) $(0.027)^{\frac{2}{3}}$； (4) $\left(\frac{1}{16}\right)^{-\frac{3}{4}}$.

2. 把下列各分数指数幂化为根式：

(1) $2^{\frac{2}{3}}$； (2) $3^{-\frac{1}{3}}$； (3) $(0.1)^{\frac{1}{2}}$； (4) $5^{-\frac{3}{4}}$.

3. 把下列各根式化为分数指数幂：

(1) $\sqrt[3]{2}$； (2) $\frac{1}{\sqrt{2}}$； (3) $\sqrt[5]{a^2}$； (4) $\frac{1}{(\sqrt{b})^3}$.

4. 化简下列各式：

(1) $\left(\frac{1}{2}x^{\frac{1}{3}}y^{\frac{1}{2}}\right)\left(-\frac{2}{3}x^{-1}y^{-\frac{1}{3}}\right)$；

(2) $\left(-15a^{\frac{1}{2}}b^{\frac{1}{3}}c^{-\frac{3}{4}}\right)\left(\frac{1}{25}a^{-\frac{1}{2}}b^{\frac{1}{3}}c^{\frac{3}{4}}\right)^2$.

5. 比较下列各组中两个值的大小：

(1) $2^{0.2}$ 和 $3^{0.2}$； (2) $0.2^{-0.2}$ 和 $0.3^{-0.2}$；

(3) $3^{\frac{4}{3}}$ 和 $4^{\frac{4}{3}}$； (4) $3^{-\frac{4}{3}}$ 和 $4^{-\frac{4}{3}}$.

6. 用计算器计算下列各式的值(精确到 0.0001)：

(1) 1.2^5； (2) $3.2^{-2.5}$；

(3) $1.1^{\frac{1}{3}}\times2.1^{\frac{1}{2}}$； (4) $0.3^{-2.1}\times e^3$.

扫一扫，获取参考答案

习题 2-2（B组）

1. 把下列各分数指数幂化成根式：

(1) $(2^{\frac{1}{2}})^3$；　　(2) $(3^{-\frac{1}{3}})^2$；

(3) $(a^{\frac{2}{3}})^{\frac{3}{4}}$；　　(4) $a^{\frac{3}{2}}\cdot b^{-\frac{1}{2}}$.

2. 把下列各根式化成分数指数幂：

(1) $\sqrt{2\sqrt{2}}$；　　(2) $\sqrt[3]{a^2b}$；

(3) $\sqrt{(x+1)^3}$；　　(4) $\dfrac{\sqrt{a+1}}{\sqrt[3]{b-1}}$.

3. 化简下列各式：

(1) $(\frac{1}{3}x^2y^{\frac{1}{2}})^3\cdot(\frac{9}{2}x^{-1}y)^2$；

(2) $(2x^{-2}y^{\frac{1}{3}})^5\div(4x^{-3}y)$.

扫一扫，获取参考答案

2.3　指数函数

一、指数函数的定义

我们先来看一个例子：

某产品原来的年产量是1万吨，计划从今年开始，年产量平均每年增加15%，那么x年后的年产量y(万吨)为：

$$y=(1+15\%)^x,$$

即

$$y=1.15^x.$$

上例中，y是x的函数，这个函数的指数是变量，底数是常量，对这样的函数，我们有下面的定义：

定义　函数$y=a^x(a>0$且$a\neq1)$称为**指数函数**，它的定义域是实数集$\mathbf{R}$.

因此，上面例子中的函数$y=1.15^x$是指数函数，这是一个实际问题中的函数，x只能取正实数，所以它的定义域是正实数集$\mathbf{R}^+$.

又如，函数$y=2^x$，$y=3^x$，$y=\left(\frac{1}{2}\right)^x$和$y=\left(\frac{1}{3}\right)^x$也都是指数函数，它们的定义域都是实数集$\mathbf{R}$.

二、指数函数的图像和性质

由指数函数的定义我们知道，底数 $a>0$ 且 $a\neq1$，下面分别就 $a>1$ 和 $0<a<1$两种情形，通过对几个常见的指数函数的图像和性质的讨论，得出它们的一般结论.

1. 当 $a>1$ 时的情形

先讨论指数函数 $y=2^x$ 和 $y=3^x$ 的图像和性质.

利用描点作图法，可以作出函数 $y=2^x$ 和 $y=3^x$ 的图像，如图 2-6 所示.

由图 2-6 可以知，这两个函数的图像有下列特征：

(1) 图像在 x 轴的上方，即函数的值域为$(0,+\infty)$；

(2) 图像过点$(0,1)$；

(3) 图像沿 x 轴正向逐渐上升.

用类似的方法，我们可以作出指数函数 $y=a^x$ 在 $a>1$ 时的图像(如图 2-7 所示)，可归纳出它具有如下性质：

(1) $y=a^x$ 的定义域为$(-\infty,+\infty)$，值域为$(0,+\infty)$；

(2) 过定点$(0,1)$，即当 $x=0$ 时，$y=1$；

(3) $y=a^x$ 在定义域$(-\infty,+\infty)$内是单调增函数.

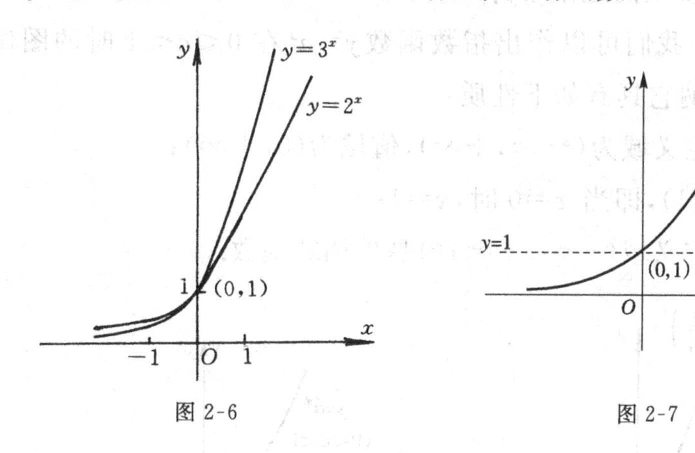

图 2-6　　　　图 2-7

例 1　比较下列各组中两个值的大小：

(1) $3^{\frac{5}{3}}$ 和 $3^{\frac{4}{3}}$；　　(2) $5^{-\frac{1}{2}}$ 和 $5^{-\frac{1}{3}}$.

解　(1) $3^{\frac{5}{3}}$ 和 $3^{\frac{4}{3}}$ 可以看作指数函数 $y=3^x$ 当 $x=\frac{5}{3}$和 $x=\frac{4}{3}$时所对应的两个函数值，因为 $a=3>1$，并且 $\frac{5}{3}>\frac{4}{3}$，根据指数函数 $y=a^x\,(a>1)$

在$(-\infty,+\infty)$内是单调增函数可知

$$3^{\frac{5}{3}}>3^{\frac{4}{3}};$$

(2) $5^{-\frac{1}{2}}$和$5^{-\frac{1}{3}}$可以看作指数函数$y=5^x$当$x=-\frac{1}{2}$和$x=-\frac{1}{3}$时所对应的两个函数值，因为$a=5>1$，并且$-\frac{1}{2}<-\frac{1}{3}$，根据指数函数$y=a^x(a>1)$在$(-\infty,+\infty)$内是单调增函数可知

$$5^{-\frac{1}{2}}<5^{-\frac{1}{3}}.$$

2. 当$0<a<1$时的情形

先讨论指数函数$y=\left(\frac{1}{2}\right)^x$和$y=\left(\frac{1}{3}\right)^x$的图像和性质.

利用描点作图法可以作出函数$y=\left(\frac{1}{2}\right)^x$和$\left(\frac{1}{3}\right)^x$的图像，如图2-8所示.

由图2-8可以知，这两个函数的图像具有下列特征：

(1) 图像在x轴的上方，即函数的值域是$(0,+\infty)$；

(2) 图像过点$(0,1)$；

(3) 图像沿x轴正向逐渐下降.

用类似的方法，我们可以作出指数函数$y=a^x$在$0<a<1$时的图像（如图2-9所示），可以归纳它具有如下性质：

(1) $y=a^x$的定义域为$(-\infty,+\infty)$，值域为$(0,+\infty)$；

(2) 过定点$(0,1)$，即当$x=0$时，$y=1$；

(3) $y=a^x$在定义域$(-\infty,+\infty)$内是单调减函数.

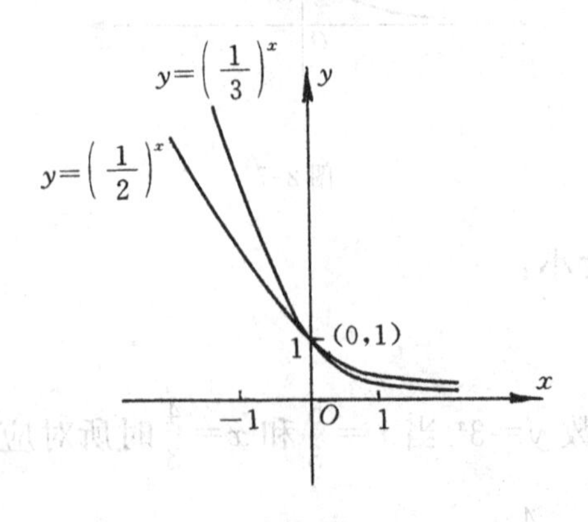

图2-8

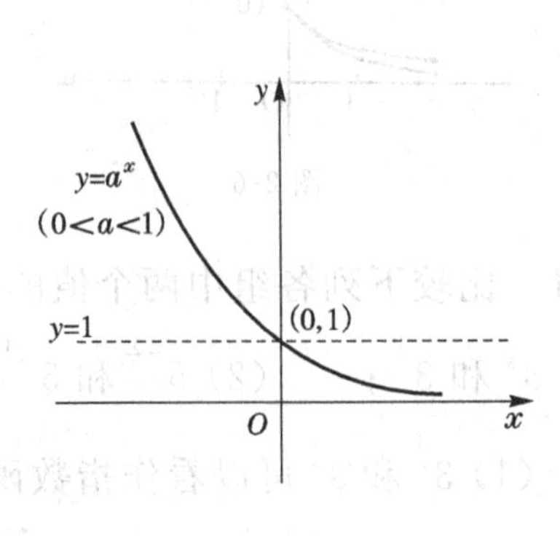

图2-9

例 2 比较下列各组中两个值的大小：

(1) $\left(\frac{1}{5}\right)^{1.8}$和$\left(\frac{1}{5}\right)^{1.9}$；　　(2) $0.3^{-\frac{1}{2}}$和$0.3^{-\frac{1}{3}}$.

解 (1) $\left(\frac{1}{5}\right)^{1.8}$和$\left(\frac{1}{5}\right)^{1.9}$可以看作指数函数$y=\left(\frac{1}{5}\right)^{x}$当$x=1.8$和$x=1.9$时所对应的两个函数值，因为$a=\frac{1}{5}$，$0<a<1$，并且$1.8<1.9$，根据指数函数$y=a^x(0<a<1)$在$(-\infty,+\infty)$内是单调减函数可知

$$\left(\frac{1}{5}\right)^{1.8}>\left(\frac{1}{5}\right)^{1.9};$$

(2) $0.3^{-\frac{1}{2}}$和$0.3^{-\frac{1}{3}}$可以看作指数函数$y=0.3^x$当$x=-\frac{1}{2}$和$x=-\frac{1}{3}$时所对应的两个函数值，因为$a=0.3$，$0<a<1$，并且$-\frac{1}{2}<-\frac{1}{3}$，根据指数函数$y=a^x$ $(0<a<1)$在$(-\infty,+\infty)$内是单调减函数可知

$$0.3^{-\frac{1}{2}}>0.3^{-\frac{1}{3}}.$$

例 3 设函数$y_1=2^{5x^2+1}$和$y_2=2^{x^2+10}$，求使$y_1<y_2$的x的值.

解 要使$y_1<y_2$，即$2^{5x^2+1}<2^{x^2+10}$.

由指数函数$y=a^x(a>1)$在$(-\infty,+\infty)$内是单调增函数可知，必须

$$5x^2+1<x^2+10 \quad 即 \quad x^2<\frac{9}{4},$$

所以

$$-\frac{3}{2}<x<\frac{3}{2}.$$

因此，使$y_1<y_2$的x的值构成的集合为

$$\left\{x\middle|-\frac{3}{2}<x<\frac{3}{2}\right\}.$$

例 4 求下列函数的定义域：

(1) $y=\frac{1}{\sqrt{2^x-\frac{1}{4}}}$；　　(2) $y=\sqrt{\left(\frac{1}{3}\right)^x-9}$.

解 (1)要使$y=\frac{1}{\sqrt{2^x-\frac{1}{4}}}$有意义，必须$2^x-\frac{1}{4}>0$，即$2^x>\frac{1}{4}=2^{-2}$，根据指数函数$y=a^x(a>1)$的性质(3)有$x>-2$，所以函数$y=\frac{1}{\sqrt{2^x-\frac{1}{4}}}$的定义域为$(-2,+\infty)$；

(2)要使 $y=\sqrt{\left(\frac{1}{3}\right)^{x}-9}$ 有意义，必须 $\left(\frac{1}{3}\right)^{x}-9\geqslant 0$，即 $\left(\frac{1}{3}\right)^{x}\geqslant 9=\left(\frac{1}{3}\right)^{-2}$，根据指数函数 $y=a^{x}(0<a<1)$ 的性质(3)有 $x\leqslant -2$. 所以函数 $y=\sqrt{\left(\frac{1}{3}\right)^{x}-9}$ 的定义域为 $(-\infty,-2]$.

习题 2-3(A 组)

1. 比较下列各组中两个值的大小：

(1) $2^{\frac{1}{2}}$ 和 $2^{\frac{2}{3}}$；　　(2) $2^{-\frac{1}{2}}$ 和 $2^{-\frac{2}{3}}$；

(3) $(\frac{1}{2})^{0.6}$ 和 $(\frac{1}{2})^{0.7}$；　　(4) $(\frac{1}{2})^{-0.6}$ 和 $(\frac{1}{2})^{-0.7}$.

2. 设函数 $y_1=2^{x+1}$ 和 $y_2=2^{2x-3}$，求使 $y_1>y_2$ 的 x 的值.

3. 求下列函数的定义域：

(1) $y=\sqrt{3^{x}-1}$；

(2) $y=\frac{1}{2^{x}-4}$；

(3) $y=\sqrt{\left(\frac{1}{2}\right)^{x}-8}$；

(4) $y=\left[\left(\frac{1}{3}\right)^{x}-27\right]^{-\frac{1}{2}}$.

习题 2-3(B 组)

1. 设函数 $y_1=3^{2x^2+1}$ 和 $y_2=3^{x^2+2}$，求使 $y_1>y_2$ 的 x 的值.

2. 设函数 $y_1=(\frac{1}{2})^{2x^2-3x+1}$ 和 $y_2=(\frac{1}{2})^{x^2+2x-3}$，求使 $y_1>y_2$ 的 x 的值.

3. 求下列函数的定义域：

(1) $y=\frac{1}{\sqrt{2^{x^2-1}-8}}$；

(2) $y=\sqrt{3^{2x-1}-\frac{1}{27}}$.

2.4　对　数

一、对数的概念

如果有人问你，2的多少次幂等于8？你会很快地回答出2的3次幂等于8，即$2^3=8$. 但若再问你，2的多少次幂等于9？你还能很快地回答出来吗？实际上，该问题就是求解$2^x=9$中的x，这是一个已知底数和幂的值求指数的问题. 为此，引进对数的概念.

定义　如果$a^b=N$ ($a>0$且$a\neq1$)，那么指数b称为以a为底的N的**对数**，记为

$$b=\log_a N,$$

其中a称为**底数**，N称为**真数**.

例如，由于$4^2=16$，所以以4为底16的对数是2，记作$\log_4 16=2$.

根据对数的定义，可以得到对数与指数间的关系：

当$a>0$且$a\neq1$时，$a^b=N\Leftrightarrow b=\log_a N$.

指数式$a^b=N$和对数式$b=\log_a N$表示了a、b、N三个数之间的同一种关系，其中a、b、N的取值范围如表2-2所示：

表2-2

a	b	N
$a>0$且$a\neq1$	任意实数	任意正实数

由表2-2中N的取值范围知道：零和负数没有对数.

在对数式$b=\log_a N$中，若已知a、b、N三个数中的任何两个数，就可以求出第三个数.

例1　求下列等式中的未知数：

(1) $\log_{64} N=-\frac{2}{3}$；　(2) $\log_a 8=3$；　(3) $b=\log_9 27$；　(4) $\log_{\frac{1}{2}} N=0$.

解　(1) 把$\log_{64} N=-\frac{2}{3}$写成指数式，得$N=64^{-\frac{2}{3}}$. 由此得出

$$N=(2^6)^{-\frac{2}{3}}=2^{-4}=\frac{1}{16};$$

(2) 把$\log_a 8=3$写成指数式，得$a^3=8$. 由此得出

$$a=\sqrt[3]{8}=2,$$

因为对数的底数只能是正数且不等于1，所以$a=2$；

(3) 把 $b=\log_9 27$ 写成指数式,得 $9^b=27$,即 $3^{2b}=3^3$,由此得出

$$2b=3,\quad 即\quad b=\frac{3}{2};$$

(4) 把 $\log_{\frac{1}{2}} N=0$ 写成指数式,得 $N=\left(\frac{1}{2}\right)^0$. 由此得出

$$N=1.$$

在对数的定义中,我们知道底数 $a>0$ 且 $a\neq 1$,而在高等数学和科学研究中常要用到以 10 和无理数 $e=2.71828\cdots$ 为底的对数,对于这种形式的对数,分别给出如下定义:

定义 以 10 为底,正数 N 的对数 $\log_{10} N$ 称为**常用对数**(或十进对数),记为 $\lg N$,即

$$\lg N=\log_{10} N.$$

定义 以 e 为底,正数 N 的对数 $\log_e N$ 称为**自然对数**,记为 $\ln N$,即

$$\ln N=\log_e N.$$

二、两个重要恒等式

1. $a^{\log_a N}=N$ ($a>0$ 且 $a\neq 1, N>0$)

根据对数的定义可知:

如果 $a^b=N$,那么 $b=\log_a N$.

把 $b=\log_a N$ 代入 $a^b=N$,可得恒等式

$$\boxed{a^{\log_a N}=N} \tag{2-1}$$

例 2 计算下列各式的值:

(1) $2^{\log_2 5}$;　　(2) $2^{1+\log_2 5}$;

(3) $2^{2-\log_2 5}$;　　(4) $2^{3\log_2 5}$.

解 (1) 由恒等式 $a^{\log_a N}=N$ 可得

$$2^{\log_2 5}=5;$$

(2) $2^{1+\log_2 5}=2\cdot 2^{\log_2 5}=2\times 5=10$;

(3) $2^{2-\log_2 5}=\dfrac{2^2}{2^{\log_2 5}}=\dfrac{4}{5}$;

(4) $2^{3\log_2 5}=(2^{\log_2 5})^3=5^3=125$.

注:在恒等式 $a^{\log_a N}=N$ 中,当 $a=10$ 和 $a=e$ 时,分别得到:

$$10^{\lg N}=N,\quad e^{\ln N}=N.$$

2. $\log_a a^b = b$ ($a>0$ 且 $a\neq 1, b\in\mathbf{R}$)

根据对数的定义可知：

如果 $a^b=N$,则 $b=\log_a N$.

把 $N=a^b$ 代入 $b=\log_a N$,可得恒等式

$$\boxed{\log_a a^b = b} \tag{2-2}$$

例 3 计算下列各对数的值：

(1) $\log_{10}10000$； (2) $\log_{10}\frac{1}{1000}$； (3) $\log_9 27$； (4) $\log_{\frac{1}{2}}8$.

解 (1) $\log_{10}10000=\log_{10}10^4$,由恒等式 $\log_a a^b=b$,可得

$$\log_{10}10000=4;$$

(2) $\log_{10}\frac{1}{1000}=\log_{10}10^{-3}$,由恒等式 $\log_a a^b=b$,可得

$$\log_{10}\frac{1}{1000}=-3;$$

(3) $\log_9 27=\log_9 9^{\frac{3}{2}}$,由恒等式 $\log_a a^b=b$,可得

$$\log_9 27=\frac{3}{2};$$

(4) $\log_{\frac{1}{2}}8=\log_{\frac{1}{2}}\left(\frac{1}{2}\right)^{-3}$,由恒等式 $\log_a a^b=b$,可得

$$\log_{\frac{1}{2}}8=-3.$$

注:在恒等式 $\log_a a^b=b$ 中,当 $a=10$ 和 $a=\mathrm{e}$ 时,分别得到：

$$\lg 10^b=b,\quad \ln \mathrm{e}^b=b.$$

例 4 计算：

(1) $\log_a a$； (2) $\log_a 1$.

解 (1) 因为 $\log_a a=\log_a a^1$,由恒等式 $\log_a a^b=b$,可得

$$\log_a a=1;$$

(2) 因为 $\log_a 1=\log_a a^0$,由恒等式 $\log_a a^b=b$,可得

$$\log_a 1=0.$$

由例 4 我们可以得到对数的两个重要性质：

(1) 与底数相等的数的对数等于 1,即 $\log_a a=1$；

(2) 1 的对数恒等于零,即 $\log_a 1=0$.

显然:$\lg 10=1$, $\ln \mathrm{e}=1$,

$\lg 1=0$, $\ln 1=0$.

三、积、商、幂的对数的运算法则

在幂的运算法则中有：$a^m \cdot a^n = a^{m+n}$. 设 $a^m = M$，$a^n = N$，由对数的定义可得

$$m = \log_a M, \quad n = \log_a N.$$

因此

$$\log_a(M \cdot N) = \log_a(a^m \cdot a^n) = \log_a a^{m+n} = m+n = \log_a M + \log_a N.$$

同样地，我们可以仿照上述过程，由 $a^m \div a^n = a^{m-n}$ 和 $(a^m)^n = a^{mn}$，得出对数运算的其他性质.

于是，我们可以得到如下的对数运算法则.

如果 $a>0$ 且 $a \neq 1$，$M>0$，$N>0$，那么：

$$\begin{aligned} &\log_a(M \cdot N) = \log_a M + \log_a N; \\ &\log_a \frac{M}{N} = \log_a M - \log_a N; \\ &\log_a M^n = n\log_a M \ (n \in R). \end{aligned} \tag{2-3}$$

例 5 用 $\log_a x$，$\log_a y$，$\log_a z$ 表示下列各式：

(1) $\log_a \dfrac{xy}{z}$；　　(2) $\log_a \dfrac{x^2\sqrt{y}}{\sqrt[3]{z}}$.

解 (1) $\log_a \dfrac{xy}{z} = \log_a(xy) - \log_a z = \log_a x + \log_a y - \log_a z$；

(2) $$\log_a \frac{x^2\sqrt{y}}{\sqrt[3]{z}} = \log_a(x^2\sqrt{y}) - \log_a \sqrt[3]{z} = \log_a x^2 + \log_a \sqrt{y} - \log_a \sqrt[3]{z}$$

$$= 2\log_a x + \frac{1}{2}\log_a y - \frac{1}{3}\log_a z.$$

例 6 已知 $\log_{10} x = \dfrac{1}{3}\left[\log_{10} a - \dfrac{1}{2}\log_{10} b + 2\log_{10}(a+b)\right] + \log_{10} c$，求 x.

解 因为
$$\begin{aligned} \log_{10} x &= \frac{1}{3}[\log_{10} a - \log_{10} b^{\frac{1}{2}} + \log_{10}(a+b)^2] + \log_{10} c \\ &= \frac{1}{3}\log_{10}\frac{a(a+b)^2}{\sqrt{b}} + \log_{10} c \\ &= \log_{10}\left(c\sqrt[3]{\frac{a(a+b)^2}{\sqrt{b}}}\right), \end{aligned}$$

所以，$x = c\sqrt[3]{\dfrac{a(a+b)^2}{\sqrt{b}}}$.

在应用积、商、幂的对数的运算法则时，应该注意以下两点：

(1) 等式两边的对数的底数要相等；

(2) 等式两边的对数的真数要大于零.

四、对数的换底公式

一般地，一个正数 N 的以 a 为底的对数 $\log_a N$ 可换成以 b 为底的对数（a，b 均为不等于 1 的正数）.

设 $x=\log_a N$，写成指数式，得

$$a^x=N,$$

两边取以 b 为底的对数，得

$$\log_b a^x=\log_b N \quad 即 \quad x\log_b a=\log_b N,$$

所以 $x=\dfrac{\log_b N}{\log_b a}$，因此

$$\boxed{\log_a N=\frac{\log_b N}{\log_b a}} \tag{2-4}$$

这个公式称为对数的**换底公式**，其中 a，b 均为不等于 1 的正数，$N>0$.

例 7 已知 $\lg 2=0.3010$，求下列各对数的值（精确到 0.001）：

(1) $\log_2 0.01$； (2) $\log_2 5$.

解 (1) 由换底公式可得

$$\log_2 0.01=\frac{\lg 0.01}{\lg 2}=\frac{\lg 10^{-2}}{\lg 2}=\frac{-2\lg 10}{\lg 2}=\frac{-2}{\lg 2}\approx -6.645,$$

(2) 由换底公式，可得

$$\log_2 5=\frac{\lg 5}{\lg 2}=\frac{\lg\dfrac{10}{2}}{\lg 2}=\frac{\lg 10-\lg 2}{\lg 2}=\frac{1-0.3010}{0.3010}\approx 2.322.$$

例 8 已知 $\log_{18}9=a$，$18^b=5$，求证：$\log_{36}45=\dfrac{a+b}{2-a}$.

证明 由 $18^b=5$，得 $\log_{18}5=b$.

$$\log_{36}45=\frac{\log_{18}45}{\log_{18}36}=\frac{\log_{18}(5\times 9)}{\log_{18}(18\times 2)}=\frac{\log_{18}5+\log_{18}9}{\log_{18}18+\log_{18}2}$$

$$=\frac{b+a}{1+\log_{18}\dfrac{18}{9}}=\frac{b+a}{1+\log_{18}18-\log_{18}9}=\frac{a+b}{2-a}.$$

在对数的换底公式中，当 $N=b$ 时，有

$$\boxed{\log_a b=\frac{1}{\log_b a}} \quad （a，b 为不等于 1 的正数）, \tag{2-5}$$

即，当对数的底数和真数互换时，这两个对数是倒数关系.

五、利用计算器求对数的值

一般的函数型计算器都设有专门按键来进行对数的计算．如 CASIO fx-82ES PLUS 型计算器，利用 ln 键计算自然对数，利用 log 键计算常用对数．利用 $\log_{\blacksquare}\square$ 键计算一般底的对数．利用 $\log_{\blacksquare}\square$ 键进行计算时，输入底之后，需要按键 ▷，将光标移到真数的位置，再输入真数．

例 9 用计算器求下列各式的值（精确到 0.0001）：

（1）$\lg 2$；（2）$\ln 1.2$；（3）$\log_3 4$；（4）$\log_{0.2}\frac{1}{3}$.

解 首先将计算器设定为普通计算状态，再设定精确度．然后分别使用 log 键、ln 键、$\log_{\blacksquare}\square$ 键进行计算．

（1）$\lg 2 \approx 0.3010$；（2）$\ln 1.2 \approx 0.1823$；

（3）$\log_3 4 \approx 1.2619$；（4）$\log_{0.2}\frac{1}{3} \approx 0.6826$.

最后，我们来解决本小节开头提出的问题：求解 $2^x=9$ 中的 x.

解 由 $2^x=9$ 得 $x=\log_2 9$，利用计算器求得 $x\approx 3.1699$.

习题 2-4（A 组）

1. 将下列各指数式表示为对数式：

（1）$3^2=9$；（2）$(\frac{1}{2})^3=\frac{1}{8}$；（3）$2^{-3}=\frac{1}{8}$；（4）$5^0=1$.

2. 将下列各对数式表示为指数式：

（1）$\log_2 4=2$；（2）$-4=\log_3\frac{1}{81}$；

（3）$\frac{1}{2}=\log_3\sqrt{3}$；（4）$-\frac{1}{3}=\log_{27}\frac{1}{3}$.

3. 求下列各等式中的未知数：

（1）$\log_8 N=2$；（2）$\log_2\sqrt{2}=b$；

（3）$\log_a 3=2$；（4）$\log_{\frac{1}{3}} N=1$.

4. 求下列各式的值：

（1）$3^{\log_3 9}$；（2）$5^{\log_5 2+1}$；（3）$3^{5\log_3 2}$；

（4）$2^{\log_2 3-1}$；（5）$\log_2 16$；（6）$\log_3\frac{1}{81}$；

（7）$\log_{\frac{1}{2}}\frac{\sqrt{2}}{2}$；（8）$\log_{\frac{1}{2}} 8$.

5. 求下列各式的值：

(1) $\log_{36}6-\log_6 36+\log_6 \dfrac{1}{36}-\log_{36}\dfrac{1}{6}$；

(2) $2\log_5 25+3\log_2 64-8\log_2 1-\log_8 8$.

6. 用 $\log_a x,\log_a y,\log_a z$ 表示下列各式：

(1) $\log_a \dfrac{x^2y^3}{\sqrt{z}}$；　　(2) $\log_a \dfrac{\sqrt{x}}{y^2z^3}$.

7. 由下列各式求 x：

(1) $\log_3 x=\log_3 5-\log_3 2+\log_3 4$；

(2) $\log_4 x=2\log_4 3-3\log_4 2+\log_4 5$.

扫一扫，获取参考答案

8. 利用计算器计算下列各式(精确到 0.0001)：

(1) lg8；　　(2) ln10；

(3) ln0.15　　(4) $\log_3 7$

习题 2-4(B 组)

1. 求下列各式的值：

(1) $2^{\log_{\frac{1}{2}}2}$；　　(2) $3^{\log_{\sqrt{3}}2}$；　　(3) $25^{\log_5 2}$；

(4) $2^{\log_4 3}$；　　(5) $\left(\dfrac{1}{5}\right)^{\log_5 3}$；　　(6) $4^{\log_2 3+1}$.

2. 求下列各式的值：

(1) $\log_2\sqrt{2}-\log_{\sqrt{3}}9+\log_{\sqrt{2}}8$；　　(2) $3\log_2\dfrac{1}{32}+\dfrac{1}{4}\log_{\sqrt{2}}4-3\log_{\frac{1}{2}}1$；

(3) $\log_a\sqrt[n]{a}+\log_a\dfrac{1}{a^n}+\log_a\dfrac{1}{\sqrt[n]{a}}$；　　(4) $\ln e-2\ln\sqrt{e}+3\ln\dfrac{1}{e}+2\ln\dfrac{1}{\sqrt{e}}$.

3. 由下列各式求 x：

(1) $\log_4 x=2\log_4 3+3\log_4 2-2$；

(2) $\log_3 x=\dfrac{1}{4}[3\log_3 a-(3\log_3 b+2\log_3 c)]$；

(3) $\lg x=2\lg5-\lg25+3\lg\sqrt{5}-1$.

4. 证明下列各等式：

(1) $a^{\frac{\ln N}{\ln a}}=N$；

(2) $\dfrac{\log_a x}{\log_{ab}x}=1+\log_a b$；

(3) $(\log_a b)(\log_b c)(\log_c a)=1$.

扫一扫，获取参考答案

2.5　对数函数

一、对数函数的定义

在指数函数的引入问题中，已经得出年产量 y（万吨）与年数 x 的函数关系为 $y=1.15^x(x>0)$. 实际上，在这个问题中，如果知道的是 y 的值，要求的是对应的 x 值. 用对数形式表示为 $x=\log_{1.15}y$.

对于任一个“年产量 y”，都可求出唯一的“经过的年数 x”，如果以“年产量 y”作为自变量，则依函数的定义“经过的年数 x”与“年产量 y”之间具有函数关系. 通常我们用 x 表示自变量，用 y 表示因变量，上述的函数关系，可表示为 $y=\log_{1.15}x$（它是 $y=1.15^x$ 的反函数），对于这样的函数给出下面的定义.

定义　函数 $y=\log_a x$ $(a>0$ 且 $a\neq1)$ 称为**对数函数**，它的定义域是正实数集 $\mathbf{R}^+$.

例如，$y=\log_2 x$，$y=\log_3 x$，$y=\log_{\frac{1}{2}} x$，$y=\log_{\frac{1}{3}} x$，$y=\lg x$，$y=\ln x$ 等都是对数函数.

二、对数函数的图像和性质

由对数函数的定义可知，底数 $a>0$ 且 $a\neq1$，下面分别就 $a>1$ 和 $0<a<1$ 两种情形，通过对几个常见的对数函数的图像和性质的讨论，得出它们的一般结论.

1. 当 $a>1$ 时的情形

先讨论对数函数 $y=\log_2 x$ 的图像和性质.

利用描点作图法，可以作出函数 $y=\log_2 x$ 的图像，如图 2-10 所示.

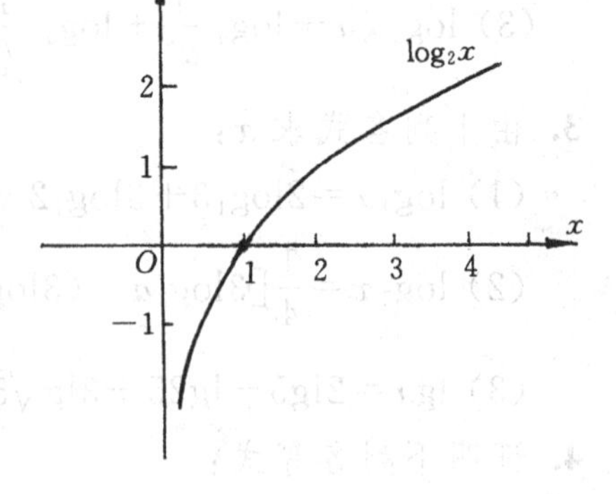

图 2-10

由图 2-10 可以得出，这个对数函数的图像具有下列特征：

(1) 图像在 y 轴右方，即函数的定义域是 $(0,+\infty)$；

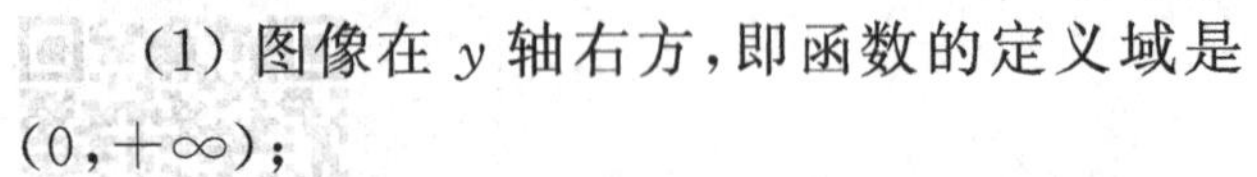

(2) 图像过点 $(1,0)$；

(3) 图像沿 x 轴正向逐渐上升，即函数在其定义域 $(0,+\infty)$ 内是单调增函数.

用类似的方法可以作出，对数函数 $y=\log_a x$ 在 $a>1$ 时的图像（如图 2-11 所示），可归纳出它具有如下性质：

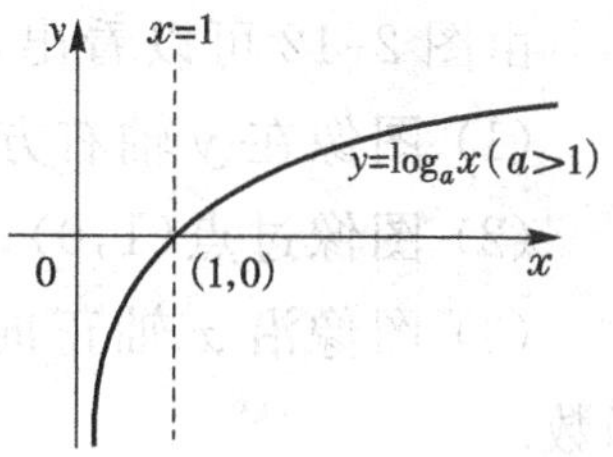

(1) $y=\log_a x$ 的定义域为 $(0,+\infty)$，值域为 $(-\infty,+\infty)$；

(2) 过定点 $(1,0)$，即当 $x=1$ 时，$y=0$；

(3) $y=\log_a x$ 在定义域 $(0,+\infty)$ 内是单调增函数.

图 2-11

例 1 比较下列各组中两个值的大小：

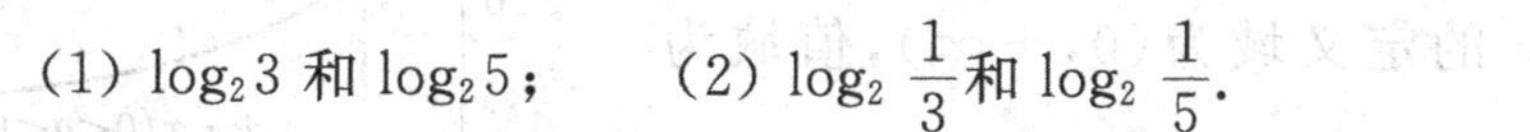

(1) $\log_2 3$ 和 $\log_2 5$；　　(2) $\log_2 \frac{1}{3}$ 和 $\log_2 \frac{1}{5}$.

解 (1) $\log_2 3$ 和 $\log_2 5$ 可以看作对数函数 $y=\log_2 x$ 在 $x=3$ 和 $x=5$ 时所对应的两个函数值，因为 $a=2>1$，$3,5\in(0,+\infty)$ 且 $3<5$，根据对数函数 $y=\log_a x\ (a>1)$ 在定义域 $(0,+\infty)$ 内是单调增函数可知

$$\log_2 3<\log_2 5;$$

(2) $\log_2 \frac{1}{3}$ 和 $\log_2 \frac{1}{5}$ 可以看作对数函数 $y=\log_2 x$ 在 $x=\frac{1}{3}$ 和 $x=\frac{1}{5}$ 时所对应的两个函数值，因为 $a=2>1$，$\frac{1}{3},\frac{1}{5}\in(0,+\infty)$ 且 $\frac{1}{3}>\frac{1}{5}$，根据对数函数 $y=\log_a x\ (a>1)$ 在定义域 $(0,+\infty)$ 内是单调增函数可知

$$\log_2 \frac{1}{3}>\log_2 \frac{1}{5}.$$

2. 当 $0<a<1$ 时的情形

先讨论对数函数 $y=\log_{\frac{1}{2}} x$ 的图像和性质.

利用描点作图法，可以作出函数 $y=\log_{\frac{1}{2}} x$ 的图像，如图 2-12 所示.

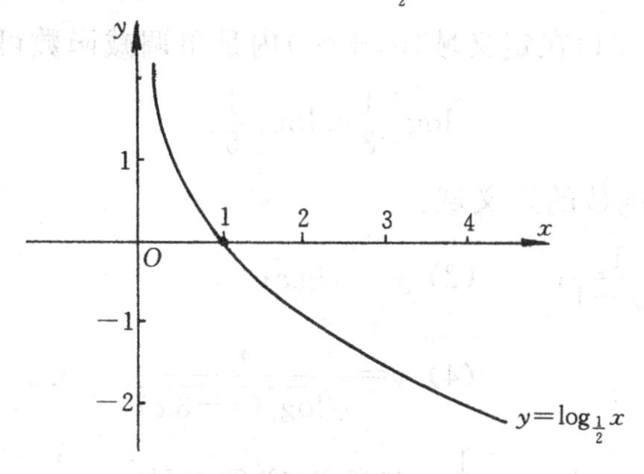

图 2-12

由图 2-12 可以看出，这个对数函数的图像具有下列特征：

(1) 图像在 y 轴右方，即函数的定义域是 $(0,+\infty)$；

(2) 图像过点 $(1,0)$；

(3) 图像沿 x 轴正向逐渐下降，即函数在其定义域 $(0,+\infty)$ 内是单调减函数.

用类似的方法可以作出，对数函数 $y=\log_a x$ 在 $0<a<1$ 时的图像（如图2-13所示），可归纳出它具有如下性质：

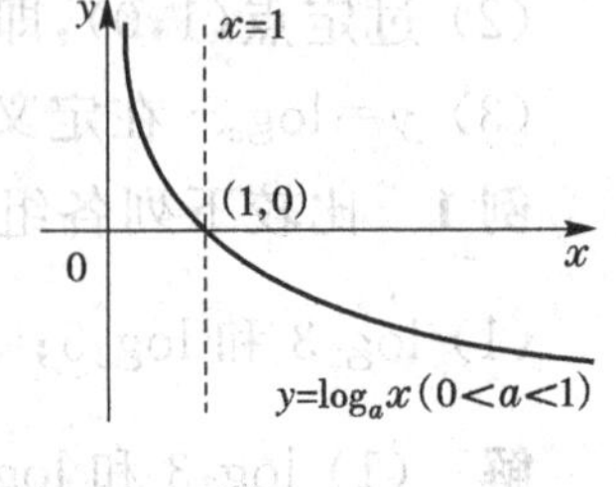

图 2-13

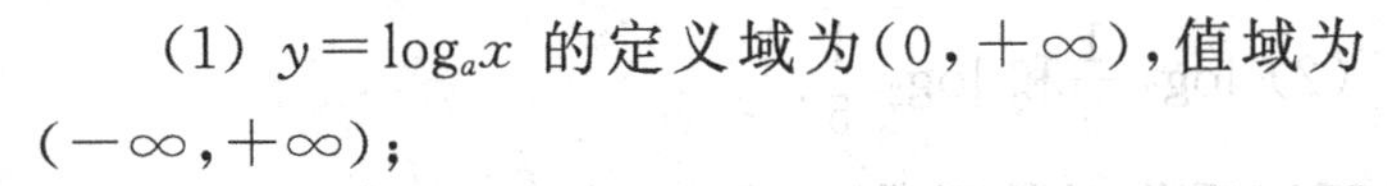

(1) $y=\log_a x$ 的定义域为 $(0,+\infty)$，值域为 $(-\infty,+\infty)$；

(2) 过定点 $(1,0)$，即当 $x=1$ 时，$y=0$；

(3) $y=\log_a x$ 在定义域 $(0,+\infty)$ 内是单调减函数.

例 2 比较下列各组中两个值的大小：

(1) $\log_{\frac{1}{2}}3$ 和 $\log_{\frac{1}{2}}5$；　　(2) $\log_{\frac{1}{2}}\frac{1}{3}$ 和 $\log_{\frac{1}{2}}\frac{1}{5}$.

解 (1) $\log_{\frac{1}{2}}3$ 和 $\log_{\frac{1}{2}}5$ 可以看作对数函数 $y=\log_{\frac{1}{2}}x$ 在 $x=3$ 和 $x=5$ 时所对应的两个函数值，因为 $a=\frac{1}{2}$，$0<a<1$，$3,5\in(0,+\infty)$ 且 $3<5$，根据对数函数 $y=\log_a x$ $(0<a<1)$ 在定义域 $(0,+\infty)$ 内是单调减函数可知

$$\log_{\frac{1}{2}}3>\log_{\frac{1}{2}}5;$$

(2) $\log_{\frac{1}{2}}\frac{1}{3}$ 和 $\log_{\frac{1}{2}}\frac{1}{5}$ 可以看作对数函数 $y=\log_{\frac{1}{2}}x$ 在 $x=\frac{1}{3}$ 和 $x=\frac{1}{5}$ 时所对应的两个函数值，因为 $a=\frac{1}{2}$，$0<a<1$，$\frac{1}{3},\frac{1}{5}\in(0,+\infty)$ 且 $\frac{1}{3}>\frac{1}{5}$，根据对数函数 $y=\log_a x$ $(0<a<1)$ 在定义域 $(0,+\infty)$ 内是单调减函数可知

$$\log_{\frac{1}{2}}\frac{1}{3}<\log_{\frac{1}{2}}\frac{1}{5}.$$

例 3 求下列函数的定义域：

(1) $y=\log_a\frac{1}{2x-1}$；　　(2) $y=\sqrt{\lg x}$；

(3) $y=\frac{1}{\log_2 x}$；　　(4) $y=\frac{1}{\sqrt{\log_7(1-3x)}}$.

解 (1) 要使 $y=\log_a\frac{1}{2x-1}$ 有意义，必须满足

$$2x-1>0 \quad 即 \quad x>\frac{1}{2},$$

所以，函数 $y=\log_a \frac{1}{2x-1}$ 的定义域为 $\left(\frac{1}{2},+\infty\right)$；

(2) 要使 $y=\sqrt{\lg x}$ 有意义，必须满足

$$\begin{cases}x>0,\\ \lg x\geqslant 0,\end{cases} \quad 即 \quad \begin{cases}x>0,\\ x\geqslant 1,\end{cases}$$

所以 $x\geqslant 1$，因此，函数 $y=\sqrt{\lg x}$ 的定义域为 $[1,+\infty)$；

(3) 要使 $y=\frac{1}{\log_2 x}$ 有意义，必须满足

$$\begin{cases}x>0,\\ \log_2 x\neq 0,\end{cases} \quad 即 \quad \begin{cases}x>0,\\ x\neq 1,\end{cases}$$

所以函数 $y=\frac{1}{\log_2 x}$ 的定义域为 $(0,1)\cup(1,+\infty)$；

(4) 要使 $y=\frac{1}{\sqrt{\log_7(1-3x)}}$ 有意义，必须满足

$$\begin{cases}1-3x>0,\\ \log_7(1-3x)>0,\end{cases}$$

解得 $\begin{cases}x<\frac{1}{3},\\ 1-3x>1,\end{cases}$ 即 $\begin{cases}x<\frac{1}{3},\\ x<0,\end{cases}$ 所以 $x<0$.

因此，函数 $y=\frac{1}{\sqrt{\log_7(1-3x)}}$ 的定义域为 $(-\infty,0)$.

例4 设函数 $y_1=\log_3(x^2-2x-15)$ 和 $y_2=\log_3(x+3)$，求使 $y_1>y_2$ 的 x 的值.

解 要使 $y_1>y_2$，必须有

$$\begin{cases}x+3>0,\\ x^2-2x-15>x+3,\end{cases}$$

即

$$\begin{cases}x>-3,\\ (x+3)(x-6)>0,\end{cases}$$

解得

$$\begin{cases}x>-3,\\ x>6 \text{ 或 } x<-3,\end{cases}$$

所以 $x>6$. 也就是说，使 $y_1>y_2$ 的 x 的值组成集合为 $\{x|x>6\}$.

例 5 将 2000 元款项存入银行，定期一年，年利率为 3.25%，到年终时将利息纳入本金，年年如此，试建立本利和 y 与存款年数 x 之间的函数关系，并问存款几年，本利和能达到 3000 元？

解 由题意，可建立函数关系

$$y=2000(1+3.25\%)^{x},$$

即

$$y=2000\times1.0325^{x}.$$

当 $y=3000$ 时，有

$$3000=2000\times1.0325^{x},$$

即

$$1.0325^{x}=1.5,$$

$$x=\log_{1.0325}1.5\approx12.6775\approx13.$$

答：约经 13 年后，本利和可达 3000 元.

习题 2-5(A 组)

1. 比较下列各组中两个值的大小：

(1) $\lg6$ 和 $\lg8$； (2) $\log_{\frac{1}{2}}\frac{2}{3}$ 和 $\log_{\frac{1}{2}}\frac{1}{4}$；

(3) $\ln2$ 和 $\ln\frac{4}{5}$； (4) $\log_{2}2$ 和 $\log_{3}3$.

2. 求下列函数的定义域：

(1) $y=\log_{3}(2-3x)$； (2) $y=\log_{3}x^{2}$；

(3) $y=\sqrt{\log_{3}x}$； (4) $y=\log_{7}\frac{1}{1-3x}$.

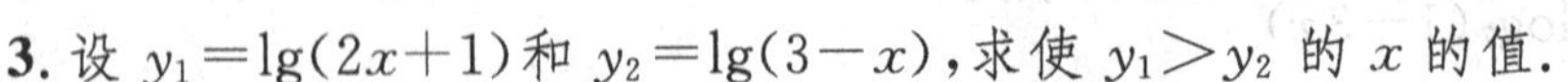
3. 设 $y_1=\lg(2x+1)$ 和 $y_2=\lg(3-x)$，求使 $y_1>y_2$ 的 x 的值.

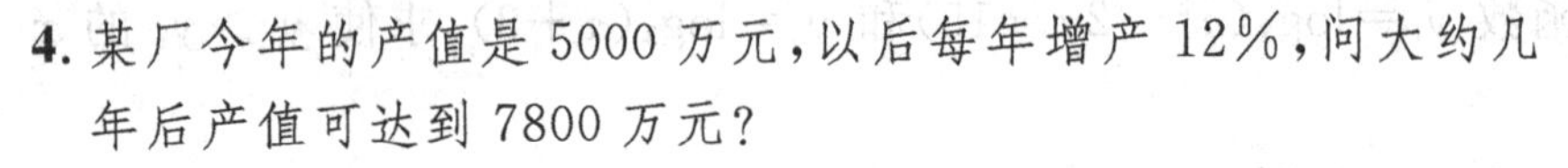
4. 某厂今年的产值是 5000 万元，以后每年增产 12%，问大约几年后产值可达到 7800 万元？

扫一扫，获取参考答案

习题 2-5(B 组)

1. 比较下列各组中两个值的大小：

(1) $\log_{\frac{1}{2}}1$ 和 $\log_{2}3$； (2) $\log_{8}9$ 和 $\log_{9}8$；

(3) $\log_{2}\frac{2}{3}$ 和 $\log_{4}\frac{3}{2}$； (4) $\log_{\frac{1}{3}}5$ 和 $\log_{\frac{1}{4}}\frac{1}{3}$.

2. 求下列函数的定义域：

(1) $y=\ln(x^{2}-1)$； (2) $y=\log_{\frac{1}{3}}\frac{1-x}{1+x}$；

(3) $y=\frac{1}{\sqrt{\lg(1-3x)}}$； (4) $y=\sqrt{\log_{4}x-1}$.

3. 设函数 $y_1=\ln(x^2+3)$ 和 $y_2=\ln(2x^2-1)$，求使 $y_1<y_2$ 的 x 的值.

4. 设函数 $y_1=\log_{\frac{1}{3}}(3x-4)$ 和 $y_2=\log_{\frac{1}{3}}(x^2-x-4)$，求使 $y_1>y_2$ 的 x 的值.

5. 某企业原来每月营业额 1 万元，由于改变经营方法，营业额平均每月增长 16%，试建立营业额 y(万元)与时间 x(月)之间的函数关系，并问几个月后此企业的月营业额能达到 3 万元？

扫一扫，获取参考答案

复习题 2

1. 填空题：

(1) 函数 $y=\dfrac{1}{\sqrt{4-x^2}}+\dfrac{1}{x}$ 的定义域为____________.

(2) 已知 $f(x)=\begin{cases}x, & x\in(1,+\infty),\\ x^2, & x\in[-1,1],\\ 2x+3, & x\in(-\infty,-1),\end{cases}$

则 $f(3)=$________，$f(-1)=$________，$f[f(-2)]=$________.

(3) $(3a^2b)(-2a^{-2}b^{-1})(-5a^4b^{-2})^3=$________.

(4) $\log_a 0.25+2\log_a 2=$________ $(a>0$ 且 $a\neq 1)$.

(5) $3^{\log_3\frac{1}{4}}-2^{\log_3\frac{1}{9}}=$________.

(6) 如果 $5^x=3$，$\log_5\dfrac{5}{3}=y$，那么 $x+y=$________.

(7) 函数 $y=\log_2\dfrac{x}{3}-1$ 的反函数是________.

(8) 已知 $f(x+1)=x(x-1)$，则 $f(x)=$________.

(9) 设 $f(2x)=4x-1$ 且 $f(a)=5$，则 $a=$________.

2. 选择题：

(1) 下列各组函数中，相同的是(　　).

A. $y=x$ 与 $y=(\sqrt{x})^2$　　B. $y=x$ 与 $y=\sqrt[3]{x^3}$

C. $y=\dfrac{x}{x}$ 与 $y=1$　　D. $y=|x|$ 与 $y=(\sqrt{x})^2$

(2) 与函数 $y=2x^3-1$ 互为反函数的函数是(　　).

A. $y=\dfrac{x^3}{2}+1$　　B. $y=\dfrac{x^3}{2}-1$

C. $y=\sqrt[3]{\dfrac{x+1}{2}}$　　D. $y=\dfrac{\sqrt[3]{x}+1}{2}$

(3) 函数 $y=x^{\frac{1}{4}}+x^{-\frac{5}{3}}$ 的定义域是(　　).

A. $(0,+\infty)$　　　　B. $(-\infty,0)$

C. $[0,+\infty)$　　　　D. $(-\infty,0)\cup(0,+\infty)$

(4) 设 $x>0,y>0$,则下列各式中正确的是(　　).

A. $\log_a x\cdot\log_a y=\log_a(x\cdot y)$　　　　B. $\log_a x^2\cdot y=2\log_a(xy)$

C. $\frac{1}{2}\log_a x=\log_a\sqrt{x}$　　　　D. $\log_a x-\log_a y=\log_a(x-y)$

(5) 在区间$(-\infty,+\infty)$内是减函数且为奇函数的函数是(　　).

A. $f(x)=x^2$　　　　B. $f(x)=\frac{1}{x}$

C. $f(x)=-x^3$　　　　D. $f(x)=-x-1$

3. 求下列函数的定义域:

(1) $y=\sqrt{4x+3}$;　(2) $y=\sqrt{\frac{x+1}{x+2}}$;　(3) $y=\frac{1}{\sqrt{x^2-2x-3}}$;

(4) $y=8^{\frac{1}{2x+1}}$;　(5) $y=\sqrt{1-\frac{1}{2^x}}$;　(6) $y=\log_a(-x)^2$;

(7) $y=\log_a\frac{x+2}{x-1}$;　(8) $y=\sqrt{\log_2(2x-1)}$.

4. 判断下列函数的奇偶性:

(1) $f(x)=\frac{1+x^2}{1-x^2}$;　(2) $f(x)=\frac{x^3}{1+x^2}$;

(3) $f(x)=\frac{10^x+10^{-x}}{2}$;　(4) $f(x)=\frac{\sqrt{x+1}}{x}$.

5. 判断下列函数在指定区间的单调性:

(1) $f(x)=-2x-1\quad(-\infty,+\infty)$;

(2) $f(x)=-x^2+1\quad(0,+\infty)$;

(3) $f(x)=\frac{1}{x^2}\quad(0,+\infty)$;

(4) $f(x)=\frac{1}{\sqrt{x}}\quad(1,+\infty)$.

6. 求函数 $y=2x+1$ 的反函数,并在同一坐标系内作出它们的图像.

7. 设 $f(x)$为奇函数且 $f(1)=2,g(x)=f(x)+4$,求 $g(-1)$.

8. 解下列不等式:

(1) $\log_2(2x^2+1)>\log_2(x^2+2)$;　(2) $\left(\frac{1}{2}\right)^{2x-5}<\left(\frac{1}{2}\right)^{x+2}$.

9. 用计算器求下列各值(精确到 0.0001):

(1) $3.74^{\frac{1}{4}} \cdot e^{0.24}$;　　(2) $\log_2 5$.

10. 某机床厂原来每月生产小型钻床 250 台,如果从本月开始,每个月比上个月平均提高生产率 10%,问三个月后可以使月产量增加到多少台?

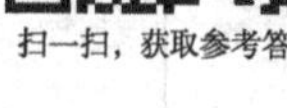

11. 某台机器的价值是 50 万元,若每年的折旧率为 5%,问使用多少年后,机器的价值为 45 万元?

漫话对数

对数的产生,对数表的出现,是许多数学家长期艰辛劳动的心血结晶.

早在 1544 年,德国数学家米海尔·斯基弗在他的著作《普通算术》一书中,就闪现了"对数"思想的火花,斯基弗比较了下列两组数:

… $\frac{1}{4}$, $\frac{1}{2}$, 1, 2, 4, 8, 16, 32, 64, 128, 256, 512, 1024 (1)

… −2, −1, 0, 1, 2, 3, 4, 5, 6, 7, 8, 9, 10 (2)

数组(1)是底数为 2,指数递增的数组,且前后项之比相等;数组(2)是由数组(1)相应的指数组成的数组,且前后项之差相等.斯基弗发现了数组(1)、(2)很多重要性质:

$$\cdots\frac{1}{4}=2^{-2},\frac{1}{2}=2^{-1},1=2^0,\cdots,16=2^4,\cdots,64=2^6,\cdots,1024=2^{10}.$$

由数组(1)、(2)可以发现,可用加法代替乘法.例如,16×64=?,若观察数组(1)、(2),把 4 视为 16 的"象";6 视为 64 的"象",则 16×64 可视为它们的"象"相加;4+6=10,而 10 又是 1024 的"象",所以 16×64=1024.

事情往往并不总是那么一帆风顺,对于 16×63=?,16×65=? 这类计算;在数组(2)中怎么也找不到 63、65 的"象".这个问题伤透了斯基弗的脑筋,他没能深入研究,利用自己发现的性质来使计算简化,而把它搁置一边不加理睬,非常令人遗憾,斯基弗可贵的"对数"思想的火花熄灭了.

事实上，只要把数组(1)、(2)各项排成下列数表，就是一张以2为底的对数表：

N	$\log_2 N$	N	$\log_2 N$
$\frac{1}{8}$	-3	16	4
$\frac{1}{4}$	-2	32	5
$\frac{1}{2}$	-1	64	6
1	0	128	7
2	1	256	8
4	2	512	9
8	3	1024	10

显然，在数组(2)中，若能找到63、65这些数的“象”，简化计算的问题便可前进一大步，但这项工作在当时是非常艰巨的.

经过差不多60年，到17世纪初，“对数”思想和对数表终于在两个不同国家里同时产生了.在这项工作中作出贡献的是瑞士的钟表匠、天文仪表技师约勃特·标尔格和英格兰数学、天文爱好者约翰·纳皮尔.

标尔格是著名天文学家约翰尼斯·开普勒的助手，他每天要进行大量的计算，艰巨的工作迫使他去寻求快速计算的方法.从1603年到1611年，标尔格花了差不多8年的时间，造出了第一张以2.7181为底的四位对数表，1620年，该表正式公之于世.

几乎同时，纳皮尔抱着减轻后人计算劳动的宗旨，用了20年时间，于1614年在爱丁堡发表了《关于奇妙的对数表之描述》，创造了以$e=2.7182\cdots$为底，长达200页的8位自然对数表，人们称它为“珍奇的对数表”.长期的、单调乏味的计算，耗尽了纳皮尔的心血，1614年，该对数表出版了，不幸的是仅仅过了3年，纳皮尔就与世长辞了.

纳皮尔的对数表，并不是他在数学方面的全部贡献，更有价值的是他的序列理论思想的产生.纳皮尔的成就震惊了英国数学H·布里格斯，他继承了纳皮尔的对数思想，并把对数底数e换成了以10为底，这就是常用对数表.1920年，布里格斯着手编写了14位小数的常用对数表，但工作未完，布里格斯就逝世了，以后，荷兰数学家安德里安·富拉克继续了他的工作，1928年，富拉克出版了从1到100000的10位对数表.

人们怀着永远感激的心情，接受了“对数”思想和对数表这一简捷的计算工具．第一张对数表问世不到25年，人类就向自己提出了新的艰巨的任务——研制计算机，使人类摆脱单调而又费时的计算工作．

对数的产生和对数表的问世，对促进人类科学技术的发展，无疑是一个重大贡献．

第2章单元自测

1. 填空题

(1) 函数 $y=\sqrt{1-x}+\lg(x+1)$ 的定义域是________．

(2) 已知函数 $f(x-1)=x^2-6x+5$，那么函数 $f(x)=$________．

(3) 函数 $y=\dfrac{x-1}{x+1}$ 的反函数是________．

(4) 函数 $f(x)=\dfrac{x}{x^2+1}$ 是______函数．(填"奇"或"偶")

(5) 设 a,b,c 都是不等于1的正数，且 $\log_a x=2,\log_b x=3,\log_c x=6$，则 $\log_{abc}x=$____．

(6) 若 $x>y$，且 $0<a<1$，那么 a^x ____ a^y．(填"$>$"或"$<$"或"$=$")

(7) 比较下列各式的大小：

① $2.2^{-\frac{3}{2}}$____$2.1^{-\frac{3}{2}}$；　　② $3^{-0.1}$____$3^{-1.1}$；

③ $\log_2 3$____$\log_3 2$；　　④ $\log_{\frac{1}{5}}0.1$____$\log_{\frac{1}{4}}3$．

(8) 三个数 $(0.9)^{1.1}$，$(1.1)^{0.9}$，$\log_{0.9}1.1$ 的大小顺序是________．

(9) 已知 $\lg(xy)=m$，$\lg x=1$，则 $\lg y=$________．

(10) 函数 $y=\log_{\frac{1}{2}}(x-1)$ 的单调减少区间是________．

2. 选择题

(1) 下列两个函数为同一函数的是(　　)．

A. $f(x)=\dfrac{x^2}{x}$ 和 $g(x)=x$　　B. $f(x)=x$ 和 $g(x)=\sqrt{x^2}$

C. $f(x)=|x|$ 和 $g(x)=\sqrt{x^2}$　　D. $f(x)=\lg x^2$ 和 $g(x)=2\lg x$

(2) 函数 $y=f(x)$ 的图像关于原点对称，则它必适合关系式(　　)．

A. $f(x)\cdot f(-x)=0$　　B. $f(x)+f(-x)=0$

C. $f(x)+f^{-1}(x)=0$　　D. $f(x)-f^{-1}(x)=0$

(3) 下列各函数中是奇函数的为(　　)．

A. $y=x+3$　　B. $y=-2x^2$

C. $y=x+\dfrac{1}{x}$　　D. $y=|x|$

(4) 当 $a>1$ 时，函数 $y=a^{-x}$(　　)．

A. 是单调增函数　　B. 是单调减函数

C. 不是单调增函数也不是单调减函数　　D. 既是单调增函数又是偶函数

(5) 设 x,y 是非零实数，$a>0$ 且 $a\neq1$，则下列式子中必定成立的是（　　）.

A. $\log_a x^2=2\log_a x$　　B. $\log_a x^2=2\log_a|x|$

C. $\log_a|xy|=\log_a|x|\cdot\log_a|y|$　　D. $\log_a 3>\log_a 2$

(6) 设 $y=\ln x$，则下列答案中错误的是（　　）.

A. $x=1$，则 $y=0$　　B. $x>1$，则 $y>0$

C. $0<x<\mathrm{e}$，则 $0<y<1$　　D. $x=\mathrm{e}$，则 $y=1$

(7) 函数 $y=\lg\dfrac{\sqrt{1-x}+1}{x}$ 的定义域是（　　）.

A. $(-\infty,0)\cup(0,+\infty)$　　B. $(0,+\infty)$

C. $(0,1)$　　D. $(0,1]$

(8) 若 $0<\log_a\dfrac{2}{3}<1$，则 a 的取值范围是（　　）.

A. $0<a<\dfrac{2}{3}$　　B. $a>\dfrac{2}{3}$

C. $\dfrac{2}{3}<a<1$　　D. $0<a<\dfrac{2}{3}$ 或 $a>1$

3. 解答题

(1) 已知函数 $f(x)=\lg\dfrac{1+x}{1-x}$，求 $f(x)$ 的定义域并判断它的奇偶性.

(2) 求下列函数的定义域：

① $y=\sqrt{\log_2(x^2-3)}$；　　② $y=\sqrt{1-\left(\dfrac{1}{3}\right)^{2x-1}}$.

(3) 解不等式：

① $2^{2x^2+1}<2^{x^2+2}$；　　② $\log_{\frac{1}{2}}(3x-4)>\log_{\frac{1}{2}}(2-x)$.

(4) 已知 $\log_{18}9=a$，$18^b=5$，求证 $\log_{36}5=\dfrac{b}{2-a}$.

(5) 某林场估计现有木材 1 万 m^3，若树木每年平均增长率是 20%，问要蓄木材 1.7 万 m^3 需要多少年？

扫一扫，获取参考答案

第3章

任意角的三角函数

在初中，我们学习过锐角的正弦、余弦、正切、余切四种三角函数，并且应用它们来解直角三角形和进行有关的计算. 但在科学技术和实际问题中，需要用到任意大小的角，因此，本章先把角的概念进行推广，然后研究任意角的三角函数.

3.1　角的概念的推广　弧度制

一、角的概念的推广

1. 任意角的概念

由平面几何知识可以知道，角可以看作一条射线绕着它的端点在平面内旋转而形成的，如图 3-1 所示：一条射线由原来的位置 OA 绕着它的端点 O 按逆时针方向旋转到另一个位置 OB，就形成角 α. 射线旋转开始时的位置 OA 称为角 α 的**始边**，旋转终止时的位置 OB 称为角 α 的**终边**，射线的端点 O 称为角 α 的**顶点**.

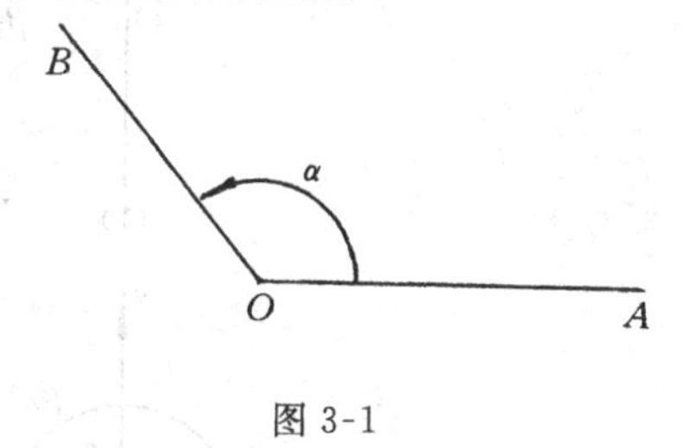

图 3-1

过去讨论的角都是 0°到 360°的角，但在生产和工程技术上常会遇到大于 360°的角或由射线按顺、逆时针方向旋转所形成的角.

例如，如图 3-2 所示，用扳手旋松螺母时，当扳手由 OA 按逆时针方向旋转到 OB 位置，就形成一个角 AOB；在扳手由 OA 旋转一周的过程中，就形成 0°到 360°之间的各个角；若扳手继续旋转下去，就形成大于 360°的角. 另一种情况，如果要旋紧螺母，扳手应按顺时针方向旋转，这时就形成与上述方向相反的角.

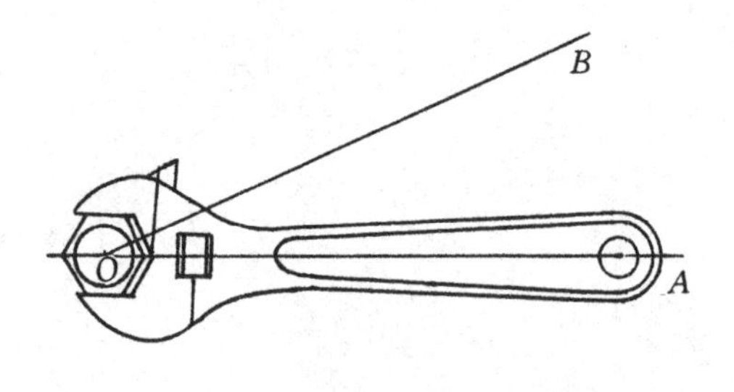

图 3-2

为了区别按不同方向旋转所形成的角，我们规定：

射线绕它的端点按逆时针方向旋转所形成的角是**正角**；按顺时针方向旋转所形成的角是**负角**；射线没有作任何旋转仍留在开始的位置，这时所形成的角是**零角**.

这样，我们就把角的概念推广到了任意角，包括：正角、负角和零角.

2. 象限角的概念

为了研究的方便起见，今后，我们一般在直角坐标系内来研究角. 讨论角时，把角的顶点置于坐标原点，角的始边与 x 轴的正半轴重合，角的终边落在第几象限，这个角就称为第几象限角. 注意，如果角的终边落在坐标轴上，那么这个角就不属于任何象限角.

如图 3-3 所示，角 α_1、α_2、α_3、α_4 分别是第Ⅰ、Ⅱ、Ⅲ、Ⅳ象限的角. 而角 β_1、β_2、β_3、β_4 分别是角的终边与 x 轴的正半轴，y 轴的正半轴，x 轴的负半轴，y 轴的负半轴重合的角，它们不是象限角.

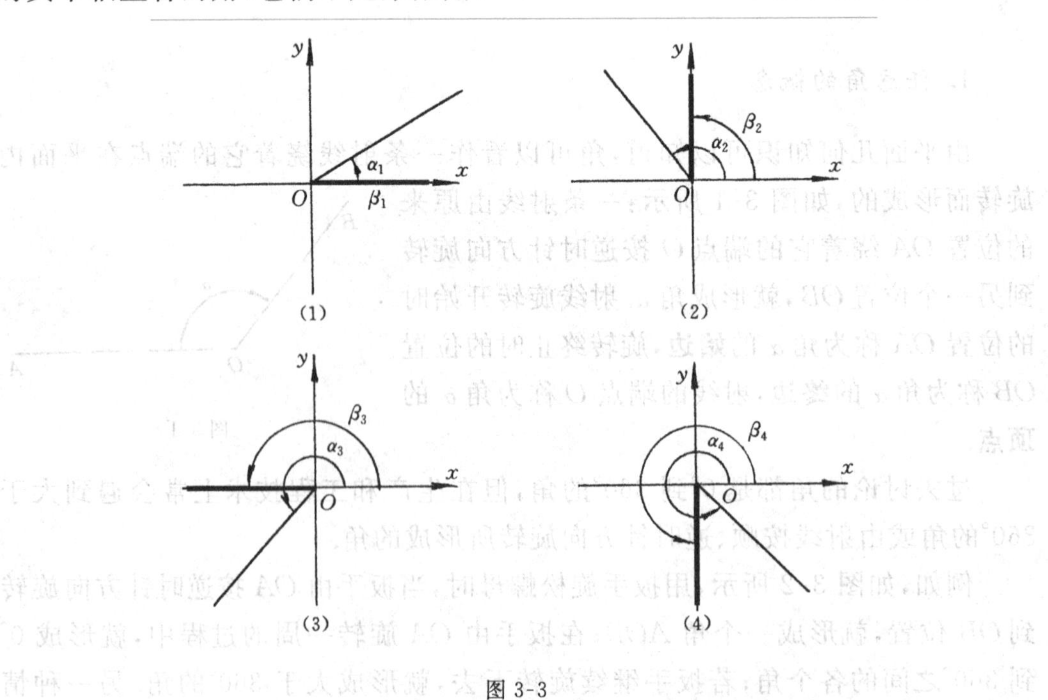

图 3-3

3. 终边相同的角的表示

在直角坐标系内，作一个角等于已知角 α 时，可取 x 轴的正半轴为 α 角的始边，绕着原点按逆时针或顺时针方向旋转到终边，使形成的角等于已知角 α.

例如，求作 390°、750°、－330°和－690°的角时，如图 3-4 所示，取 x 轴的正半轴为始边，按图中箭头方向旋转，就可得到所求作的角，即：

$$\alpha_1=360°+30°=390°;$$

$$\alpha_2=2\times360°+30°=750°;$$

$$\alpha_3=-1\times360°+30°=-330°;$$

$$\alpha_4=-2\times360°+30°=-690°.$$

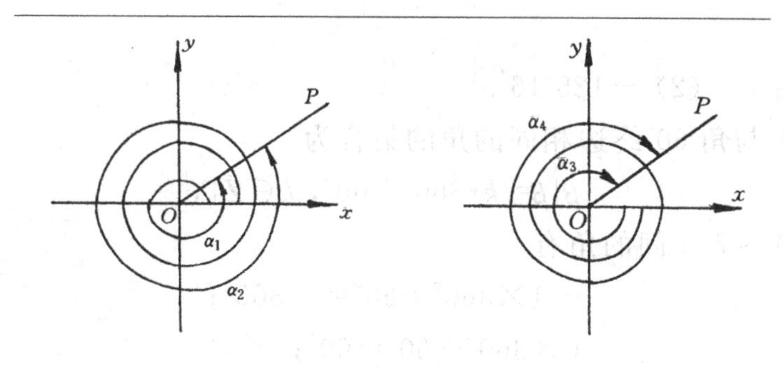

图 3-4

进一步观察图 3-4 可以发现，角 390°、750°、－330°、－690°的大小虽然不同，但它们与 30°角都具有相同的终边 OP，而且它们彼此相差 360°的整数倍，不难得到，与角 30°的终边位置相同的角，除了上面的一些角外，还有

$$3\times360°+30°,\qquad -3\times360°+30°,$$

$$4\times360°+30°,\qquad -4\times360°+30°,$$

$$\cdots\qquad\qquad\cdots$$

所有与 30°的角终边相同的角，连同 30°的角在内，可以用下式来表示：

$$k\cdot360°+30°,\quad k\in\mathbf{Z}.$$

当 k 依次取 0，－1，－2，1，2 等值时，这些角分别是 30°、－330°、－690°、390°、750°等.

一般地，所有与角 α 的终边位置相同的角，有无穷多个，它们彼此相差 360°的整数倍，可用一般形式

$$k\cdot360°+\alpha,\quad k\in\mathbf{Z}$$

来表示. 用集合的形式表示为：

$$\{\beta\,|\,\beta=k\cdot360°+\alpha,k\in\mathbf{Z}\}.$$

例 1 在 $0°\sim 360°$ 间找出与下列各角终边相同的角，并判定它是哪个象限的角：

(1) $-120°$； (2) $640°$； (3) $-950°12'$.

解 (1) 因为 $-120°=-360°+240°$，所以 $240°$ 的角与 $-120°$ 的角的终边相同，它是第Ⅲ象限的角；

(2) 因为 $640°=360°+280°$，所以 $640°$ 的角与 $280°$ 的角的终边相同，它是第Ⅳ象限的角；

(3) 因为 $-950°12'=-3\times 360°+129°48'$，所以 $-950°12'$ 与 $129°48'$ 的角的终边相同，它是第Ⅱ象限的角.

例 2 写出与下列各角终边相同的角的集合，以及其中 $-360°\sim 720°$ 间的角：

(1) $60°$； (2) $-125°16'$.

解 (1) 与角 $60°$ 终边相同的角的集合为

$$\{\beta \mid \beta=k\cdot 360°+60°,\ k\in \mathbf{Z}\},$$

其中在 $-360°\sim 720°$ 间的角有

$$-1\times 360°+60°=-300°;$$
$$0\times 360°+60°=60°;$$
$$1\times 360°+60°=420°.$$

(2) 与角 $-125°16'$ 终边相同的角的集合为

$$\{\beta \mid \beta=k\cdot 360°-125°16',\ k\in \mathbf{Z}\},$$

其中在 $-360°\sim 720°$ 间的角有

$$0\times 360°-125°16'=-125°16';$$
$$1\times 360°-125°16'=234°44';$$
$$2\times 360°-125°16'=594°44'.$$

二、弧度制

以前度量角是把一个周角 360 等分，每一等分规定为 $1°$ 的角，这种利用度数为单位来度量角的制度称为角度制. 但在高等数学和科学研究中，还常常采用另一种度量角的制度——弧度制.

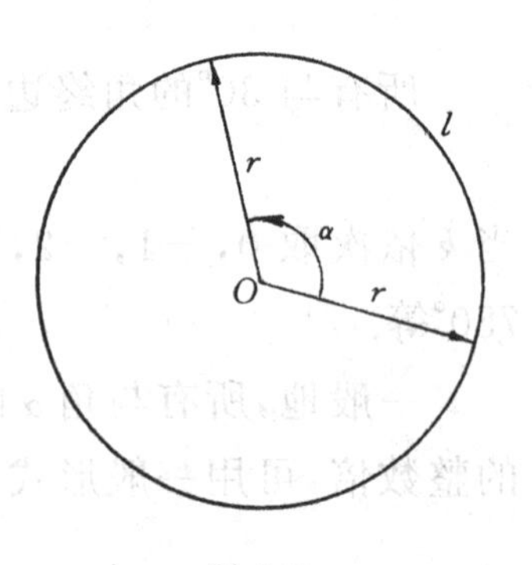

图 3-5

定义 与半径等长的圆弧所对的圆心角称为 **1 弧度**的角，其大小记作 1 rad（radian 缩写），简记为 1.

一般地，如图 3-5 所示，在半径为 r 的圆中，弧长为 l 的圆弧所对的圆心角 α，有公式

$$\boxed{\alpha=\frac{l}{r}} \tag{3-1}$$

即圆心角的弧度数等于该角所对圆弧长与圆半径之比值，故“rad”可以省略不写，由此也可看出：角的弧度与实数间是一一对应的关系.

角度制与弧度制可以通过以下运算换算：

一个周角，按角度制定义为 360°，而按弧度制定义为：

$$\frac{2\pi r}{r}=2\pi.$$

显然，

$$360^\circ=2\pi.$$

容易得到角度与弧度的换算公式：

$$\boxed{180^\circ=\pi} \tag{3-2}$$

利用这个公式可以推得：

$$1^\circ=\frac{\pi}{180}\approx 0.01745,$$

$$1=\left(\frac{180}{\pi}\right)^\circ\approx 57.3^\circ=57^\circ 18'.$$

例 3　把下列各角的度数化为弧度数(精确到 0.001)：

(1) $67^\circ 30'$；　　(2) 5°.

解　(1) $67^\circ 30'=67.5^\circ=\frac{\pi}{180}\times 67.5=\frac{3}{8}\pi$；

(2) $5^\circ\approx 0.01745\times 5\approx 0.087$.

例 4　把下列各角的弧度数化为度数(精确到 $1'$)：

(1) $\frac{5}{12}\pi$；　　(2) 1.3826.

解　(1) $\frac{5}{12}\pi=\left(\frac{180}{\pi}\right)^\circ\times\frac{5}{12}\pi=75^\circ$

(2) $1.3826\approx 57.3^\circ\times 1.3826\approx 79^\circ 13'$.

三、圆弧长

由公式(3-1)可知：如果圆的半径为 r，圆心角为 α，可求得圆心角所对的圆弧长为：

$$\boxed{l=\alpha\cdot r} \tag{3-3}$$

其中α的单位必须用弧度.

例 5 如图 3-6 所示，求公路弯道部分的长度，即中心线$\overset{\frown}{AB}$的长（精确到 0.1 m，图中单位为 m）.

解 图中$\overset{\frown}{AB}$的半径为 48 m，所对圆心角是 60°，设$\overset{\frown}{AB}$长为 l m，

由于
$$l=\alpha\cdot r,$$
而$\alpha=60°=\frac{\pi}{3}$，所以
$$l=\frac{\pi}{3}\times 48=16\pi\approx 50.3(\text{m}).$$

答：弯道部分的长度约为 50.3 m.

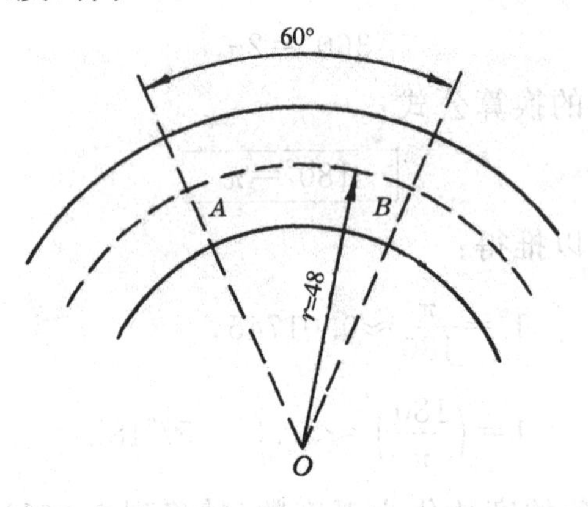

图 3-6

习题 3-1（A 组）

1. 下列叙述是否正确，为什么？

(1) 锐角是第Ⅰ象限角，反之，第Ⅰ象限角是锐角；

(2) $A=\{\beta|\beta=k\cdot 360°-60°,k\in\mathbf{Z}\}$，$B=\{\beta|\beta=-k\cdot 360°-60°,k\in\mathbf{Z}\}$，因此 $A\neq B$；

(3) 若角α和角β的终边重合，则它们是等角；

(4) 第Ⅱ象限角的取值范围是$\left(\frac{\pi}{2},\pi\right)$；

(5) 等角的终边一定重合；

(6) 在半径为 r 的圆中，长度为 l 的弧所对的圆心角的弧度数为$\frac{l}{r}$；

(7) 半径为 2 cm，所对圆心角是 45°的圆弧长是 90 cm.

2. 填空：

(1) 分针每分钟转过____度，时针每小时转过____度；

(2) $22°30'=$____弧度；

(3) $18°=$____弧度；

(4) $\frac{3}{5}\pi=$____度，$-\frac{\pi}{15}=$____度；

(5) 填表：

$n°$	0°	30°	45°	60°	90°	120°	135°	150°	180°	210°	225°	240°	270°	300°	315°	330°	360°
α rad																	

α rad	$-\frac{5}{12}\pi$	$-\frac{1}{3}\pi$	$-\frac{1}{4}\pi$	$-\frac{1}{6}\pi$	$-\frac{1}{12}\pi$	0	$\frac{\pi}{12}$	$\frac{\pi}{6}$	$\frac{\pi}{4}$	$\frac{\pi}{3}$	$\frac{5}{12}\pi$	$\frac{7}{12}\pi$
$n°$												

3. 在 $0°\sim360°$ 间，找出与下列各角终边相同的角，并指出它们是哪个象限的角：

(1) $-54°18'$；　(2) $-510°$；　(3) $845°$；　(4) $395°12'$.

4. 写出与下列各角终边相同的角的集合，以及在 $-360°\sim360°$ 间的角：

(1) $45°$；　(2) $-75°$；　(3) $-225°$；　(4) $752°25'$.

5. 计算：

(1) 把 $13°$ 化为弧度；

(2) 把 0.7 弧度化为度.

6. 已知圆心角 $200°$ 所对的圆弧长是 50 cm，求圆的半径(精确到 0.1 cm).

7. 直径是 40 cm 的滑轮，以 45 rad/s 的角速度旋转，求轮周上一质点在 5 s 所转过的圆弧长.

扫一扫，获取参考答案

8. 用弧度表示：

(1) 终边在 x 轴上的角的集合；

(2) 终边在 y 轴上的角的集合.

习题 3-1(B组)

1. 把下列各角化成 $2k\pi+\alpha(0\leqslant\alpha<2\pi,k\in\mathbf{Z})$ 的形式，并指出它们分别是第几象限的角：

(1) $\frac{7}{2}\pi$；　(2) $-\frac{23}{3}\pi$；　(3) $\frac{41}{6}\pi$；　(4) $-\frac{25}{4}\pi$；　(5) $-\frac{7}{6}\pi$.

2. 分别写出第Ⅰ，Ⅱ，Ⅲ，Ⅳ象限角的集合.(用弧度表示)

3. 要在半径为 100 cm 的圆形板上，截取一块弧长为 115 cm 的扇形板，求截取的圆心角的度数.(精确到 $1'$)

4. 设飞轮直径是 1.2 m，每分钟按逆时针方向旋转 300 转，求：

(1) 轮周上一质点每秒钟转过的弧度数；

(2) 轮周上一质点每秒钟经过的圆弧长.

5. 已知扇形的半径是 40 cm，圆心角是 120°，求扇形的面积.

扫一扫，获取参考答案

3.2　任意角三角函数的概念

在初中，我们学习了锐角三角函数，它们是在直角三角形中定义的. 如图 3-7 所示，在直角△ABC 中，定义

$$\sin\alpha=\frac{a}{c},\cos\alpha=\frac{b}{c},\tan\alpha=\frac{a}{b}.$$

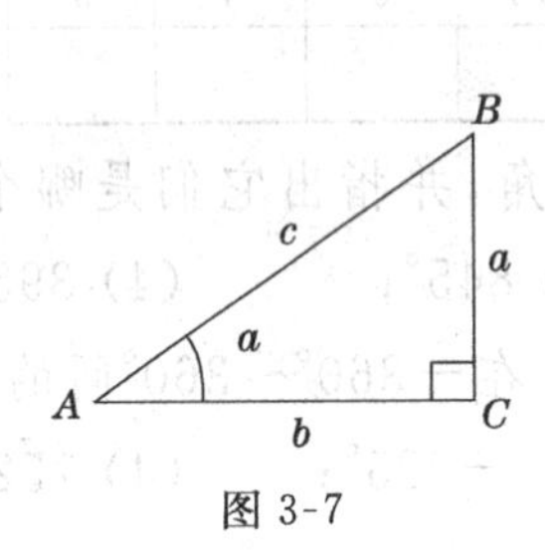

图 3-7

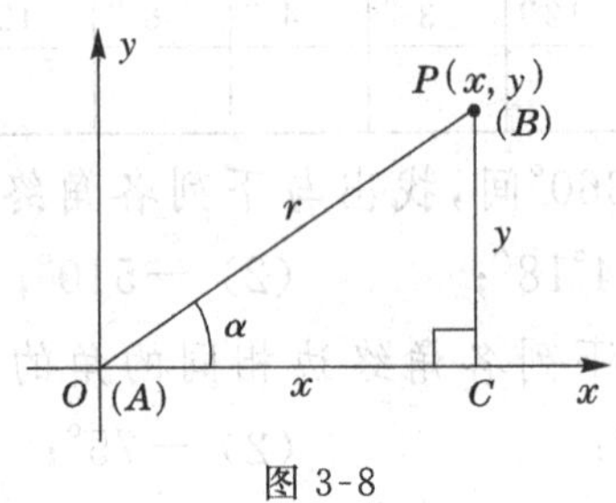

图 3-8

将直角△ABC 放在直角坐标系中（如图 3-8 所示），使得点 A 与坐标原点重合，AC 边在 x 轴的正半轴上. 设点 P（即顶点 B）的坐标为 (x,y)，r 为角 α 终边上的点 P 到坐标原点的距离，则 $r=\sqrt{x^2+y^2}$. 于是，上面的锐角三角函数定义可以写作

$$\sin\alpha=\frac{y}{r},\cos\alpha=\frac{x}{r},\tan\alpha=\frac{y}{x}.$$

一、任意角三角函数的定义

一般地，如图 3-9 所示，设 α 是平面直角坐标系中的一个任意角，点 $P(x,y)$ 为角 α 终边上的任意一点（点 P 不与原点重合），点 P 到原点的距离为 $r=\sqrt{x^2+y^2}>0$，则角 α 的正弦、余弦、正切分别定义为

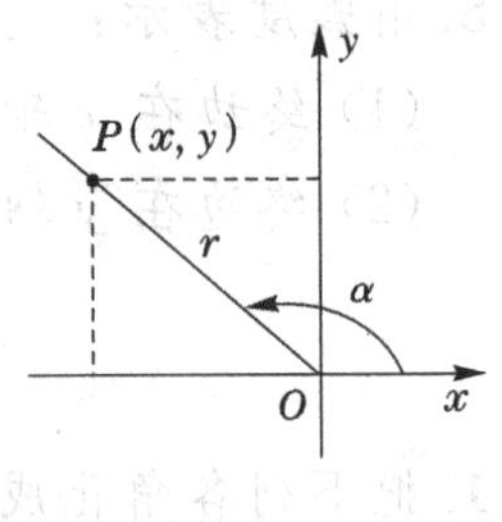

图 3-9

$$\sin\alpha=\frac{y}{r},\cos\alpha=\frac{x}{r},\tan\alpha=\frac{y}{x}.$$

当角 α 的终边落在 y 轴上，即 $\alpha=k\pi+\frac{\pi}{2}(k\in\mathbf{Z})$ 时，终边上任意点 P 的横坐标 $x=0$，这时，$\tan\alpha=\frac{y}{x}$ 没有意义.

对于确定的任意角 α，无论点 P 在角 α 终边上位置如何，x,y,r 这三个数中的任意两个数的比值的大小始终是不变的，也就是说，角 α 的正弦、余弦、正切的值都是唯一确定的，所以，$\sin\alpha,\cos\alpha,\tan\alpha$ 都是角 α 的函数，它们分别称为**正弦函数**、**余弦函数**和**正切函数**.

由图 3-9 可以看出，当 α 为锐角时，上述所定义的三角函数，与在直角三角形中所定义的锐角三角函数是一致的.

除了上述三个函数外，有时我们还需要讨论它们的倒数，规定如下：

$$\cot\alpha=\frac{1}{\tan\alpha},\ \sec\alpha=\frac{1}{\cos\alpha},\ \csc\alpha=\frac{1}{\sin\alpha}.$$

称 $\cot\alpha,\sec\alpha,\csc\alpha$ 分别为角 α 的**余切函数**、**正割函数**和**余割函数**.

我们将正弦函数、余弦函数、正切函数、余切函数、正割函数和余割函数统称为**三角函数**. 本教材中，我们只讨论正弦函数、余弦函数和正切函数.

根据三角函数的定义，容易得到在弧度制下，任意角 α 的三角函数的定义域，如表 3-1 所示：

表 3-1

三角函数	定义域
$\sin\alpha$	$\alpha\in\mathbf{R}$
$\cos\alpha$	$\alpha\in\mathbf{R}$
$\tan\alpha$	$\alpha\in\mathbf{R}$ 且 $\alpha\neq k\pi+\frac{\pi}{2}\quad(k\in\mathbf{Z})$

例 1　已知角 α 的终边上有一点 $P(-4,3)$，求角 α 的三角函数值.

解　如图 3-10，因为 $x=-4,y=3$，所以 $r=\sqrt{(-4)^2+3^2}=5$.

由三角函数的定义可得

$$\sin\alpha=\frac{y}{r}=\frac{3}{5};$$

$$\cos\alpha=\frac{x}{r}=-\frac{4}{5};$$

$$\tan\alpha=\frac{y}{x}=-\frac{3}{4}.$$

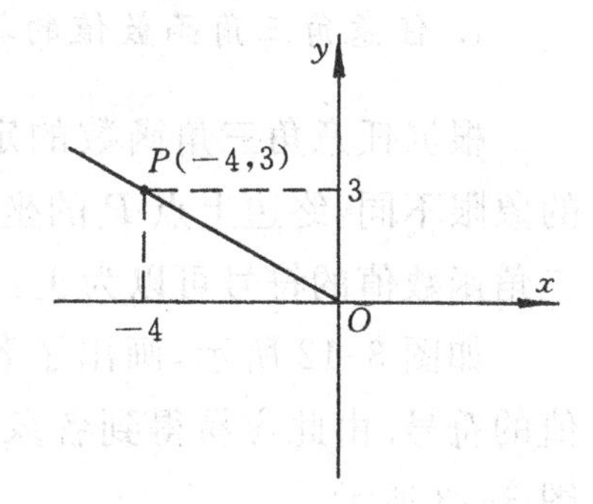

图 3-10

例 2　求角 $\frac{7}{4}\pi$ 的三角函数值.

解　$\frac{7}{4}\pi$ 的终边是第Ⅳ象限的角平分线(如图 3-11)，在角 $\alpha=\frac{7}{4}\pi$ 的终边上取一点 $P(1,-1)$.

因为 $x=1,y=-1$，所以 $r=\sqrt{1^2+(-1)^2}=\sqrt{2}$.

根据任意角三角函数的定义，可知：

$\sin\alpha=-\frac{1}{\sqrt{2}}=-\frac{\sqrt{2}}{2}$；$\cos\alpha=\frac{1}{\sqrt{2}}=\frac{\sqrt{2}}{2}$；$\tan\alpha=-1$.

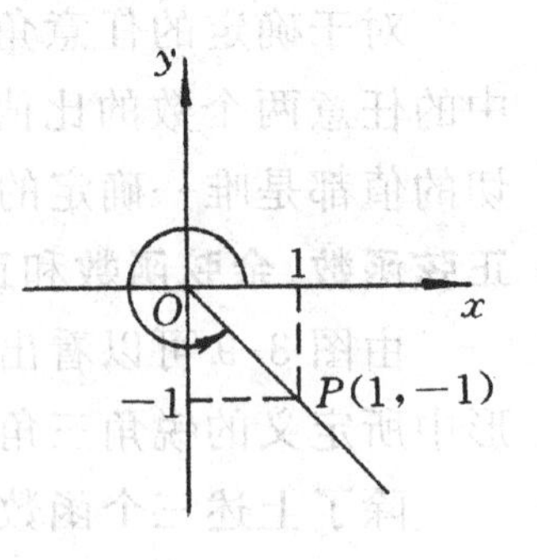

图 3-11

从定义还可以看到：终边相同的角的同名三角函数值相等，于是得到公式：

$$\begin{aligned}\sin(2k\pi+\alpha)&=\sin\alpha\\ \cos(2k\pi+\alpha)&=\cos\alpha\\ \tan(2k\pi+\alpha)&=\tan\alpha\end{aligned}\qquad(3\text{-}4)$$

其中 α 是使等式有意义的任意角，$k\in\mathbf{Z}$.

例 3 求下列各三角函数的值：

(1) $\sin390°$；　(2) $\cos780°$；　(3) $\tan\frac{7}{3}\pi$.

解 根据公式(3-4)，可得：

(1) $\sin390°=\sin(360°+30°)=\sin30°=\frac{1}{2}$；

(2) $\cos780°=\cos(2\times360°+60°)=\cos60°=\frac{1}{2}$；

(3) $\tan\frac{7}{3}\pi=\tan\left(2\pi+\frac{\pi}{3}\right)=\tan\frac{\pi}{3}=\sqrt{3}$.

二、任意角三角函数值的符号、特殊角三角函数值

1. 任意角三角函数值的符号

根据任意角三角函数的定义，结合上面的例子，可以看出，角的终边所在的象限不同，终边上点 P 的坐标 x 和 y 的值的符号也不同（r 总是正的），因而三角函数值的符号可以为正，也可以为负.

如图 3-12 所示，画出了各象限角 α 的终边上的点 $P(x,y)$ 的坐标 x,y 的值的符号. 由此容易得到各象限的三角函数值的符号. 为了便于记忆，概括成图 3-13 所示.

例 4 试判断下列各式的值的符号：

(1) $\cos850°$；　(2) $\tan\left(-\frac{7}{3}\pi\right)$；　(3) $\sin315°\cos315°$.

解 (1) 因为 $850°=2\times360°+130°$，是第Ⅱ象限角，

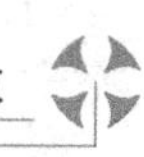

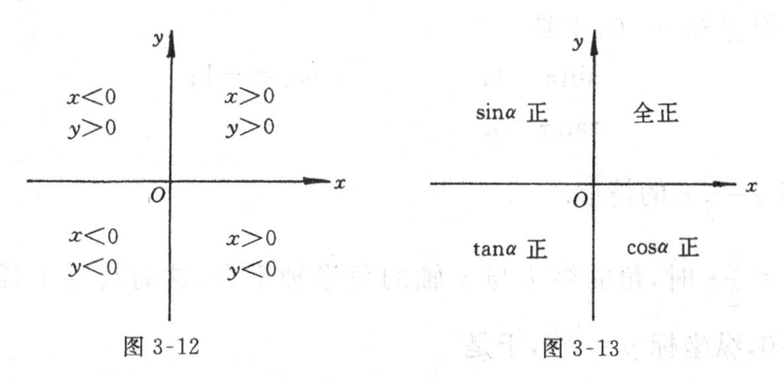

图 3-12　　图 3-13

所以　$\cos 850° < 0$；

(2) 因为$-\frac{7}{3}\pi = -2\times 2\pi + \frac{5}{3}\pi$，是第Ⅳ象限角，

所以　$\tan\left(-\frac{7}{3}\pi\right) < 0$；

(3) 因为 315°是第Ⅳ象限角，

所以 $\sin 315° < 0, \cos 315° > 0$，从而 $\sin 315° \cos 315° < 0$.

2. $0, \frac{\pi}{2}, \pi, \frac{3}{2}\pi$ 角的三角函数值

(1) 当 $\alpha = 0$ 的情形.

当角 $\alpha = 0$ 时，角的终边与 x 轴的正半轴重合，这时终边上任意点 P 的横坐标 $x = r$，纵坐标 $y = 0$，于是

$$\sin 0 = \frac{y}{r} = \frac{0}{r} = 0; \qquad \cos 0 = \frac{x}{r} = \frac{r}{r} = 1;$$

$$\tan 0 = \frac{y}{x} = \frac{0}{r} = 0.$$

(2) 当 $\alpha = \frac{\pi}{2}$ 的情形.

当角 $\alpha = \frac{\pi}{2}$ 时，角的终边与 y 轴的正半轴重合，这时终边上任意点 P 的横坐标 $x = 0$，纵坐标 $y = r$，于是

$$\sin\frac{\pi}{2} = 1; \qquad \cos\frac{\pi}{2} = 0;$$

$$\tan\frac{\pi}{2}\text{不存在}.$$

(3) 当 $\alpha = \pi$ 的情形.

当 $\alpha = \pi$ 时，角的终边与 x 轴的负半轴重合，这时终边上任意点 P 的横坐

标 $x=-r$,纵坐标 $y=0$,于是

$$\sin\pi=0; \qquad \cos\pi=-1;$$

$$\tan\pi=0.$$

(4) 当 $\alpha=\frac{3}{2}\pi$ 的情形.

当角 $\alpha=\frac{3}{2}\pi$ 时,角的终边与 y 轴的负半轴重合,这时终边上任意点 P 的横坐标 $x=0$,纵坐标 $y=-r$,于是

$$\sin\frac{3}{2}\pi=-1; \qquad \cos\frac{3}{2}\pi=0;$$

$$\tan\frac{3}{2}\pi \text{不存在}.$$

把上面所得的结果列表,如表 3-2 所示.

表 3-2

函数 \ α	0	$\frac{\pi}{2}$	π	$\frac{3}{2}\pi$
$\sin\alpha$	0	1	0	-1
$\cos\alpha$	1	0	-1	0
$\tan\alpha$	0	不存在	0	不存在

例 5 计算下列各式的值:

(1) $5\sin90°+2\cos0°-3\sin270°+10\cos180°$;

(2) $\sin^2\frac{3}{2}\pi-2\cos\pi+3\tan\pi$.

解 (1) 原式 $=5\times1+2\times1-3\times(-1)+10\times(-1)=5+2+3-10=0$;

(2) 原式 $=(-1)^2-2\times(-1)+3\times0=1+2=3$.

例 6 化简:

(1) $p^2\sin\frac{\pi}{2}-2pq\cos0-q^2\cos\pi+p\tan2\pi$;

(2) $a^2\cos4\pi-b^2\sin\frac{7}{2}\pi+ab\tan2\pi-2ab\sin\frac{3}{2}\pi$.

解 (1) 原式 $=p^2\cdot1-2pq\cdot1-q^2\cdot(-1)+p\cdot0$

$=p^2-2pq+q^2=(p-q)^2$;

(2) 原式 $=a^2\cdot1-b^2\cdot(-1)+ab\cdot0-2ab\cdot(-1)$

$=a^2+2ab+b^2=(a+b)^2$.

习题 3-2(A 组)

1. 填空：

(1) 若 $\sin\alpha>0$,则 α 是____或____象限的角,或是__________；

若 $\sin\alpha<0$,则 α 是____或____象限的角,或是__________.

(2) 若 $\cos\alpha>0$,则 α 是____或____象限的角,或是__________；

若 $\cos\alpha<0$,则 α 是____或____象限的角,或是__________.

(3) 若 $\tan\alpha>0$,则 α 是____或____象限的角；

若 $\tan\alpha<0$,则 α 是____或____象限的角.

2. 已知 α 的终边分别经过下列各点,依次求 α 的三个三角函数值：

(1) $(3,4)$；　(2) $(-2,-1)$；　(3) $(\sqrt{3},-1)$；　(4) $(-12,5)$.

3. 根据任意角三角函数的定义,求下列各角的三角函数值：

(1) $\frac{5}{3}\pi$；　　(2) $-\frac{\pi}{4}$.

4. 确定下列三角函数值的符号：

(1) $\sin1230°$；　(2) $\cos\frac{13}{4}\pi$；　(3) $\tan(-\frac{23}{6}\pi)$.

5. 求下列各式的值：

(1) $6\sin\frac{\pi}{2}+\cos\pi+5\tan\pi$；

(2) $3\cos\frac{\pi}{2}+2\tan\frac{\pi}{4}-\sin\frac{\pi}{4}\cos\frac{\pi}{4}-\cos\frac{\pi}{6}+\sin\frac{\pi}{3}$；

(3) $\sin180°+2\cos360°-6\sin270°+5\sin0°+3\cos0°$；

(4) $\frac{6\sin90°-2\cos180°-\tan180°}{5\cos270°-5\sin270°-3\tan0°}$.

扫一扫，获取参考答案

习题 3-2(B 组)

1. 试确定下列各式的符号：

(1) $\sin125°\cdot\cos220°$；　(2) $\sin1\cdot\cos2$；

(3) $\sin^2 210°\cdot\cos^2(-210°)$；　(4) $\frac{\sin(-\frac{\pi}{4})\cos(-\frac{\pi}{4})}{\tan\frac{3}{4}\pi}$.

2. 已知 P 为第Ⅳ象限角 α 终边上的一点,其横坐标 $x=15$,$|OP|=17$,求 α 的三个三角函数值.

3. 根据下列条件求函数

$$f(x)=\sin(x+\frac{3}{4}\pi)-3\sin(x-\frac{\pi}{4})+4\cos 2x+2\cos(x-\frac{\pi}{4})$$

的值：

(1) $x=\frac{\pi}{4}$；　　　　(2) $x=\frac{3}{4}\pi$.

3.3 三角函数的基本恒等式及其周期性、有界性

一、同角三角函数间的关系

前面我们已经学过任意角 α 的三角函数 $\sin\alpha$、$\cos\alpha$ 和 $\tan\alpha$，这些三角函数不是彼此孤立的，而是相互有联系的，下面就来讨论它们之间的关系.

根据任意角三角函数的定义，可知

$$\sin\alpha=\frac{y}{r},\cos\alpha=\frac{x}{r},\tan\alpha=\frac{y}{x},\text{且 } x^2+y^2=r^2.$$

由此可得：

(1) $\sin^2\alpha+\cos^2\alpha=\left(\frac{y}{r}\right)^2+\left(\frac{x}{r}\right)^2=\frac{y^2+x^2}{r^2}=1$；

(2) 当 $\alpha\neq k\pi+\frac{\pi}{2}(k\in\mathbf{Z})$ 时，$\frac{\sin\alpha}{\cos\alpha}=\frac{\frac{y}{r}}{\frac{x}{r}}=\frac{y}{x}=\tan\alpha$.

故而得到以下**同角三角函数间的基本关系式**：

$$\sin^2\alpha+\cos^2\alpha=1,\tan\alpha=\frac{\sin\alpha}{\cos\alpha}.$$

这两个关系式是三角函数中最基本的关系式. 当我们知道一个角的某个三角函数值时，利用这两个关系式，可以求出这个角的其他的三角函数值. 此外，还可以用它们化简三角函数式和证明三角恒等式.

另外，关于同角三角函数间的关系还有关系式 $1+\tan^2\alpha=\sec^2\alpha$，$1+\cot^2\alpha=\csc^2\alpha$ 等，这两个关系式在本章中不涉及，但以后可能用到.

例 1 已知 $\sin\alpha=0.8$，且 $\frac{\pi}{2}<\alpha<\pi$，求角 α 的其他三角函数值.

解 因为 $\frac{\pi}{2}<\alpha<\pi$，即角 α 在第Ⅱ象限，所以 $\cos\alpha<0$. 根据基本恒等式，由 $\sin\alpha=0.8=\frac{4}{5}$，可得

$$\cos\alpha=-\sqrt{1-\sin^2\alpha}=-\sqrt{1-\left(\frac{4}{5}\right)^2}=-\frac{3}{5}；\quad \tan\alpha=\frac{\sin\alpha}{\cos\alpha}=-\frac{4}{3}.$$

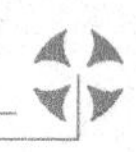

例 2　已知 $f(\beta)=\dfrac{2\sin\beta\cos\beta-\cos\beta}{1+\sin^2\beta-\cos^2\beta-\sin\beta}$，求 $f\left(\dfrac{\pi}{3}\right)$.

解　若直接把 $\beta=\dfrac{\pi}{3}$ 代入 $f(\beta)$ 进行计算，是很繁琐的，因此应先把 $f(\beta)$ 化简，然后再求 $f\left(\dfrac{\pi}{3}\right)$.

因为
$$f(\beta)=\frac{2\sin\beta\cos\beta-\cos\beta}{1+\sin^2\beta-\cos^2\beta-\sin\beta}$$
$$=\frac{\cos\beta(2\sin\beta-1)}{(1-\cos^2\beta)+\sin^2\beta-\sin\beta}$$
$$=\frac{\cos\beta(2\sin\beta-1)}{2\sin^2\beta-\sin\beta}=\frac{\cos\beta(2\sin\beta-1)}{\sin\beta(2\sin\beta-1)}=\frac{\cos\beta}{\sin\beta},$$

所以
$$f\left(\frac{\pi}{3}\right)=\frac{\cos\dfrac{\pi}{3}}{\sin\dfrac{\pi}{3}}=\frac{\sqrt{3}}{3}.$$

例 3　已知 α 为第一象限的角，化简 $\sqrt{\dfrac{1}{\cos^2\alpha}-1}$.

解　因为 α 为第一象限的角，故 $\tan\alpha>0$，所以
$$\sqrt{\frac{1}{\cos^2\alpha}-1}=\sqrt{\frac{1-\cos^2\alpha}{\cos^2\alpha}}=\sqrt{\frac{\sin^2\alpha}{\cos^2\alpha}}=\sqrt{\tan^2\alpha}=|\tan\alpha|=\tan\alpha$$

例 4　证明恒等式：
$$\cos^4\alpha-\sin^4\alpha=\cos^2\alpha(1-\tan\alpha)(1+\tan\alpha).$$

证明　因为，左边 $=(\cos^2\alpha+\sin^2\alpha)(\cos^2\alpha-\sin^2\alpha)$
$$=\cos^2\alpha-\sin^2\alpha,$$

右边 $=\cos^2\alpha(1-\tan^2\alpha)=\cos^2\alpha-\cos^2\alpha\dfrac{\sin^2\alpha}{\cos^2\alpha}$
$$=\cos^2\alpha-\sin^2\alpha,$$

所以，左边 = 右边.

例 5　证明恒等式：$\dfrac{\sin x}{1-\cos x}=\dfrac{1+\cos x}{\sin x}$.

证明一　右边 $=\dfrac{(1+\cos x)(1-\cos x)}{\sin x(1-\cos x)}$
$$=\frac{1-\cos^2 x}{\sin x(1-\cos x)}=\frac{\sin^2 x}{\sin x(1-\cos x)}$$
$$=\frac{\sin x}{1-\cos x}=\text{左边}.$$

证明二 等式中 x 的取值范围是$\{x|x\neq k\pi,k\in\mathbf{Z}\}$，此时$\frac{1+\cos x}{\sin x}\neq 0$.

因为，$\frac{左边}{右边}=\frac{\frac{\sin x}{1-\cos x}}{\frac{1+\cos x}{\sin x}}=\frac{\sin^2 x}{1-\cos^2 x}=\frac{\sin^2 x}{\sin^2 x}=1$，

所以，左边＝右边.

证明三 因为，
$$左边-右边=\frac{\sin x}{1-\cos x}-\frac{1+\cos x}{\sin x}$$
$$=\frac{\sin^2 x-(1-\cos^2 x)}{(1-\cos x)\sin x}$$
$$=\frac{\sin^2 x-\sin^2 x}{(1-\cos x)\sin x}=0.$$

所以，左边＝右边.

从上面的例子可以看到，证明三角恒等式的方法较多：从左边证到右边；从右边证到左边；左、右两边都证明到某一相同的式子；证明左、右两边的比为1；证明左、右两边的差为零，等等.

二、利用单位圆讨论正弦、余弦、正切函数的周期性及有界性

1. 角 α 的正弦和余弦在单位圆上的表示法

在直角坐标系中，以原点为圆心，1个单位长度为半径的圆称为**单位圆**.

如图3-14所示，设 $M(x,y)$ 点是任意角 α 的终边 OP 和单位圆的交点，则 $r=|OM|=1$，由任意角的三角函数定义可得：

$$\sin\alpha=\frac{y}{r}=\frac{y}{1}=y;\quad \cos\alpha=\frac{x}{r}=\frac{x}{1}=x.$$

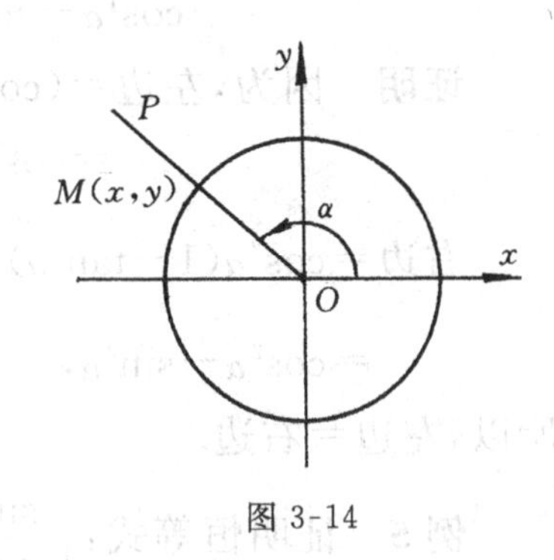

图3-14

这就是说，从 Ox 到 OP 的任意角 α 的正弦等于它的终边 OP 与单位圆交点 M 的纵坐标；而其余弦等于交点 M 的横坐标.

2. 角 α 的正弦函数、余弦函数的周期性、有界性

(1) 周期性

在客观事物中，许多现象都是周而复始地出现的. 如时针的转动，春、夏、秋、冬四季的更替等，正弦、余弦函数也具有同样的性质.

从图3-14不难看出，当角 α 每增加（或减少）2π 的整数倍时，角的终边总

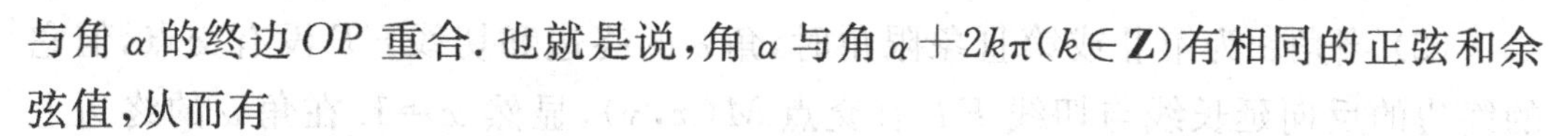

与角 α 的终边 OP 重合. 也就是说,角 α 与角 $\alpha+2k\pi(k\in\mathbf{Z})$ 有相同的正弦和余弦值,从而有

$$\sin(2k\pi+\alpha)=\sin\alpha,\quad \cos(2k\pi+\alpha)=\cos\alpha\ (k\in\mathbf{Z}).$$

如角 $2\pi+\frac{\pi}{6},4\pi+\frac{\pi}{6},-2\pi+\frac{\pi}{6},-4\pi+\frac{\pi}{6},\cdots$ 和角 $\frac{\pi}{6}$ 的正弦和余弦分别相等. 对于具有这种特性的函数,给出如下定义:

定义　对于函数 $y=f(x)$,如果存在一个正数 l 使得对于定义域内的一切 x,等式 $f(x+l)=f(x)$ 都成立,则把 $y=f(x)$ 称为**周期函数**,正数 l 称为周期函数的**周期**.

显然,如果函数 $f(x)$ 以正数 l 为周期,那么 $2l,3l,\cdots,nl(n\in\mathbf{N}^*)$ 也是它的周期. 通常把最小正数 l 称为周期函数的**最小正周期**,简称为**周期**.

由此可见,正弦函数、余弦函数都是周期函数,它们的周期都是 2π.

(2) 有界性

我们知道,正弦函数和余弦函数的定义域都是实数集,由图 3-14 可以直接看出,无论角 α 取什么样的值,它的终边 OP 和单位圆的交点的纵、横坐标总在 -1 到 1 之间变化(包括 -1 和 1),即当角 α 为任何实数时,$\sin\alpha$ 和 $\cos\alpha$ 总能取遍 -1 到 1 之间的任何值,所以正弦函数和余弦函数的值域分别是:

$$\{\sin\alpha\,|\,-1\leqslant\sin\alpha\leqslant1\};\quad \{\cos\alpha\,|\,-1\leqslant\cos\alpha\leqslant1\}.$$

即　　$|\sin\alpha|\leqslant1;\quad |\cos\alpha|\leqslant1.$

对于 $\sin\alpha,\cos\alpha$ 具有的这种特性,给出如下定义:

定义　设函数 $y=f(x)$ 在区间 I 内有定义,如果存在一个确定的正数 M,使得对于区间 I 内的一切 x 所对应的函数值 $f(x)$,都有

$$|f(x)|\leqslant M$$

成立,那么称 $y=f(x)$ 为 I 内的**有界函数**;否则,就称为**无界函数**.

由此可见:正弦函数和余弦函数都是有界函数.

3. 角 α 的正切在单位圆上的表示法及正切函数的周期性

过单位圆与 x 轴的正半轴的交点 $E(1,0)$ 作与单位圆相切的直线 ET,容易知道,ET 上任意点的横坐标都等于 1.

现在分两种情形来讨论:

(1) 当角 α 为第Ⅰ或第Ⅳ象限角时,角 α 的终边 OP 与切线 ET 的交点为 $M(x,y)$,显然 $x=1$,如图 3-15 所示,所以

$$\tan\alpha=\frac{y}{x}=\frac{y}{1}=y.$$

(2) 当角 α 为第Ⅱ或第Ⅲ象限角时，角 α 的终边和切线 ET 没有交点，但它的终边的反向延长线与切线 ET 有交点 $M(x,y)$，显然 $x=1$. 在角 α 的终边上取点 $M'(x',y')$，使 M' 与 M 关于原点对称，则 $x'=-x=-1$，$y'=-y$，如图 3-16 所示，所以

$$\tan\alpha=\frac{y'}{x'}=\frac{-y}{-1}=y.$$

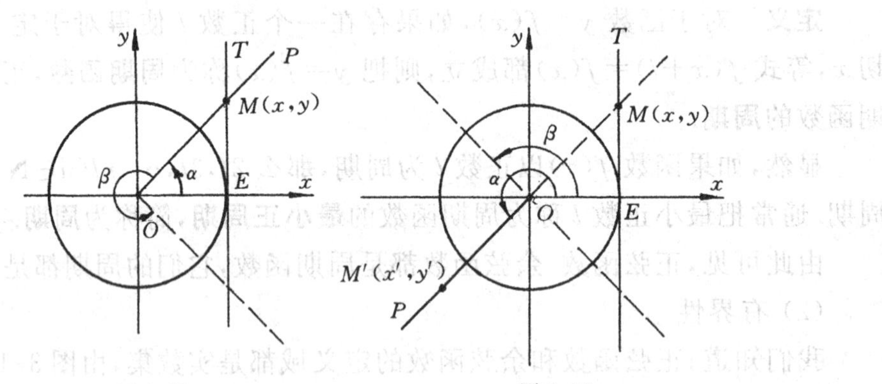

图 3-15　　　　图 3-16

归纳以上两种情形可知：从 Ox 到 OP 的角 α 的正切等于它的终边 OP 或终边 OP 的反向延长线与正切轴交点 $M(x,y)$ 的纵坐标.

已知函数 $\tan\alpha$ 的定义域为

$$\left\{x\,\middle|\,\alpha\neq k\pi+\frac{\pi}{2},k\in\mathbf{Z}\right\},$$

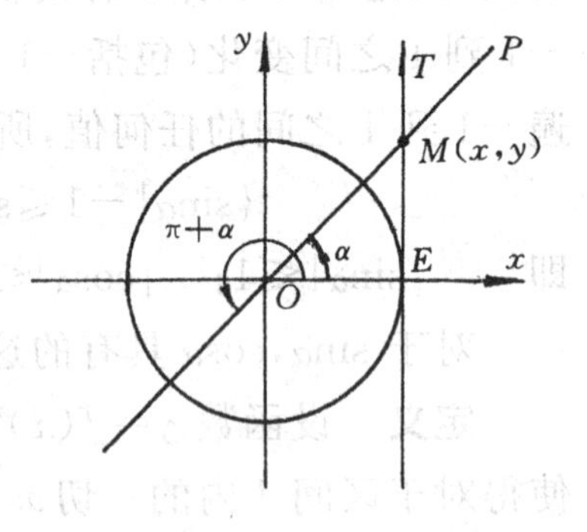

图 3-17

从图 3-17 可以看到，当角 α 的终边与 y 轴重合时，角 α 的终边与切线 ET 平行而没有交点，这时 $\tan\alpha$ 的值不存在. 除此之外，角 α 的终边或终边的反向延长线总能与切线 ET 相交，其交点的纵坐标 y 可以取一切实数，因此正切函数的值域为实数集 $\mathbf{R}$.

由此可知，函数 $\tan\alpha$ 是一个无界函数.

由图 3-17 还可以看出：若角 α 增加（或减少）π 的整数倍，这些角的终边总与角 α 的终边或终边的反向延长线重合，即角 α 与角 $k\pi+\alpha(k\in\mathbf{Z})$ 有相同的正切值，从而有

$$\tan(k\pi+\alpha)=\tan\alpha\quad(k\in\mathbf{Z}).$$

这说明，正切函数是周期函数，且周期为 π.

例 6　利用三角函数的周期性，计算下列各函数的值：

(1) $\sin420°$；　(2) $\cos\left(-\frac{11}{3}\pi\right)$；　(3) $\tan225°$.

解　(1) $\sin 420^\circ=\sin(360^\circ+60^\circ)=\sin 60^\circ=\frac{\sqrt{3}}{2}$;

(2) $\cos\left(-\frac{11}{3}\pi\right)=\cos\left(-2\times 2\pi+\frac{\pi}{3}\right)=\cos\frac{\pi}{3}=\frac{1}{2}$;

(3) $\tan 225^\circ=\tan(180^\circ+45^\circ)=\tan 45^\circ=1$.

习题3-3(A组)

1. 化简：

(1) $1-\sin^2\alpha-\cos^2\alpha$;　　(2) $\tan^2\alpha\cdot\cos^2\alpha+\cos^2\alpha$.

2. 根据下列条件，求α的其他三角函数值：

(1) 已知$\sin\alpha=-\frac{\sqrt{3}}{2}$，$\frac{3\pi}{2}<\alpha<2\pi$;

(2) $\cos\alpha=-\frac{3}{5}$，且α是第Ⅱ象限的角.

3. 证明恒等式：

(1) $\sin^4\alpha-\cos^4\alpha=2\sin^2\alpha-1$;　　(2) $\frac{\sin\alpha-\cos\alpha}{\tan\alpha-1}=\cos\alpha$.

4. 利用单位圆说明，在$\alpha\in(0,\frac{\pi}{2})$内有下列关系式：

(1) $\sin\alpha+\cos\alpha>1$;　　(2) $\tan\alpha>\sin\alpha$;　　(3) $\sin^2\alpha+\cos^2\alpha=1$.

5. 当角α由$-\pi$逐渐增大到π时，试利用单位圆讨论$\sin\alpha$和$\cos\alpha$的值的增减变化情况，并将结果填入下表(↗表示逐渐增加，↘表示逐渐减小).

α	$-\pi$	↗	$-\frac{\pi}{2}$	↗	0	↗	$\frac{\pi}{2}$	↗	π
$\sin\alpha$									
$\cos\alpha$									

6. 利用三角函数的周期性求下列各值：

(1) $\sin 750^\circ$;

(2) $\cos\frac{9}{4}\pi$;

(3) $\tan\frac{5}{4}\pi$;

(4) $\cos(-1050^\circ)$.

习题 3-3(B组)

1. 若 α 是第二象限的角，化简 $\tan\alpha \cdot \sqrt{1-\sin^2\alpha}$.
2. 已知 $\tan\alpha=3$，且 $180^\circ<\alpha<270^\circ$，求 $\sin\alpha$ 和 $\cos\alpha$.
3. 已知 $\tan\alpha=-2$，求 $5\sin\alpha\cos\alpha$ 的值.

复习题 3

1. 选择题：

(1) 下列说法中，正确的是(　　).

A. 第一象限的角一定是锐角　　B. 锐角一定是第一象限的角

C. 小于 90° 的角一定是锐角　　D. 终边相同的角一定相等

(2) 与 90° 终边相同的角是(　　).

A. -90°　　B. 180°　　C. 270°　　D. 450°

(3) 设 r 为圆的半径，则弧长为 $\frac{3}{4}r$ 的圆弧所对的圆心角为(　　).

A. 135°　　B. $\frac{135^\circ}{\pi}$　　C. 145°　　D. $\frac{145^\circ}{\pi}$

(4) 下列各三角函数值中为负值的是(　　).

A. $\sin 1100^\circ$；　　B. $\cos(-3000^\circ)$

C. $\tan(-115^\circ)$；　　D. $\tan\frac{5\pi}{4}$.

(5) 设 $\sin\alpha<0$，$\tan\alpha<0$，则角 α 是(　　).

A. 第一象限的角　　B. 第二象限的角

C. 第三象限的角　　D. 第四象限的角

(6) 下列命题中正确的是(　　).

A. 存在角 α，使得 $\sin\alpha=\frac{1}{3}$ 且 $\cos\alpha=\frac{2}{3}$

B. $\sqrt{1-\sin^2 140^\circ}=\cos 140^\circ$

C. 等式 $\sin\alpha-\cos\alpha=2.5$ 不可能成立

D. 若 $\tan\alpha=1$，则 $\alpha=k\pi+\frac{\pi}{4}$，$k\in\mathbf{Z}$

(7) $\sin(-1230^\circ)$ 的值是(　　).

A. $-\frac{1}{2}$　　B. $\frac{1}{2}$　　C. $\frac{\sqrt{3}}{2}$　　D. $-\frac{\sqrt{3}}{2}$.

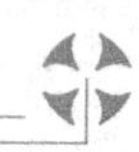

(8) 若 $\alpha\in(\frac{\pi}{4},\frac{\pi}{2})$，则下列不等式中正确的是(　　).

A. $\sin\alpha>\cos\alpha>\tan\alpha$　　B. $\cos\alpha>\tan\alpha>\sin\alpha$；

C. $\tan\alpha>\sin\alpha>\cos\alpha$　　D. $\tan\alpha>\cos\alpha>\sin\alpha$.

2. 填空题：

(1) 我们把________的圆弧所对的圆心角叫作1弧度的角.

(2) 若角的始边和终边都分别相同，则这些角彼此相差______的整数倍.

(3) 已知角 α 的终边上一点 $P(-2,1)$，那么 $\sin\alpha=$______，$\cos\alpha=$______，$\tan\alpha=$______.

(4) 在平面直角坐标系内，角 α 的终边和以原点为圆心的单位圆的交点坐标为 $(-\frac{1}{2},\frac{\sqrt{3}}{2})$，则 $\sin\alpha=$______，$\cos\alpha=$______，$\tan\alpha=$______.

(5) 已知 $\cos\alpha=-\frac{4}{5}$，且 α 为第二象限的角，则 $\sin\alpha=$______，$\tan\alpha=$______.

(6) 设 α 为第四象限角，则 $\frac{\cos\alpha}{\sqrt{1-\cos^2\alpha}}+\frac{\sin\alpha\sqrt{1-\sin^2\alpha}}{1-\cos^2\alpha}=$______.

3. 电动机上的转子一秒钟内转动的圆心角为 100π，问转子每分钟旋转多少周？

4. 如图 3-18 所示，三个半径都等于 18 cm 的轮子用皮带连接起来，如果 $AB=60$ cm，$BC=90$ cm，$AC=50$ cm，求皮带的总长(精确到 0.1 m).

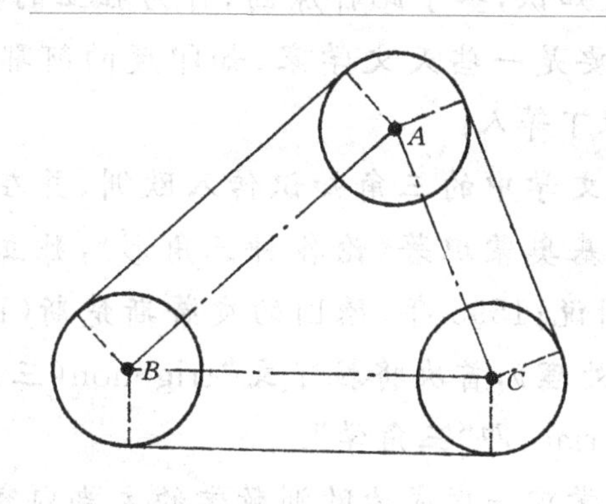

图 3-18

5. 设角 α 终边上一点的纵坐标是横坐标的2倍，求 α 的三个三角函数的值.

6. 已知 $\tan\alpha=\frac{3}{4}\left(\pi<\alpha<\frac{3}{2}\pi\right)$，求 $\sin\alpha$ 和 $\cos\alpha$.

7. 已知 $\tan\alpha=-2$，求下列各式的值：

(1) $\frac{\sin\alpha+\cos\alpha}{\sin\alpha-\cos\alpha}$；　(2) $\frac{1}{1+\sin\alpha}+\frac{1}{1-\sin\alpha}$.

8. 证明下列恒等式：

（1）$\sin^2\alpha+\sin^2\beta-\sin^2\alpha\sin^2\beta+\cos^2\alpha\cos^2\beta=1$；

（2）$\tan^2\alpha-\sin^2\alpha=\tan^2\alpha\sin^2\alpha$；

（3）$\dfrac{1-2\sin\alpha\cos\alpha}{\sin^2\alpha-\cos^2\alpha}=\dfrac{\tan\alpha-1}{\tan\alpha+1}$；

（4）$\dfrac{1-\sin^4\alpha-\cos^4\alpha}{2\sin^2\alpha\cos^2\alpha}=1$.

扫一扫，获取参考答案

9. 若 $f(\cos x)=\cos x-\sin^2 x$，求 $f(1)$.

［阅读材料 3］

三角学简介

三角学简称“三角”，包括平面三角和球面三角，传统的三角学以研究平面三角和球面三角形的边角关系为基础，达到测量上的应用目的.

三角学起源于对三角形边角关系的定量考察，这始于古希腊的喜帕斯、梅内劳斯和托勒密等人对天文的测量，因此在相当长的一个时期里，三角学隶属于天文学，而在它的形成过程中利用了当时已经积累得相当丰富的算术、几何（包括球面几何）和天文知识，鉴于此种原因，作为独立的数学分支的三角学诞生之前，它的贡献者主要是一些天文学家，如印度的阿耶婆多（第一）、阿拉伯的阿尔·巴坦尼、纳速拉丁等人.

13 世纪起，含在天文学中的三角知识传入欧洲，并在欧洲出现新的发展. 1464 年，德国数学家雷基奥蒙坦著《论各种三角形》，独立于天文学之外，对三角知识作了较系统的阐说；1595 年，德国的皮蒂斯楚斯（1561—1613 年）著《三角学，解三角形的简明处理》，首次将拉丁文“trigonon（三角形）”和“metron（测量）”组合成 trigonametriae，即“三角学”.

14—16 世纪，三角学曾一度成为欧洲数学的主要内容，研究的方面包括三角函数值表的编制、平面三角形和球面三角表的解法、三角恒等式的建立和推导，所用的方法则是几何的. 17 世纪，函数概念的引入为三角函数成为三角学的基本概念奠定了基础. 1748 年，欧拉在他的《无穷分析引论》中对三角函数和三角函数线作出明确区分，使全部的三角公式能从三角函数的定义中逻辑地得到，从而使三角函数与几何脱钩.

1631 年，三角学输入中国. 同年，德国传教士邓玉函和明朝学者徐光启编译成《大测》一书.“大测者，测三角形之法也”. 可见“大测”与当时的“三角学”

意义是一样的.不过大测的名称并不通行.三角学在中国早期比较通行的名称是“八线”和“三角”.“八线”是指在单位圆上的八种三角函数线:正弦线、余弦线、正切线、余切线、正割线、余割线、正矢线、余矢线.由于“八线”中常见的仅六线(正弦、余弦、正切、余切、正割、余割)甚至四线(正弦、余弦、正切、余切),所以“八线”之名有些名不副实,因而也渐被废弃了.

“三角”这一名称是最早见之于1653年薛凤祚和穆尼阁合著的《三角算法》.“三角”一词指“三角学”或“三角法”或“三角术”.事实上,直到1956年中国科学院编译出版委员会编订《数学名词》时,仍将这三者同义.现在“三角术”和“三角法”已不常用.

三角学的现代发展已经结束.随着现代数学的综合性趋势加强,其中的一些内容已分属于数学的其他学科,如三角函数可归于分析学、三角测量可归于几何学、三角函数的恒等变形可归于代数学,从这个意义上说,作为独立的数学分科的三角学已渐渐消失.

第3章单元自测

1. 填空题

(1) 已知 $\sin\alpha=0.8$,且$\frac{\pi}{2}<\alpha<\pi$,则 $\cos\alpha=$__________.

(2) 角 α 的终边上一点 $P(-4,3)$,则 $\sin\alpha+\cos\alpha=$__________.

(3) $\sin1\cdot\cos2\cdot\tan3$ __________ 0(填入大于或小于号).

(4) 已知 $\sqrt{1-\cos^2\alpha}=\sin\alpha$,则 α 的终边在第__________象限或在__________上.

(5) 已知 $\tan\alpha=2$,则$\frac{\sin\alpha-3\cos\alpha}{5\cos\alpha+7\sin\alpha}=$__________.

2. 选择题

(1) 设 $\tan x=a\ (a\neq0)$,$\sin x=\frac{a}{\sqrt{1+a^2}}$,则 x 在( ).

A. 第Ⅰ或第Ⅱ象限　　B. 第Ⅲ或第Ⅳ象限

C. 第Ⅱ或第Ⅲ象限　　D. 第Ⅰ或第Ⅳ象限

(2) $|\cos\alpha|\cdot\cos\alpha+|\sin\alpha|\cdot\sin\alpha=-1$,则 α 在( ).

A. 第Ⅰ象限　　B. 第Ⅱ象限　　C. 第Ⅲ象限　　D. 第Ⅳ象限

(3) 将根式$\sqrt{1-2\cos\frac{3}{4}\pi\sin\frac{3}{4}\pi}$化简,结果是( ).

A. $\cos\frac{3}{4}\pi+\sin\frac{3}{4}\pi$　　B. $\sin\frac{3}{4}\pi-\cos\frac{3}{4}\pi$

C. $\cos\frac{3}{4}\pi-\sin\frac{3}{4}\pi$　　D. $-\left(\sin\frac{3}{4}\pi+\cos\frac{3}{4}\pi\right)$

(4) 若 α 和 β 的终边关于 y 轴对称，则 α 和 β 的关系是（　）.

A. $\alpha-\beta=k\cdot 360^\circ(k\in\mathbf{Z})$　　B. $\alpha+\beta=k\cdot 360^\circ(k\in\mathbf{Z})$

C. $\alpha-\beta=(2k+1)\cdot 180^\circ(k\in\mathbf{Z})$　　D. $\alpha+\beta=(2k+1)\cdot 180^\circ(k\in\mathbf{Z})$

(5) 若 α 是第Ⅰ象限角，则 $\sin\alpha+\cos\alpha$ 的值（　）.

A. 大于1　　B. 小于1　　C. 等于1　　D. 不确定

3. 判断题

(1) 小于 90° 的角是锐角.　（　）

(2) 第Ⅱ象限的角是钝角.　（　）

(3) α 为第Ⅱ象限角，则 $\tan\alpha=-\dfrac{\sin\alpha}{\cos\alpha}$.　（　）

(4) α 为第Ⅰ象限角，则 $\dfrac{\alpha}{2}$ 是第Ⅰ或第Ⅲ象限角.　（　）

(5) 终边相同的角一定相等.　（　）

4. 已知 $\tan\alpha=\sqrt{2}$，$0<\alpha<\dfrac{\pi}{2}$，求角 α 的其他三角函数值.

5. 化简：

(1) $\dfrac{2\cos^2\alpha-1}{1-2\sin^2\alpha}$；　(2) $\tan^2\theta\cos^2\theta+\cos^2\theta$；　(3) $\dfrac{\sqrt{1-\cos^2\theta}}{\cos\theta}+\dfrac{1-\cos^2\theta}{\sin\theta\sqrt{1-\sin^2\theta}}$.

6. 证明：

(1) $\dfrac{1-\cos^2\beta}{\cos\beta\cdot\tan\beta}=\sin\beta$；

(2) $\dfrac{\tan\alpha}{1+\tan^2\alpha}=\sin\alpha\cos\alpha$；

(3) $\dfrac{1+\sin\alpha+\cos\alpha+2\sin\alpha\cos\alpha}{1+\sin\alpha+\cos\alpha}=\sin\alpha+\cos\alpha$.

7. 一扇形的周长等于其所在圆周长的一半，设圆半径为 R，求扇形的中心角和面积的大小.

8. 利用三角函数的周期性，求下列各三角函数值：

(1) $\sin765^\circ$；　(2) $\cos\left(-\dfrac{23}{3}\pi\right)$；　(3) $\tan(-870^\circ)$.

扫一扫，获取参考答案

9. 已知 $f(\alpha)=\dfrac{1+\sin^2\alpha-\cos^2\alpha-\sin\alpha}{2\sin\alpha\cos\alpha-\cos\alpha}$，求 $f\left(\dfrac{\pi}{3}\right)$.

第 4 章

简化公式　加法定理　正弦型曲线

本章主要讨论简化公式，正弦、余弦、正切的加法定理及由它们导出的二倍角公式，并研究正弦、余弦、正切函数的图像和性质以及函数 $y=A\sin(\omega x+\varphi)$ 的图像.

4.1　简化公式

在实际中，我们经常遇到需要将求任意角三角函数值转化为求 0°～90°角的三角函数值的问题，完成这种“转化”就要借助下面介绍的简化公式(诱导公式).

一、$\alpha+k\cdot 360°(k\in \mathbf{Z})$的简化公式

在单位圆中(如图 4-1 所示)，可以看出，角 α 的终边与单位圆的交点为 M，当终边旋转 $k\cdot 360°(k\in\mathbf{Z})$角时，点 M 又回到原来的位置，所以角 α 的各三角函数值并不发生变化. 由此得到结论：**终边相同的角的同名三角函数值相等.** 即当 $k\in\mathbf{Z}$ 时，有

$$\begin{aligned}&\sin(\alpha+k\cdot 360°)=\sin\alpha,\\&\cos(\alpha+k\cdot 360°)=\cos\alpha,\\&\tan(\alpha+k\cdot 360°)=\tan\alpha.\end{aligned}\tag{4-1}$$

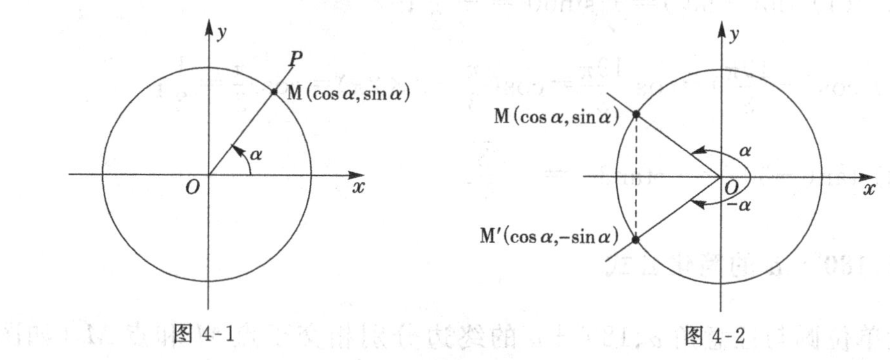

图 4-1　　　　图 4-2

例 1 求下列各三角函数值：

(1) $\sin780°$； (2) $\cos\frac{9\pi}{4}$； (3) $\tan(-\frac{11\pi}{6})$.

解 (1) $\sin780°=\sin(60°+2\times360°)=\sin60°=\frac{\sqrt{3}}{2}$；

(2) $\cos\frac{9\pi}{4}=\cos(\frac{\pi}{4}+2\pi)=\cos\frac{\pi}{4}=\frac{\sqrt{2}}{2}$；

(3) $\tan(-\frac{11\pi}{6})=\tan[\frac{\pi}{6}+(-1)\times2\pi]=\tan\frac{\pi}{6}=\frac{\sqrt{3}}{3}$.

二、$-\alpha$ 的简化公式

设单位圆与任意角 α、$-\alpha$ 的终边分别相交于点 M 和点 M'（如图 4-2 所示），由于点 M 与点 M' 关于 x 轴对称，它们的横坐标相同，纵坐标是互为相反数，所以

$$\sin(-\alpha)=-\sin\alpha, \cos(-\alpha)=\cos\alpha.$$

由同角三角函数的关系式知：

$$\tan(-\alpha)=\frac{\sin(-\alpha)}{\cos(-\alpha)}=\frac{-\sin\alpha}{\cos\alpha}=-\tan\alpha,$$

于是有负角的三角函数简化公式

$$\boxed{\begin{aligned}&\sin(-\alpha)=-\sin\alpha,\\&\cos(-\alpha)=\cos\alpha,\\&\tan(-\alpha)=-\tan\alpha.\end{aligned}} \tag{4-2}$$

利用这组公式，可以把负角的三角函数转化为正角的三角函数.

例 2 求下列三角函数值：

(1) $\sin(-60°)$； (2) $\cos(-\frac{19\pi}{3})$； (3) $\tan(-30°)$.

解 (1) $\sin(-60°)=-\sin60°=-\frac{\sqrt{3}}{2}$；

(2) $\cos(-\frac{19\pi}{3})=\cos\frac{19\pi}{3}=\cos(\frac{\pi}{3}+3\times2\pi)=\cos\frac{\pi}{3}=\frac{1}{2}$；

(3) $\tan(-30°)=-\tan30°=-\frac{\sqrt{3}}{3}$.

三、$180°\pm\alpha$ 的简化公式

设单位圆与任意角 α、$180°+\alpha$ 的终边分别相交于点 M 和点 M'（如图 4-3

所示),由于点 M 与点 M' 关于原点中心对称,它们的横坐标是互为相反数,纵坐标也是互为相反数,所以

$$\sin(180^\circ+\alpha)=-\sin\alpha,\cos(180^\circ+\alpha)=-\cos\alpha.$$

由同角三角函数的关系式知:

$$\tan(180^\circ+\alpha)=\frac{\sin(180^\circ+\alpha)}{\cos(180^\circ+\alpha)}=\frac{-\sin\alpha}{-\cos\alpha}=\tan\alpha.$$

于是得到

$$\boxed{\begin{aligned}&\sin(180^\circ+\alpha)=-\sin\alpha,\\&\cos(180^\circ+\alpha)=-\cos\alpha,\\&\tan(180^\circ+\alpha)=\tan\alpha.\end{aligned}} \qquad (4\text{-}3)$$

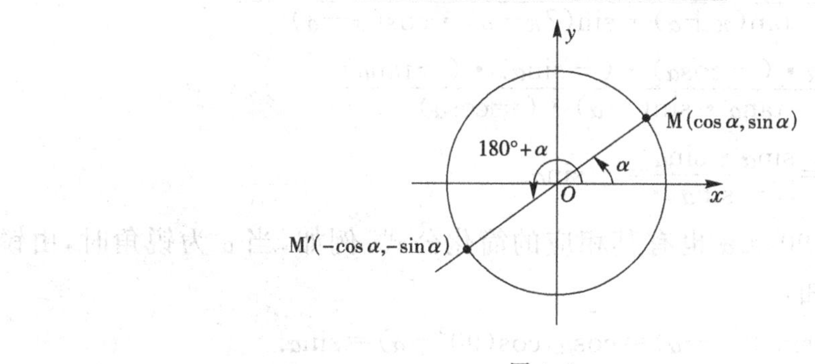

图 4-3

由于

$\sin(180^\circ-\alpha)=\sin[180^\circ+(-\alpha)]=-\sin(-\alpha)=\sin\alpha,$

$\cos(180^\circ-\alpha)=\cos[180^\circ+(-\alpha)]=-\cos(-\alpha)=-\cos\alpha,$

$\tan(180^\circ-\alpha)=\tan[180^\circ+(-\alpha)]=\tan(-\alpha)=-\tan\alpha.$

于是得到

$$\boxed{\begin{aligned}&\sin(180^\circ-\alpha)=\sin\alpha,\\&\cos(180^\circ-\alpha)=-\cos\alpha,\\&\tan(180^\circ-\alpha)=-\tan\alpha.\end{aligned}} \qquad (4\text{-}4)$$

为了便于记忆,我们把角的形式为 $180^\circ\pm\alpha$ 的这些公式概括成下面的口诀:

“正负看象限,函数名不变.”

例如,对 $\cos(180^\circ+\alpha)$ 而言,将 α 看成是“锐角”,$180^\circ+\alpha$ 看成是“第三象限的角”,而余弦在第三象限是负号,所以公式中等号右边取负号,又函数名不变,故有 $\cos(180^\circ+\alpha)=-\cos\alpha$;对 $\sin(180^\circ-\alpha)$ 而言,将 α 看成是“锐角”,$180^\circ-\alpha$看成是“第二象限的角”,而正弦在第二象限是正号,所以公式中等号右

边取正号，又函数名不变，故有 $\sin(180°-\alpha)=\sin\alpha$.

例 3 求下列三角函数值：

(1) $\cos225°$； (2) $\sin870°$； (3) $\tan\frac{8\pi}{3}$.

解 (1) $\cos225°=\cos(180°+45°)=-\cos45°=-\frac{\sqrt{2}}{2}$；

(2) $\sin870°=\sin(150°+2\times360°)=\sin150°=\sin(180°-30°)=\sin30°=\frac{1}{2}$；

(3) $\tan\frac{8\pi}{3}=\tan(\frac{2\pi}{3}+2\pi)=\tan\frac{2\pi}{3}=\tan(\pi-\frac{\pi}{3})=-\tan\frac{\pi}{3}=-\sqrt{3}$.

例 4 化简 $\frac{\sin(\pi-\alpha)\cdot\cos(\pi+\alpha)\cdot\sin(\pi+\alpha)\cdot\tan(\pi-\alpha)}{\tan(\pi+\alpha)\cdot\sin(2\pi-\alpha)\cdot\cos(\pi-\alpha)}$.

解 原式 $=\frac{\sin\alpha\cdot(-\cos\alpha)\cdot(-\sin\alpha)\cdot(-\tan\alpha)}{\tan\alpha\cdot\sin(-\alpha)\cdot(-\cos\alpha)}$

$=\frac{\sin\alpha\cdot\sin\alpha}{-\sin\alpha}=-\sin\alpha$.

需要指出的是，$90°\pm\alpha$ 也有其相应的简化公式. 例如，当 α 为锐角时，由锐角三角函数的定义知：

$$\sin(90°-\alpha)=\cos\alpha,\cos(90°-\alpha)=\sin\alpha.$$

事实上，若 α 为任意角，上式仍然成立（证明略）. 下面的例子说明了它的应用. 例如，$\sin120°=\sin[90°-(-30°)]=\cos(-30°)=\cos30°=\frac{\sqrt{3}}{2}$.

例 5 求证：$\frac{\sin(\pi-\alpha)\cdot\tan(\pi+\alpha)}{\cos(\pi+\alpha)\cdot\tan(3\pi-\alpha)\cdot\tan(\alpha-\pi)}=1$.

证明 左边 $=\frac{\sin\alpha\cdot\tan\alpha}{(-\cos\alpha)\cdot\tan(-\alpha)\cdot\tan\alpha}=\frac{\sin\alpha}{(-\cos\alpha)\cdot(-\tan\alpha)}$

$=\frac{\sin\alpha}{\cos\alpha\cdot\tan\alpha}=\frac{\sin\alpha}{\sin\alpha}=1=$ 右边.

所以等式成立.

在使用 CASIO fx-82ES PLUS 计算器计算任意角的三角函数值时，角度单位的输入使用°′″键，如输入 5°2′3″时，依次按键 5、°′″、2、°′″、3、°′″. 利用°′″键，还可以进行度与度、分、秒的换算. 如前面输入 5°2′3″按键＝，显示 5°2′3″，再按°′″键，显示 5.0342（注意设定精确度），表示 5.0342°，再按°′″键，又显示 5°2′3″. 利用计算器的 sin、cos、tan 键分别计算正弦、余弦和正切值.

例 6 利用计算器，求下列各三角函数值（精确到 0.0001）：

(1) $\sin(-\frac{5\pi}{7})$； (2) $\cos27°22'11''$.

解　首先设置计算器的计算状态(普通状态)与精确度,再设定弧度或角度计算模式,然后按键 sin(或键 cos)→输入角的大小→按键=计算得:

(1) $\sin\left(-\frac{5\pi}{7}\right)\approx-0.7818$;　(2) $\cos27°22'11''\approx0.8881$.

习题 4-1(A 组)

1. 求下列各三角函数值:

(1) $\sin750°$;　(2) $\cos\frac{7\pi}{3}$;　(3) $\tan\frac{17\pi}{4}$.

2. 求下列各三角函数值:

(1) $\sin(-390°)$;　(2) $\cos\left(-\frac{13\pi}{3}\right)$;　(3) $\tan\left(-\frac{\pi}{6}\right)$.

3. 求下列各三角函数值:

(1) $\tan225°$;　(2) $\sin660°$;　(3) $\cos495°$;

(4) $\tan\frac{11\pi}{3}$;　(5) $\sin\frac{20\pi}{3}$;　(6) $\cos\left(-\frac{7\pi}{6}\right)$.

4. 化简下列各式:

(1) $\frac{\sin(180°+\alpha)\cdot\cos(180°+\alpha)}{\tan(\alpha-180°)\cdot\cos(-\alpha-360°)}$;

(2) $1+\sin(\alpha-2\pi)\cdot\sin(\alpha-\pi)-\cos^2(-\alpha)$.

5. 利用计算器,求下列各三角函数值(精确到 0.001):

(1) $\sin36°25'$;

(2) $\cos\frac{2\pi}{3}$;

(3) $\tan2$.

扫一扫,获取参考答案

习题 4-1(B 组)

1. 已知 $\sin(\pi+\alpha)=\frac{1}{3}$,求 $\sin(\pi-\alpha)\cos(\pi-\alpha)\tan(\pi+\alpha)$ 的值.

2. 证明:

(1) $\frac{\sin(\alpha+4\pi)\cdot\cos(\alpha-5\pi)}{\sin(\alpha+5\pi)-\sin(\alpha-4\pi)}=\frac{1}{2}\cos\alpha$;

(2) $\sin(60°-x)=\cos(30°+x)$.

扫一扫,获取参考答案

4.2 加法定理

一、两角和的正弦、余弦的加法定理

在实际应用中经常要计算两角和 $\alpha+\beta$ 或两角差 $\alpha-\beta$ 的三角函数，我们可以用 α 和 β 的三角函数来表示 $\alpha+\beta$ 或 $\alpha-\beta$ 的三角函数.

$$\boxed{\sin(\alpha\pm\beta)=\sin\alpha\cos\beta\pm\cos\alpha\sin\beta} \tag{4-5}$$

$$\boxed{\cos(\alpha\pm\beta)=\cos\alpha\cos\beta\mp\sin\alpha\sin\beta} \tag{4-6}$$

公式(4-5)称为**正弦加法定理**，公式(4-6)称为**余弦加法定理**.

例 1 利用正弦加法定理计算 $\sin75°$ 的值.

解
$$\begin{aligned}\sin75°&=\sin(45°+30°)\\&=\sin45°\cos30°+\cos45°\sin30°\\&=\frac{\sqrt{2}}{2}\cdot\frac{\sqrt{3}}{2}+\frac{\sqrt{2}}{2}\cdot\frac{1}{2}=\frac{\sqrt{6}+\sqrt{2}}{4}.\end{aligned}$$

例 2 已知 $\sin\alpha=\frac{2}{3}$，$\alpha\in\left(\frac{\pi}{2},\pi\right)$，$\cos\beta=-\frac{3}{4}$，$\beta\in\left(\pi,\frac{3}{2}\pi\right)$，利用余弦加法定理求 $\cos(\alpha-\beta)$ 的值.

解 由 $\sin\alpha=\frac{2}{3}$，$\alpha\in\left(\frac{\pi}{2},\pi\right)$，得

$$\cos\alpha=-\sqrt{1-\sin^2\alpha}=-\sqrt{1-\left(\frac{2}{3}\right)^2}=-\frac{\sqrt{5}}{3}.$$

又由 $\cos\beta=-\frac{3}{4}$，$\beta\in\left(\pi,\frac{3}{2}\pi\right)$，得

$$\sin\beta=-\sqrt{1-\cos^2\beta}=-\sqrt{1-\left(-\frac{3}{4}\right)^2}=-\frac{\sqrt{7}}{4}.$$

所以
$$\begin{aligned}\cos(\alpha-\beta)&=\cos\alpha\cos\beta+\sin\alpha\sin\beta\\&=\left(-\frac{\sqrt{5}}{3}\right)\cdot\left(-\frac{3}{4}\right)+\frac{2}{3}\cdot\left(-\frac{\sqrt{7}}{4}\right)\\&=\frac{3\sqrt{5}-2\sqrt{7}}{12}.\end{aligned}$$

例 3 已知 $\sin\alpha=\frac{1}{\sqrt{5}}$，$\sin\beta=\frac{1}{\sqrt{10}}$，且 α,β 都是锐角，求 $\alpha+\beta$ 的值.

解 因为 $0<\alpha<\frac{\pi}{2}$，$0<\beta<\frac{\pi}{2}$，

所以 $\cos\alpha=\sqrt{1-\sin^2\alpha}=\sqrt{1-\left(\frac{1}{\sqrt{5}}\right)^2}=\frac{2}{\sqrt{5}}$,

$$\cos\beta=\sqrt{1-\sin^2\beta}=\sqrt{1-\left(\frac{1}{\sqrt{10}}\right)^2}=\frac{3}{\sqrt{10}},$$

于是

$$\begin{aligned}\cos(\alpha+\beta)&=\cos\alpha\cos\beta-\sin\alpha\sin\beta\\&=\frac{2}{\sqrt{5}}\cdot\frac{3}{\sqrt{10}}-\frac{1}{\sqrt{5}}\cdot\frac{1}{\sqrt{10}}\\&=\frac{5}{\sqrt{50}}=\frac{\sqrt{2}}{2}.\end{aligned}$$

因为　$0<\alpha+\beta<\pi$，且 $\cos(\alpha+\beta)>0$,

所以　$\alpha+\beta=\frac{\pi}{4}$.

例 4　化简：$\dfrac{\cos\left(\frac{\pi}{4}+\alpha\right)\cdot\cos\left(\frac{\pi}{4}-\alpha\right)-\sin\left(\frac{\pi}{4}+\alpha\right)\cdot\sin\left(\frac{\pi}{4}-\alpha\right)}{\sin(\alpha+\beta)\cdot\cos(2\alpha+\beta)-\cos(\alpha+\beta)\cdot\sin(2\alpha+\beta)}$ $(\sin\alpha\neq0)$.

解　原式 $=\dfrac{\cos\left[\left(\frac{\pi}{4}+\alpha\right)+\left(\frac{\pi}{4}-\alpha\right)\right]}{\sin[(\alpha+\beta)-(2\alpha+\beta)]}=\dfrac{\cos\frac{\pi}{2}}{\sin(-\alpha)}=0$.

例 5　求证：$\cos\alpha+\sqrt{3}\sin\alpha=2\sin\left(\frac{\pi}{6}+\alpha\right)$.

证法一　左边 $=2\left(\frac{1}{2}\cos\alpha+\frac{\sqrt{3}}{2}\sin\alpha\right)$

$$=2\left(\sin\frac{\pi}{6}\cos\alpha+\cos\frac{\pi}{6}\sin\alpha\right)$$

$$=2\sin\left(\frac{\pi}{6}+\alpha\right)=\text{右边}.$$

所以原式成立.

证法二　右边 $=2\left(\sin\frac{\pi}{6}\cos\alpha+\cos\frac{\pi}{6}\sin\alpha\right)$

$$=2\left(\frac{1}{2}\cos\alpha+\frac{\sqrt{3}}{2}\sin\alpha\right)$$

$$=\cos\alpha+\sqrt{3}\sin\alpha=\text{左边}.$$

所以原式成立.

二、两角和的正切的加法定理

根据正弦与余弦的加法定理可以导出用 α、β 的正切来表示 $\alpha\pm\beta$ 的正切的关系式.

当角 α,β 和 $\alpha+\beta$ 或 $\alpha-\beta$ 都不等于 $k\pi+\frac{\pi}{2}(k\in \mathbf{Z})$ 时，有

$$\boxed{\tan(\alpha\pm\beta)=\frac{\tan\alpha\pm\tan\beta}{1\mp\tan\alpha\cdot\tan\beta}} \tag{4-7}$$

公式(4-7)称为**正切加法定理**.

例 6 已知 $\tan\alpha=3,\tan\beta=-2$，求 $\tan(\alpha+\beta)$ 和 $\tan(\alpha-\beta)$ 的值.

解 $\tan(\alpha+\beta)=\dfrac{\tan\alpha+\tan\beta}{1-\tan\alpha\cdot\tan\beta}=\dfrac{3+(-2)}{1-3\times(-2)}=\dfrac{1}{7}$,

$\tan(\alpha-\beta)=\dfrac{\tan\alpha-\tan\beta}{1+\tan\alpha\cdot\tan\beta}=\dfrac{3-(-2)}{1+3\times(-2)}=-1.$

例 7 计算 $\dfrac{1+\tan75^\circ}{1-\tan75^\circ}$ 的值.

解 $\dfrac{1+\tan75^\circ}{1-\tan75^\circ}=\dfrac{\tan45^\circ+\tan75^\circ}{1-\tan45^\circ\cdot\tan75^\circ}=\tan(45^\circ+75^\circ)$

$=\tan120^\circ=-\sqrt{3}.$

习题 4-2(A)组

1. 利用加法定理求下列各三角函数值：

(1) $\cos15^\circ$；(2) $\sin105^\circ$；(3) $\tan\dfrac{\pi}{12}$；(4) $\tan75^\circ$.

2. 化简：

(1) $\cos81^\circ\sin21^\circ-\sin81^\circ\cos21^\circ$；

(2) $\cos(126^\circ+2x)\sin(54^\circ-x)+\sin(126^\circ+2x)\cos(54^\circ-x)$；

(3) $\dfrac{\tan(65^\circ+\alpha)-\tan(20^\circ+\alpha)}{1+\tan(65^\circ+\alpha)\cdot\tan(20^\circ+\alpha)}$.

3. 已知 $\sin x=-\dfrac{4}{5},x\in\left(\pi,\dfrac{3}{2}\pi\right)$，求 $\cos\left(x+\dfrac{\pi}{6}\right)$ 的值.

4. 已知 $\tan A=\dfrac{3}{5},\tan B=\dfrac{2}{3}$，求 $\tan(A+B)$ 和 $\tan(A-B)$ 的值.

5. 证明：

(1) $\sin(\alpha+\beta)\cdot\sin(\alpha-\beta)=\sin^2\alpha-\sin^2\beta$；

(2) $\cos(\alpha+\beta)\cos(\alpha-\beta)=\cos^2\alpha-\sin^2\beta$；

(3) $\sin(\alpha+\beta)\cos\alpha-\cos(\alpha+\beta)\cdot\sin\alpha=\sin\beta$.

扫一扫，获取参考答案

习题 4-2(B)组

1. 求下列各式的值:

(1)$\cos 103°\cos 43°+\sin 103°\cos 47°$;

(2)$\sin 68°\cos 22°-\cos 112°\sin 518°$;

(3)$\sin(70°+\alpha)\cos(10°+\alpha)-\cos(70°+\alpha)\sin(170°-\alpha)$;

(4)$\dfrac{\tan 105°-1}{\tan 105°+1}$.

2. 已知 $\tan\alpha=2$,$\sin\beta=\dfrac{3}{\sqrt{10}}$,$\alpha$、$\beta$ 都是锐角,求证:$\alpha+\beta=\dfrac{3}{4}\pi$.

3. 在$\triangle ABC$ 中,已知 $\cos A=\dfrac{4}{5}$,$\cos B=\dfrac{15}{17}$,求 $\cos C$.

4. 已知 $\tan\alpha$,$\tan\beta$ 是方程 $x^2+6x+7=0$ 的两个根,利用一元二次方程根与系数的关系及加法定理证明:$\sin(\alpha+\beta)=\cos(\alpha+\beta)$.

4.3 二倍角公式

根据正弦、余弦、正切的加法定理,可以导出用一个角的三角函数表示这个角的二倍角的三角函数公式.

在公式 $\sin(\alpha+\beta)=\sin\alpha\cos\beta+\cos\alpha\sin\beta$ 中,设 $\beta=\alpha$,则

$$\sin(\alpha+\alpha)=\sin\alpha\cos\alpha+\cos\alpha\sin\alpha,$$

得二倍角的正弦公式:

$$\boxed{\sin 2\alpha=2\sin\alpha\cos\alpha} \tag{4-8}$$

在公式 $\cos(\alpha+\beta)=\cos\alpha\cos\beta-\sin\alpha\sin\beta$ 中,设 $\beta=\alpha$,

则
$$\cos(\alpha+\alpha)=\cos\alpha\cos\alpha-\sin\alpha\sin\alpha,$$

即
$$\cos 2\alpha=\cos^2\alpha-\sin^2\alpha.$$

将 $\cos^2\alpha=1-\sin^2\alpha$,代入上式,得

$$\cos 2\alpha=1-2\sin^2\alpha.$$

将 $\sin^2\alpha=1-\cos^2\alpha$,代入上式,得

$$\cos 2\alpha=2\cos^2\alpha-1.$$

综上可得,二倍角的余弦公式:

$$\boxed{\cos 2\alpha=\cos^2\alpha-\sin^2\alpha=1-2\sin^2\alpha=2\cos^2\alpha-1} \tag{4-9}$$

在公式 $\tan(\alpha+\beta)=\dfrac{\tan\alpha+\tan\beta}{1-\tan\alpha\cdot\tan\beta}$ 中,设 $\beta=\alpha$,

则 $$\tan(\alpha+\alpha)=\frac{\tan\alpha+\tan\alpha}{1-\tan\alpha\cdot\tan\alpha}.$$

得二倍角的正切公式：

$$\boxed{\tan2\alpha=\frac{2\tan\alpha}{1-\tan^2\alpha}} \tag{4-10}$$

其中 α 和 2α 都不等于 $k\pi+\frac{\pi}{2}(k\in\mathbf{Z})$.

公式(4-8)、(4-9)、(4-10)统称为**二倍角公式**.

例 1 已知 $\cos\alpha=-\frac{3}{5}$，α 是第Ⅱ象限角，求 $\sin2\alpha$，$\cos2\alpha$ 和 $\tan2\alpha$ 的值.

解 因为 α 是第Ⅱ象限角，

所以 $$\sin\alpha=\sqrt{1-\cos^2\alpha}=\sqrt{1-\left(-\frac{3}{5}\right)^2}=\frac{4}{5},$$

$$\tan\alpha=\frac{\sin\alpha}{\cos\alpha}=\frac{\frac{4}{5}}{-\frac{3}{5}}=-\frac{4}{3}.$$

于是 $$\sin2\alpha=2\sin\alpha\cos\alpha=2\times\frac{4}{5}\times\left(-\frac{3}{5}\right)=-\frac{24}{25},$$

$$\cos2\alpha=2\cos^2\alpha-1=2\times\left(-\frac{3}{5}\right)^2-1=-\frac{7}{25},$$

$$\tan2\alpha=\frac{2\tan\alpha}{1-\tan^2\alpha}=\frac{2\times\left(-\frac{4}{3}\right)}{1-\left(-\frac{4}{3}\right)^2}=\frac{24}{7}.$$

注意：二倍角的正弦、余弦和正切公式表示了一个角的三角函数和它的二倍角的三角函数间的关系，即除了用 α 的三角函数表示 2α 的三角函数外，也可用 $\frac{\alpha}{2}$，2α，$\frac{\alpha}{4}$ 的三角函数分别表示它们的二倍角 α，4α，$\frac{\alpha}{2}$ 的三角函数. 例如，

$$\sin\alpha=2\sin\frac{\alpha}{2}\cdot\cos\frac{\alpha}{2};$$

$$\cos4\alpha=\cos^2 2\alpha-\sin^2 2\alpha;$$

$$\tan\frac{\alpha}{2}=\frac{2\tan\frac{\alpha}{4}}{1-\tan^2\frac{\alpha}{4}},$$

等等. 因此，在使用二倍角公式时，应根据具体情况灵活运用.

例 2 求下列各式的值：

(1) $\sin15°\cos15°$； (2) $2\sin^2 22.5°-1$； (3) $\dfrac{\tan22.5°}{1-\tan^2 22.5°}$.

解 (1) $\sin15°\cos15°=\dfrac{1}{2}\times(2\sin15°\cos15°)=\dfrac{1}{2}\sin(2\times15°)=\dfrac{1}{2}\sin30°=\dfrac{1}{4}$；

(2) $2\sin^2 22.5°-1=-(1-2\sin^2 22.5°)=-\cos(2\times22.5°)=-\cos45°=-\dfrac{\sqrt{2}}{2}$；

(3) $\dfrac{\tan22.5°}{1-\tan^2 22.5°}=\dfrac{1}{2}\cdot\dfrac{2\tan22.5°}{1-\tan^2 22.5°}=\dfrac{1}{2}\tan(2\times22.5°)=\dfrac{1}{2}\tan45°=\dfrac{1}{2}$.

例 3 化简下列各式：

(1) $4\sin\dfrac{\alpha}{2}\cos\dfrac{\alpha}{2}$； (2) $2\cos^2\left(\dfrac{\pi}{4}+\dfrac{\alpha}{4}\right)-1$； (3) $\dfrac{\sin\dfrac{A}{2}\cos\dfrac{A}{2}}{\cos^2\dfrac{A}{2}-\sin^2\dfrac{A}{2}}$.

解 (1) $4\sin\dfrac{\alpha}{2}\cos\dfrac{\alpha}{2}=2\times2\sin\dfrac{\alpha}{2}\cos\dfrac{\alpha}{2}=2\sin\left(2\times\dfrac{\alpha}{2}\right)=2\sin\alpha$.

(2) $2\cos^2\left(\dfrac{\pi}{4}+\dfrac{\alpha}{4}\right)-1=\cos2\left(\dfrac{\pi}{4}+\dfrac{\alpha}{4}\right)=\cos\left[\dfrac{\pi}{2}-\left(-\dfrac{\alpha}{2}\right)\right]=\sin\left(-\dfrac{\alpha}{2}\right)=-\sin\dfrac{\alpha}{2}$.

(3) $\dfrac{\sin\dfrac{A}{2}\cos\dfrac{A}{2}}{\cos^2\dfrac{A}{2}-\sin^2\dfrac{A}{2}}=\dfrac{2\sin\dfrac{A}{2}\cdot\cos\dfrac{A}{2}}{2\cos A}=\dfrac{\sin A}{2\cos A}=\dfrac{1}{2}\tan A$.

在三角函数的计算与化简中，常要用到以下两个等式：

$$1-\cos\alpha=2\sin^2\frac{\alpha}{2},1+\cos\alpha=2\cos^2\frac{\alpha}{2}.$$

例 4 化简下列各式：

(1) $\dfrac{1-\cos\alpha}{\sin\alpha}$； (2) $\dfrac{1+\cos6\theta}{2\cos3\theta}$.

解 (1) $\dfrac{1-\cos\alpha}{\sin\alpha}=\dfrac{2\sin^2\dfrac{\alpha}{2}}{2\sin\dfrac{\alpha}{2}\cdot\cos\dfrac{\alpha}{2}}=\dfrac{\sin\dfrac{\alpha}{2}}{\cos\dfrac{\alpha}{2}}=\tan\dfrac{\alpha}{2}$.

(2) $\dfrac{1+\cos6\theta}{2\cos3\theta}=\dfrac{2\cos^2 3\theta}{2\cos3\theta}=\cos3\theta$.

例 5 已知 $\cos\dfrac{\alpha}{2}=-\dfrac{1}{3}$，且 $\alpha\in(\pi,2\pi)$，求 $\sin\alpha$ 和 $\cos\dfrac{\alpha}{4}$ 的值.

解 由 $\alpha\in(\pi,2\pi)$ 知，$\dfrac{\alpha}{2}\in\left(\dfrac{\pi}{2},\pi\right)$，所以

$$\sin\frac{\alpha}{2}=\sqrt{1-\cos^2\frac{\alpha}{2}}=\sqrt{1-\frac{1}{9}}=\frac{2\sqrt{2}}{3},$$

故 $\sin\alpha=2\sin\frac{\alpha}{2}\cos\frac{\alpha}{2}=2\times\frac{2\sqrt{2}}{3}\times(-\frac{1}{3})=-\frac{4\sqrt{2}}{9}.$

由于$\frac{\alpha}{4}\in(\frac{\pi}{4},\frac{\pi}{2})$，且$\cos^2\frac{\alpha}{4}=\dfrac{1+\cos\frac{\alpha}{2}}{2}=\dfrac{1+(-\frac{1}{3})}{2}=\frac{1}{3}$，

所以 $\cos\frac{\alpha}{4}=\frac{\sqrt{3}}{3}.$

习题 4-3(A)组

1. 不查表，求下列各式的值：

(1) $2\sin15^\circ\cos15^\circ$；

(2) $\cos^2\frac{\pi}{8}-\sin^2\frac{\pi}{8}$；

(3) $\frac{1}{2}-\sin^2\frac{19}{8}\pi$；

(4) $\dfrac{2\tan150^\circ}{1-\tan^2150^\circ}$.

2. 已知 $\cos\alpha=-\frac{12}{13}$，且 $\alpha\in\left(\frac{\pi}{2},\pi\right)$，求 $\sin2\alpha$，$\cos2\alpha$ 和 $\tan2\alpha$.

3. 化简：

(1) $\cos^4\frac{x}{2}-\sin^4\frac{x}{2}$；

(2) $\dfrac{\sin4\alpha}{\tan2\alpha}-1$；

(3) $\dfrac{\sin2\alpha}{1+\cos\alpha}\cdot\dfrac{\cos\alpha}{1+\cos2\alpha}$；

(4) $\cos^2\left(\frac{\pi}{2}-x\right)-\sin^2\left(\frac{\pi}{2}-x\right)$.

4. 证明恒等式：

(1) $\dfrac{1-\cos2\theta}{\sin2\theta}=\tan\theta$；

(2) $1+2\cos^2\theta-\cos2\theta=2$.

习题 4-3(B)组

1. 已知 $\cos(\frac{\pi}{4}-x)=\frac{3}{5}$，求 $\sin2x$ 的值.

2. 已知 $\tan(\alpha+\beta)=3$，$\tan(\alpha-\beta)=5$，求 $\tan2\alpha$ 和 $\tan2\beta$ 的值.

3. 证明恒等式：$\tan(\alpha+\frac{\pi}{4})+\tan(\alpha-\frac{\pi}{4})=2\tan2\alpha$.

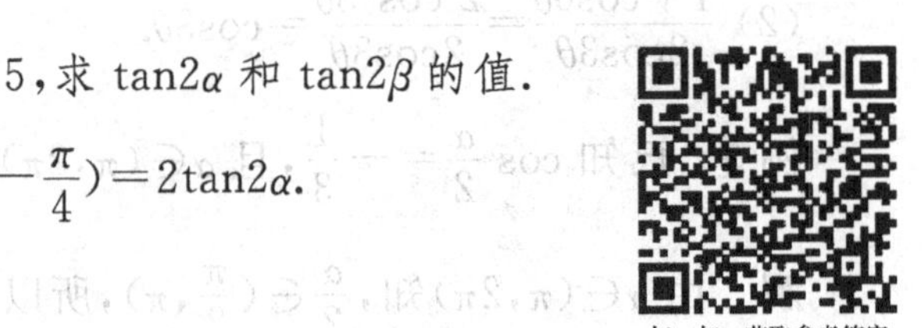

扫一扫，获取参考答案

4.4　正弦、余弦及正切函数的图像和性质

一、正弦函数 $y=\sin x$ 的图像和性质

我们知道正弦函数 $y=\sin x$ 的定义域为$(-\infty,+\infty)$，周期为 2π，所以我们先作出函数在$[0,2\pi]$上的图像.

取自变量 x 在$[0,2\pi]$上的一些值，求出函数 $y=\sin x$ 的对应值(通常 x 的取值是等分周角而得到的特殊角)，并将它们列成下表：

x	0	$\frac{\pi}{6}$	$\frac{\pi}{3}$	$\frac{\pi}{2}$	$\frac{2}{3}\pi$	$\frac{5}{6}\pi$	π	$\frac{7}{6}\pi$	$\frac{4}{3}\pi$	$\frac{3}{2}\pi$	$\frac{5}{3}\pi$	$\frac{11}{6}\pi$	2π
$y=\sin x$	0	0.5	0.87	1	0.87	0.5	0	−0.5	−0.87	−1	−0.87	−0.5	0

把表内的 x,y 的每一组对应值，作为点的坐标，在直角坐标系内作出其对应的点，并把这些点依次连成光滑的曲线，这条曲线就是函数 $y=\sin x$ 在区间$[0,2\pi]$上的图像，如图 4-4 所示.

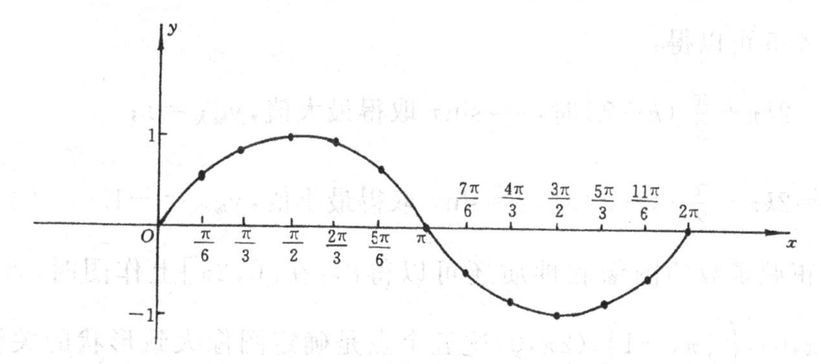

图 4-4

根据正弦函数的周期性，在…，$[-4\pi,-2\pi]$，$[-2\pi,0]$以及$[2\pi,4\pi]$，…上的每一个区间重复描图就可得到函数 $y=\sin x$ 在$(-\infty,+\infty)$内的图像，如图 4-5所示.

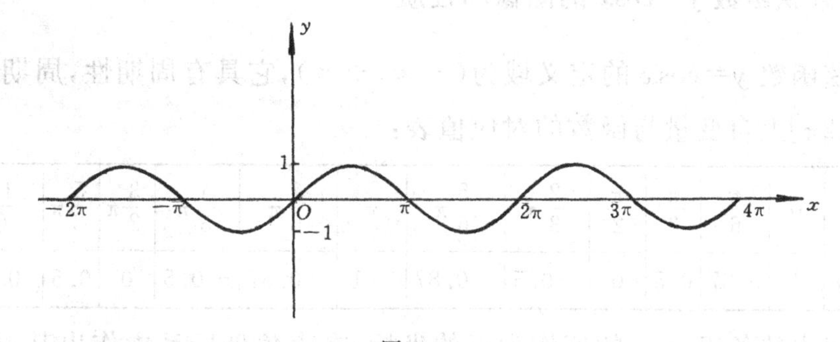

图 4-5

正弦函数 $y=\sin x$ 的图像称为**正弦曲线**.

正弦函数除具有周期性和有界性外，还可由正弦函数的图像直观地看出以下性质：

(1) 奇偶性：正弦曲线是关于原点对称的，所以函数 $y=\sin x$ 是奇函数；

(2) 单调性：函数 $y=\sin x$ 在 $\left[-\frac{\pi}{2},\frac{3}{2}\pi\right]$ 上的变化情况如下表所示：

x	$-\frac{\pi}{2}$	↗	0	↗	$\frac{\pi}{2}$	↗	π	↗	$\frac{3}{2}\pi$
$y=\sin x$	-1	↗	0	↗	1	↘	0	↘	-1

可以得出，函数 $y=\sin x$ 在 $\left[-\frac{\pi}{2},\frac{\pi}{2}\right]$ 上单调增加，在 $\left[\frac{\pi}{2},\frac{3\pi}{2}\right]$ 上单调减少.

由正弦函数周期性可知：$y=\sin x$ 在区间 $\left[2k\pi-\frac{\pi}{2},2k\pi+\frac{\pi}{2}\right]$ $(k\in\mathbf{Z})$ 上单调增加，在区间 $\left[2k\pi+\frac{\pi}{2},2k\pi+\frac{3}{2}\pi\right]$ $(k\in\mathbf{Z})$ 上单调减少.

由图 4-5 可以得：

当 $x=2k\pi+\frac{\pi}{2}$ $(k\in\mathbf{Z})$ 时，$y=\sin x$ 取得最大值，$y_{最大}=1$；

当 $x=2k\pi-\frac{\pi}{2}$ $(k\in\mathbf{Z})$ 时，$y=\sin x$ 取得最小值，$y_{最小}=-1$.

根据正弦函数的图像和性质还可以得出：在 $[0,2\pi]$ 上作图时，点 $(0,0)$，$\left(\frac{\pi}{2},1\right)$，$(\pi,0)$，$\left(\frac{3}{2}\pi,-1\right)$，$(2\pi,0)$ 这五个点是确定图像大致形状的关键点，所以作函数 $y=\sin x$ 在 $[0,2\pi]$ 上的图像时，可以只作上述五点，再用光滑的曲线把它们依次连结起来，这种作图方法称为“五点法”.

二、余弦函数 $y=\cos x$ 的图像和性质

余弦函数 $y=\cos x$ 的定义域为 $(-\infty,+\infty)$，它具有周期性，周期为 2π. 先列出 $[0,2\pi]$ 上自变量与函数的对应值表：

x	0	$\frac{\pi}{6}$	$\frac{\pi}{3}$	$\frac{\pi}{2}$	$\frac{2}{3}\pi$	$\frac{5}{6}\pi$	π	$\frac{7}{6}\pi$	$\frac{4}{3}\pi$	$\frac{3}{2}\pi$	$\frac{5}{3}\pi$	$\frac{11}{6}\pi$	2π
$y=\cos x$	1	0.87	0.5	0	−0.5	−0.87	−1	−0.87	−0.5	0	0.5	0.87	1

把表内的各组 x,y 的值作为点的坐标，在直角坐标系内作出其对应的点，

并把它们依次连接成光滑的曲线，这条曲线就是函数 $y=\cos x$ 在区间 $[0,2\pi]$ 上的图像，如图 4-6 所示.

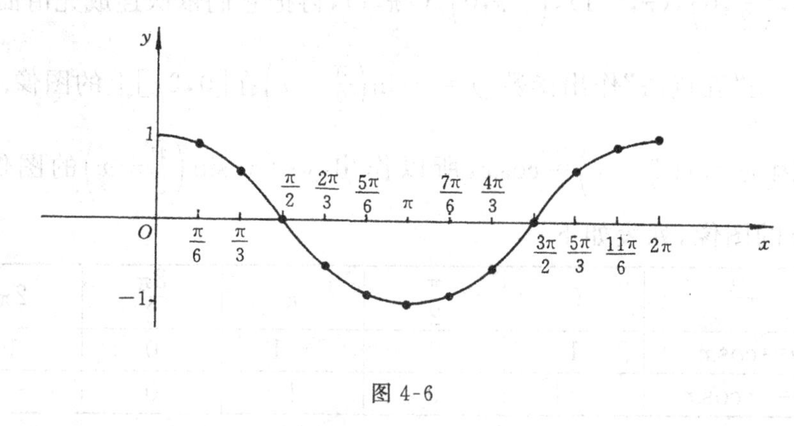

图 4-6

根据余弦函数的周期性，就可得到余弦函数 $y=\cos x$ 在定义域内的图像，如图 4-7 所示.

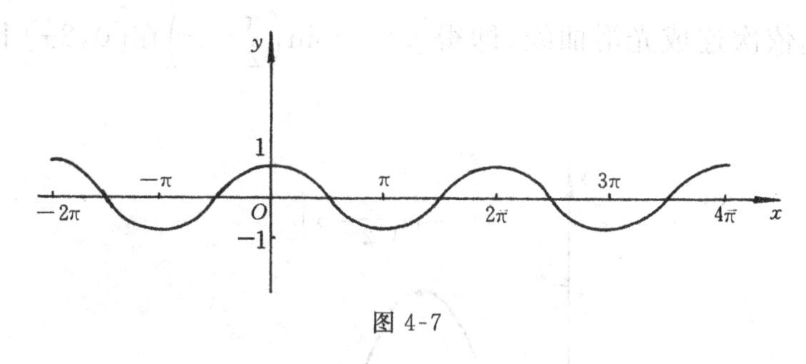

图 4-7

余弦函数 $y=\cos x$ 的图像称为**余弦曲线**.

余弦函数除具有周期性和有界性外，还可以由余弦函数的图像直观地看出以下性质：

(1) 奇偶性：余弦曲线关于 y 轴对称，所以 $y=\cos x$ 是偶函数；

(2) 单调性：函数 $y=\cos x$ 在 $[0,2\pi]$ 上变化情况如下表所示：

x	0	↗	$\frac{\pi}{2}$	↗	π	↗	$\frac{3}{2}\pi$	↗	2π
$y=\cos x$	1	↘	0	↘	-1	↗	0	↗	1

由此表可以得出，函数 $y=\cos x$ 在 $[0,\pi]$ 上单调减少，在 $[\pi,2\pi]$ 上单调增加. 根据余弦函数的周期性可知：$y=\cos x$ 在区间 $[2k\pi,2k\pi+\pi]$ 上单调减少，在 $[2k\pi+\pi,2k\pi+2\pi]$ 上单调增加，其中 $k\in\mathbf{Z}$.

由图 4-7 还可以得出：

当 $x=2k\pi(k\in\mathbf{Z})$ 时，$y=\cos x$ 取得最大值，$y_{最大}=1$；

当 $x=2k\pi+\pi(k\in\mathbf{Z})$ 时，$y=\cos x$ 取得最小值，$y_{最小}=-1$.

同理，$y=\cos x$ 在 $[0,2\pi]$ 上的图像也可以采用“五点法”作图，即作出五个关键点 $(0,1)$，$\left(\frac{\pi}{2},0\right)$，$(\pi,-1)$，$\left(\frac{3}{2}\pi,0\right)$，$(2\pi,1)$，再把它们依次连成光滑曲线即可.

例 1 用“五点法”作出函数 $y=-\sin\left(\frac{\pi}{2}-x\right)$ 在 $[0,2\pi]$ 上的图像.

解 因为 $\sin\left(\frac{\pi}{2}-x\right)=\cos x$，所以作出 $y=-\sin\left(\frac{\pi}{2}-x\right)$ 的图像就是作 $y=-\cos x$ 的图像，列表如下：

x	0	$\frac{\pi}{2}$	π	$\frac{3\pi}{2}$	2π
$y=\cos x$	1	0	-1	0	1
$y=-\cos x$	-1	0	1	0	-1

在直角坐标系内作出 $(0,-1)$，$\left(\frac{\pi}{2},0\right)$，$(\pi,1)$，$\left(\frac{3}{2}\pi,0\right)$，$(2\pi,-1)$ 五个关键点，再把它们依次连成光滑曲线，即得 $y=-\sin\left(\frac{\pi}{2}-x\right)$ 在 $[0,2\pi]$ 上的图像，如图 4-8 所示.

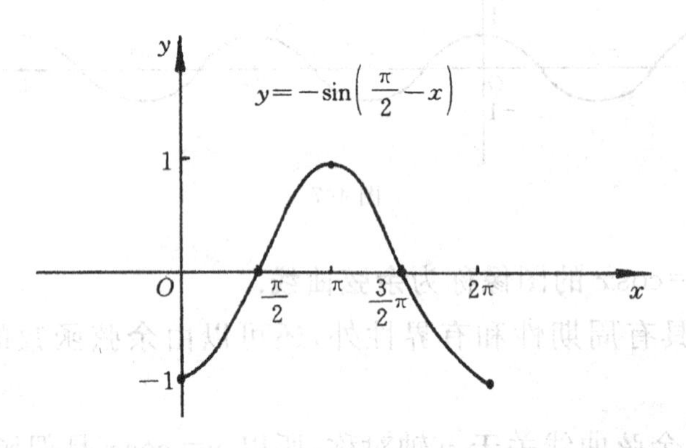

图 4-8

三、正切函数 y=tanx 的图像和性质

函数 $y=\tan x$ 的定义域为 $\left\{x \mid x\neq k\pi+\frac{\pi}{2},k\in\mathbf{Z}\right\}$，周期为 π，值域是实数集，先利用描点法作出它在 $\left(-\frac{\pi}{2},\frac{\pi}{2}\right)$ 内的图像，再根据正切函数的周期性，可得函数 $y=\tan x$ 在定义域内的图像，如图 4-9 所示.

正切函数 $y=\tan x$ 的图像称为**正切曲线**.

正切函数除具有周期性外，从图 4-9 可直接得出如下性质：

(1) 奇偶性：正切曲线关于原点对称，即函数 $y=\tan x$ 是奇函数；

(2) 单调性：函数 $y=\tan x$ 在 $\left(-\frac{\pi}{2},\frac{\pi}{2}\right)$ 内单调增加.根据正切函数的周期性可知：函数 $y=\tan x$ 在区间 $\left(k\pi-\frac{\pi}{2},k\pi+\frac{\pi}{2}\right)(k\in\mathbf{Z})$ 内单调增加.

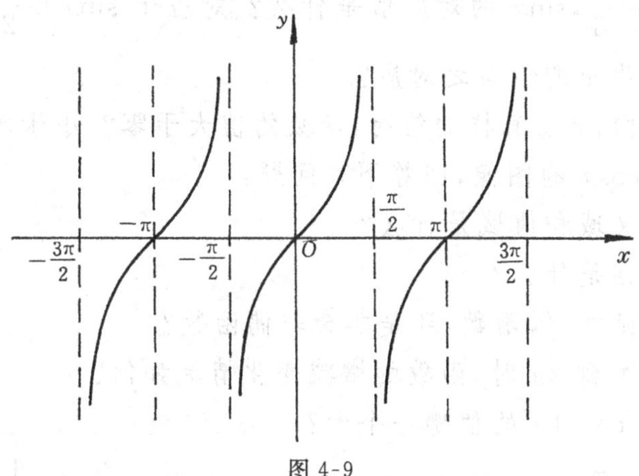

图 4-9

我们知道正切函数是无界函数，从图 4-9 还可以看出，函数 $y=\tan x$ 的图像是由一组形状相同的曲线构成的，每一条曲线向上、向下都是无限延伸的.

例 2　比较下列各组三角函数值的大小：

(1) $\sin\left(-\frac{\pi}{5}\right)$和 $\sin\left(-\frac{\pi}{10}\right)$；　　(2) $\cos 99°$和 $\cos 110°$；

(3) $\tan\frac{3}{4}\pi$ 和 $\tan\frac{4}{5}\pi$.

解　(1) 因为$-\frac{\pi}{2}<-\frac{\pi}{5}<-\frac{\pi}{10}<\frac{\pi}{2}$，而 $y=\sin x$ 在$\left[-\frac{\pi}{2},\frac{\pi}{2}\right]$上单调增加，所以　$\sin\left(-\frac{\pi}{5}\right)<\sin\left(-\frac{\pi}{10}\right)$；

(2) 因为　$0°<99°<110°<180°$，而 $y=\cos x$ 在 $0°\sim180°$间是单调减少的；所以　$\cos 99°>\cos 110°$.

(3) 因为　$\frac{\pi}{2}<\frac{3}{4}\pi<\frac{4}{5}\pi<\frac{3}{2}\pi$，而 $y=\tan x$ 在$\left(\frac{\pi}{2},\frac{3}{2}\pi\right)$内是单调增加的，所以　$\tan\frac{3}{4}\pi<\tan\frac{4}{5}\pi$.

习题 4-4(A)组

1. 根据函数 $y=\sin x$ 的图像，回答下列问题：

(1) 函数的定义域和值域是什么？

(2) 函数的周期是什么？

(3) 函数是奇函数、偶函数，还是非奇非偶函数？

(4) 当 x 从 0 变到 2π 时，函数的增减变化情况如何？

(5) $\sin240°$ 与 $\sin210°$ 的值哪个大？

(6) 对应于 $x=\frac{\pi}{6}$，$\sin x$ 的对应值是什么？对应于 $\sin x=\frac{1}{2}$ 在 $(-2\pi,2\pi)$ 内分别有哪些 x 的值与之对应？

(7) 在定义域内，x 取怎样的值时，函数的值大于零？小于零？等于零？

2. 根据函数 $y=\cos x$ 的图像，回答下列问题：

(1) 函数的定义域和值域是什么？

(2) 函数的周期是什么？

(3) 函数是奇函数、偶函数，还是非奇非偶函数？

(4) 当 x 从 0 变到 2π 时，函数的增减变化情况如何？

(5) $\cos240°$ 与 $\cos210°$ 的值哪一个大？

(6) 对应于 $x=\frac{\pi}{6}$，$\cos x$ 的对应值是什么？对应于 $\cos x=\frac{1}{2}$，在 $(-2\pi,2\pi)$ 内有哪些 x 值与之对应？

(7) 在定义域内，x 取怎样的值时，函数的值大于零？小于零？等于零？

3. 根据函数 $y=\tan x$ 的图像，回答下列问题：

(1) 函数的定义域和值域是什么？

(2) 函数的周期是什么？

(3) 函数是奇函数、偶函数，还是非奇非偶函数？

(4) x 取哪些值时，$\tan x$ 不存在？

(5) 函数 $y=\tan x$ 在 $\left(k\pi-\frac{\pi}{2},k\pi+\frac{\pi}{2}\right)(k\in\mathbf{Z})$ 内增减变化情况如何？

扫一扫，获取参考答案

习题 4-4(B)组

1. 用“五点法”作下列函数在区间 $[0,2\pi]$ 上的图像：

(1) $y=-\sin x$；　　(2) $y=1+\sin x$.

2. x 取何值时，下列函数取得最大值和最小值？最大值和最小值各是多少？

(1) $y=2\sin x+3$；　　(2) $y=4-\frac{1}{3}\sin x$；

(3) $y=2+3\cos x$；　　(4) $y=2-\cos2x$.

3. 等式 $\sin(30°+120°)=\sin30°$ 是否成立？如果这个等式成立，能不能说 $120°$ 是正弦函数 $y=\sin x$ 的周期？为什么？

扫一扫，获取参考答案

4.5　正弦型曲线

在物理学和工程技术的许多问题中，常会遇到形如 $y=A\sin(\omega x+\varphi)$ 的函数(其中 A,ω,φ 是常量)，这类函数的图像称为**正弦型曲线**.

例如，物体作简谐振动时，位移 S 与时间 t 之间有函数关系：

$$S=A\sin(\omega t+\varphi).$$

又如，正弦交流电的电压 u 及电流 i 与时间 t 之间有函数关系：

$$u=U_m\sin(\omega t+\varphi);$$
$$i=I_m\sin(\omega t+\varphi).$$

为了掌握这类函数的变化特征，下面将讨论它的图像以及常量 A,ω,φ 对图像的影响.

1. 函数 $y=A\sin x(A>0)$ 的图像

先看下面的例子.

例1　作出 $y=2\sin x$ 和 $y=\frac{1}{2}\sin x$ 的图像，并把它们与 $y=\sin x$ 的图像作比较.

解　函数 $y=2\sin x$ 和 $y=\frac{1}{2}\sin x$ 的定义域都是$(-\infty,+\infty)$，我们采用“五点法”作出函数在一个周期内的图像. 列表如下：

x	0	$\frac{\pi}{2}$	π	$\frac{3\pi}{2}$	2π
$y=2\sin x$	0	2	0	-2	0
$y=\frac{1}{2}\sin x$	0	$\frac{1}{2}$	0	$-\frac{1}{2}$	0

描点作图(如图 4-10 所示).

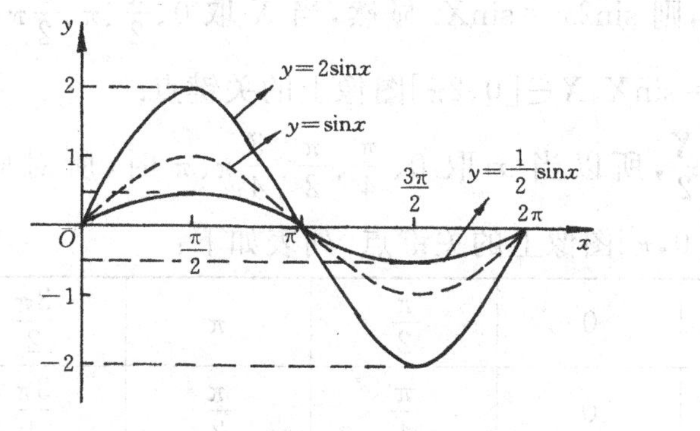

图 4-10

由图 4-10 可以看出：对于横坐标相同的点，$y=2\sin x$ 的纵坐标是 $y=\sin x$

的纵坐标的2倍，因此，把$y=\sin x$的图像上的所有点的纵坐标扩大到原来的2倍（横坐标不变），就可得到$y=2\sin x$的图像．显然，函数$y=2\sin x$的值域是$[-2,2]$，其中最大值是2，最小值是-2．

同样，把$y=\sin x$图像上所有点的纵坐标缩小到原来的$\frac{1}{2}$倍（横坐标不变），就可得到$y=\frac{1}{2}\sin x$的图像．函数$y=\frac{1}{2}\sin x$的值域是$\left[-\frac{1}{2},\frac{1}{2}\right]$，其中最大值是$\frac{1}{2}$，最小值是$-\frac{1}{2}$．

$y=2\sin x$，$y=\frac{1}{2}\sin x$与$y=\sin x$的周期都是2π．

利用函数的周期性，把上述图像向左、向右每次平移2π个单位，就可得到它们在定义域内的图像（图像从略）．

一般地，函数$y=A\sin x(A>0)$的定义域是$(-\infty,+\infty)$，把$y=\sin x$的图像上所有点的纵坐标扩大（当$A>1$时）或缩小（当$0<A<1$时）到原来的A倍（横坐标不变），就可得到$y=A\sin x$的图像．函数$y=A\sin x(A>0)$的值域是$[-A,A]$，其中最大值是A，最小值是$-A$．我们把最大的正值A称为函数的**振幅**，函数$y=A\sin x$的周期为2π．

2．函数$y=\sin\omega x(\omega>0)$的图像

先看下面的例子．

例2　作出函数$y=\sin 2x(\omega=2)$和$y=\sin\frac{1}{2}x\left(\omega=\frac{1}{2}\right)$的图像，并把它们与$y=\sin x$的图像作比较．

解　(1)函数$y=\sin 2x$的定义域是$(-\infty,+\infty)$．

用“五点法”来作函数在一个周期内的图像．

设$2x=X$，则$\sin 2x=\sin X$．显然，当X取0、$\frac{\pi}{2}$、π、$\frac{3}{2}\pi$、2π时，所对应的五个点是函数$y=\sin X$，$X\in[0,2\pi]$图像上的关键点．

但是$x=\frac{X}{2}$，所以当x取0、$\frac{\pi}{4}$、$\frac{\pi}{2}$、$\frac{3}{4}\pi$、π时，所对应的五个点是函数$y=\sin 2x$，$x\in[0,\pi]$图像上的关键点．列表如下：

$2x$	0	$\frac{\pi}{2}$	π	$\frac{3\pi}{2}$	2π
x	0	$\frac{\pi}{4}$	$\frac{\pi}{2}$	$\frac{3\pi}{4}$	π
$y=\sin 2x$	0	1	0	-1	0

描点作图(如图 4-11 所示).

由图 4-11 可以看出,对于纵坐标相同的点,函数 $y=\sin 2x$ 的横坐标是函数 $y=\sin x$ 的横坐标的$\frac{1}{2}$倍,因此,把 $y=\sin x$ 图像上所有点的横坐标缩小到原来的$\frac{1}{2}$倍(纵坐标不变),就可得到 $y=\sin 2x$ 的图像,显然,函数 $y=\sin 2x$ 的周期是函数$y=\sin x$的周期的一半,即$\frac{2\pi}{2}=\pi$.

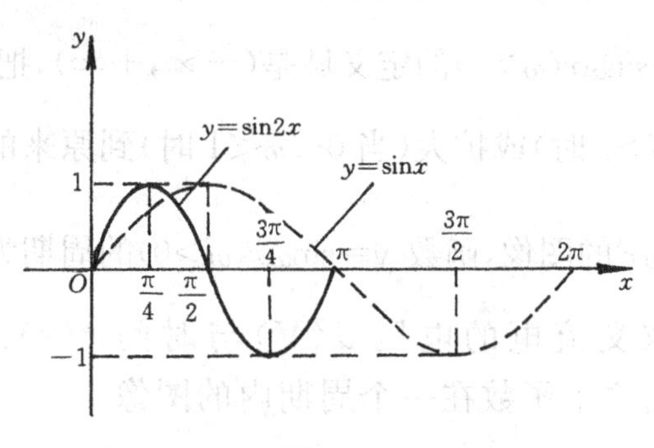

图 4-11

最后,利用函数的周期性,把图像向左、向右每次平移 π 个单位,就得到 $y=\sin 2x$在$(-\infty,+\infty)$内的图像(图像从略).

(2)函数 $y=\sin\frac{1}{2}x$ 的定义域是$(-\infty,+\infty)$.

用"五点法"来作函数在一个周期内的图像.列表如下:

$\frac{1}{2}x$	0	$\frac{\pi}{2}$	π	$\frac{3\pi}{2}$	2π
x	0	π	2π	3π	4π
$y=\sin\frac{1}{2}x$	0	1	0	-1	0

描点作图(如图 4-12 所示).

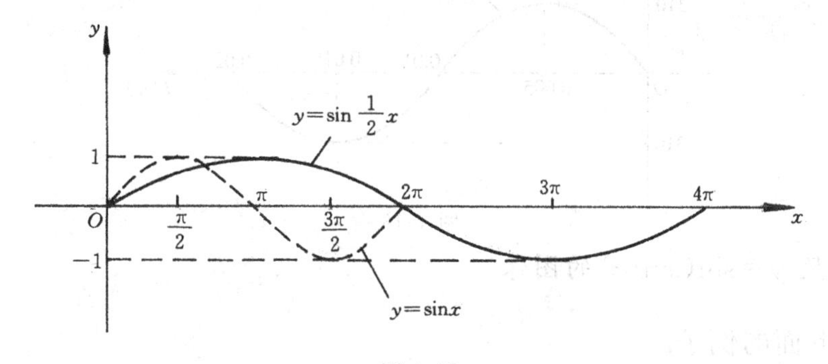

图 4-12

由图 4-12 可以看出，把函数 $y=\sin x$ 的图像上所有点的横坐标扩大到原来的 2 倍（纵坐标不变），就可得到函数 $y=\sin\frac{1}{2}x$ 的图像，函数 $y=\sin\frac{1}{2}x$ 的周期是 $y=\sin x$ 周期的 2 倍，即 $2\pi\times2$ 或 $\frac{2\pi}{\frac{1}{2}}=4\pi$.

最后，利用函数的周期性，把图像向左、向右每次平移 4π 个单位，就得到 $y=\sin\frac{1}{2}x$ 在 $(-\infty,+\infty)$ 内的图像（图像从略）.

一般地，函数 $y=\sin\omega x(\omega>0)$ 的定义域是 $(-\infty,+\infty)$，把 $y=\sin x$ 图像上所有点的横坐标缩小（当 $\omega>1$ 时）或扩大（当 $0<\omega<1$ 时）到原来的 $\frac{1}{\omega}$ 倍（纵坐标不变），就可得到函数 $y=\sin\omega x$ 的图像，函数 $y=\sin\omega x(\omega>0)$ 的周期为 $\frac{2\pi}{\omega}$，振幅为 1.

例 3 已知正弦交流电的电压 u(V) 与时间 t(s) 之间的函数关系为 $u=310\sin100\pi t$，作出这个函数在一个周期内的图像.

解 由 $u=310\sin100\pi t$ 可知，电压 u 的最大值 $U_m=310$(V)，周期 $T=\frac{2\pi}{\omega}=\frac{2\pi}{100\pi}=\frac{1}{50}=0.02$(s)，在一个周期内曲线上五个关键点的坐标列表如下：

$100\pi t$	0	$\frac{\pi}{2}$	π	$\frac{3\pi}{2}$	2π
t	0	0.005	0.01	0.015	0.02
u	0	310	0	−310	0

描点作图（如图 4-13 所示）.

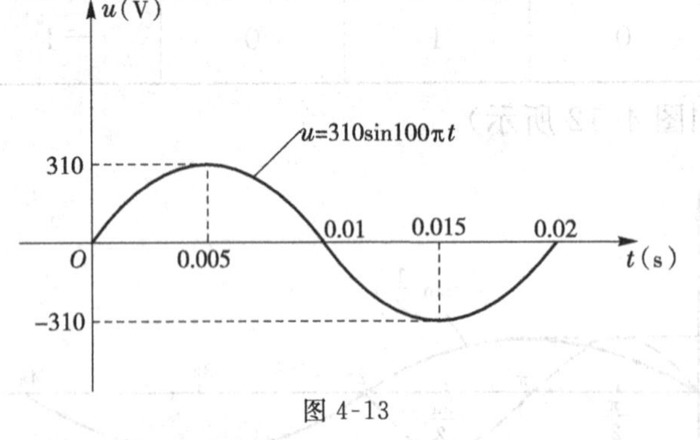

图 4-13

3. 函数 $y=\sin(x+\varphi)$ 的图像

先看下面的例子.

例4 作出函数 $y=\sin\left(x+\frac{\pi}{3}\right)$的图像,并把它与 $y=\sin x$ 的图像作比较.

解 函数 $y=\sin\left(x+\frac{\pi}{3}\right)$的定义域是$(-\infty,+\infty)$.

用“五点法”来作这个函数在一个周期内的图像.列表如下:

$x+\frac{\pi}{3}$	0	$\frac{\pi}{2}$	π	$\frac{3\pi}{2}$	2π
x	$-\frac{\pi}{3}$	$\frac{\pi}{6}$	$\frac{2\pi}{3}$	$\frac{7\pi}{6}$	$\frac{5\pi}{3}$
$y=\sin\left(x+\frac{\pi}{3}\right)$	0	1	0	-1	0

描点作图(如图 4-14 所示):

由图 4-14 可以看出,$y=\sin\left(x+\frac{\pi}{3}\right)$与 $y=\sin x$ 的振幅和周期分别相同,只是图像在坐标系中的位置不同.对于纵坐标相同的点,$y=\sin\left(x+\frac{\pi}{3}\right)$的横坐标比 $y=\sin x$ 的横坐标少$\frac{\pi}{3}$个单位.因此,把 $y=\sin x$ 图像上所有点向左平移$\frac{\pi}{3}$个单位,就可得到 $y=\sin\left(x+\frac{\pi}{3}\right)$的图像.

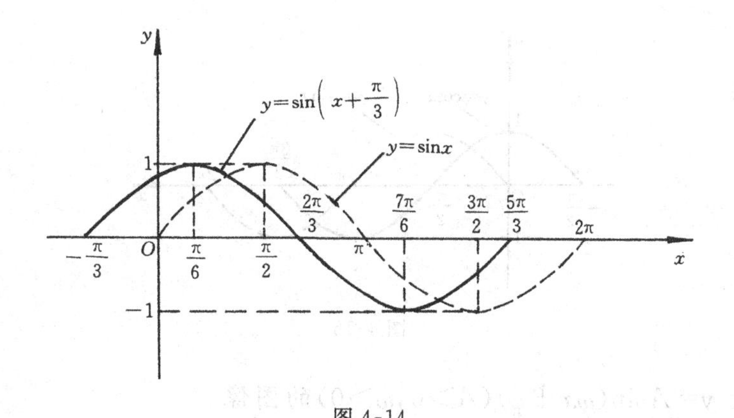

图 4-14

利用函数的周期性,把图像向左、向右每次平移 2π 个单位,就得到 $y=\sin\left(x+\frac{\pi}{3}\right)$在$(-\infty,+\infty)$内的图像(图像从略).

相仿地,如果把 $y=\sin x$ 在$[0,2\pi]$上的图像上所有点向右平移$\frac{\pi}{6}$个单位,

就可得到 $y=\sin\left(x-\frac{\pi}{6}\right)$ 的图像（如图 4-15 所示）. 其振幅为 1，周期为 2π.

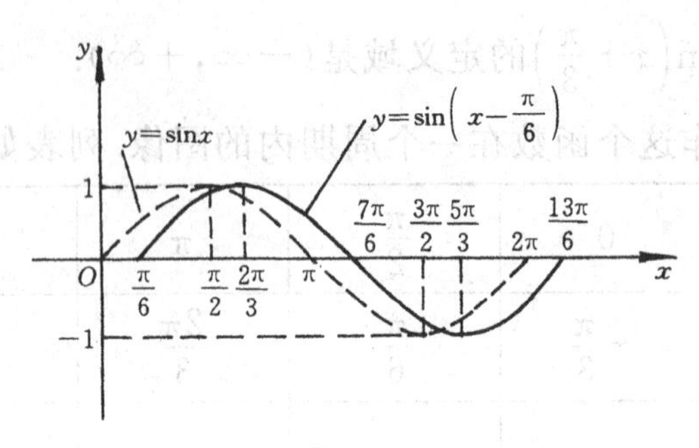

图 4-15

一般地，函数 $y=\sin(x+\varphi)$ 的定义域是 $(-\infty,+\infty)$. 把 $y=\sin x$ 图像上的所有点向左（当 $\varphi>0$ 时）或向右（当 $\varphi<0$ 时）平移 $|\varphi|$ 个单位，就可得到 $y=\sin(x+\varphi)$ 的图像，其振幅为 1，周期为 2π.

例 5 利用 $\cos x=\sin\left(\frac{\pi}{2}+x\right)$ 的关系作出 $y=\cos x$ 在一个周期上的图像.

解 因为 $y=\cos x=\sin\left(\frac{\pi}{2}+x\right)$，所以把 $y=\sin x$ 在 $[0,2\pi]$ 上的图像上所有点向左平移 $\frac{\pi}{2}$ 个单位，就可得到 $y=\cos x$ 在 $\left[-\frac{\pi}{2},\frac{3}{2}\pi\right]$ 上的图像（如图 4-16 所示）.

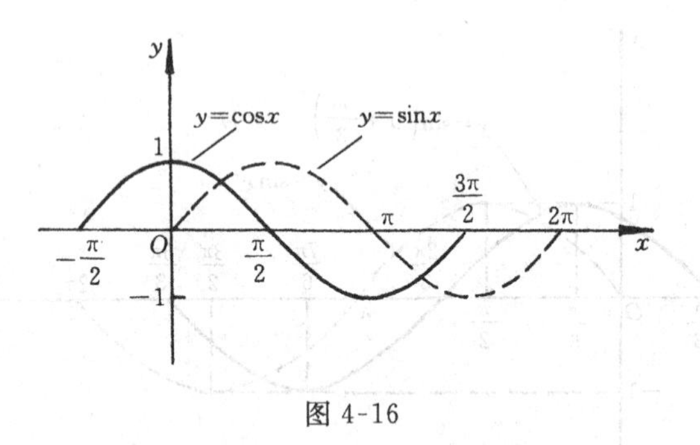

图 4-16

4. 函数 $y=A\sin(\omega x+\varphi)$ $(A>0,\omega>0)$ 的图像

综上所述，可知曲线 $y=A\sin x$，$y=\sin\omega x$ 和 $y=\sin(x+\varphi)$ 都可以由正弦曲线 $y=\sin x$ 分别经过振幅和周期的变换以及起点的平移而得到. 如果把这些步骤综合起来，就能得到函数 $y=A\sin(\omega x+\varphi)$ 的图像.

例 6 作函数 $y=3\sin\left(2x-\frac{\pi}{4}\right)$ 在一个周期内的图像.

解 作图过程如下：

(1) 把 $y=\sin x$ 图像上所有点的横坐标缩小到原来的$\frac{1}{2}$倍(纵坐标不变)，得到$y=\sin 2x$的图像；

(2) 因为 $2x-\frac{\pi}{4}=0$ 时，$x=\frac{\pi}{8}$，所以把 $y=\sin 2x$ 图像上所有点向右平移$\frac{\pi}{8}$个单位，得到 $y=\sin\left(2x-\frac{\pi}{4}\right)$的图像；

(3) 把 $y=\sin\left(2x-\frac{\pi}{4}\right)$图像上所有点的纵坐标扩大到原来的 3 倍(横坐标不变)，从而得到函数 $y=3\sin\left(2x-\frac{\pi}{4}\right)$的图像(如图 4-17 所示).

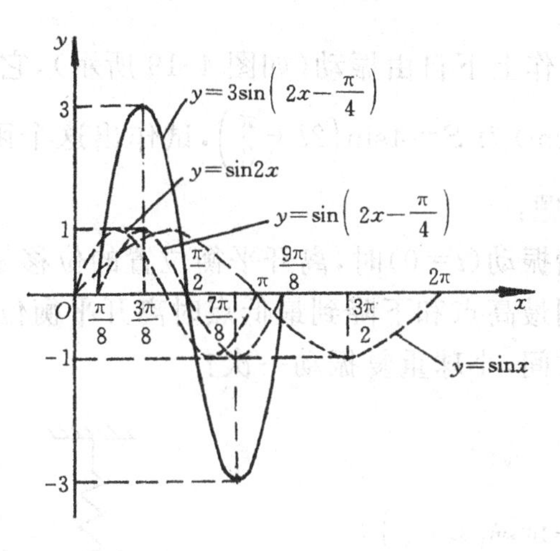

图 4-17

因为函数 $y=A\sin(\omega x+\varphi)$的图像可以由函数 $y=\sin x$ 经过各种变换而得到，所以它又称为**正弦型曲线**. 这类曲线也可根据它的振幅、周期、起点的特征，用“五点法”直接作出，它的振幅是 A，周期是$T=\frac{2\pi}{\omega}$，当 $\omega x+\varphi=0$时，$x=-\frac{\varphi}{\omega}$；当 $\omega x+\varphi=2\pi$ 时，$x=\frac{-\varphi+2\pi}{\omega}=-\frac{\varphi}{\omega}+T$. 所以函数图像在区间$\left[-\frac{\varphi}{\omega},-\frac{\varphi}{\omega}+T\right]$上的五个关键点的坐标是：$\left(-\frac{\varphi}{\omega},0\right)$；$\left(-\frac{\varphi}{\omega}+\frac{T}{4},A\right)$；$\left(-\frac{\varphi}{\omega}+\frac{T}{2},0\right)$；$\left(-\frac{\varphi}{\omega}+\frac{3}{4}T,-A\right)$；$\left(-\frac{\varphi}{\omega}+T,0\right)$.

例 7　作函数 $y=100\sin\left(3x+\frac{\pi}{6}\right)$在一个周期内的图像.

解　函数的振幅 $A=100$，周期 $T=\frac{2}{3}\pi$，因为当 $3x+\frac{\pi}{6}=0$ 时，$x=-\frac{\pi}{18}$，所以函数图像在区间$\left[-\frac{\pi}{18},-\frac{\pi}{18}+\frac{2}{3}\pi\right]$，即$\left[-\frac{\pi}{18},\frac{11}{18}\pi\right]$上的起点为$\left(-\frac{\pi}{18},0\right)$，终

点为$\left(\frac{11}{18}\pi,0\right)$，其余三个关键点的横坐标为：

$$-\frac{\pi}{18}+\frac{1}{4}\times\frac{2}{3}\pi=\frac{\pi}{9};\qquad -\frac{\pi}{18}+\frac{1}{2}\times\frac{2}{3}\pi=\frac{5}{18}\pi;\qquad -\frac{\pi}{18}+\frac{3}{4}\times\frac{2}{3}\pi=\frac{4}{9}\pi.$$

现把五个关键点的坐标列表如下：

x	$-\frac{\pi}{18}$	$\frac{\pi}{9}$	$\frac{5\pi}{18}$	$\frac{4\pi}{9}$	$\frac{11\pi}{18}$
y	0	100	0	-100	0

利用描点作图，就可得到函数 $y=100\sin\left(3x+\frac{\pi}{6}\right)$在区间$\left[-\frac{\pi}{18},\frac{11}{18}\pi\right]$上的图像（如图 4-18 所示）.

例 8　已知小球作上下自由振动（如图 4-19 所示），它在时间 t(s)内，离开平衡位置的位移 S(cm)为 $S=4\sin\left(2t+\frac{\pi}{3}\right)$，试作出这个函数在一个周期内的图像，并回答以下问题：

（1）小球在开始振动（$t=0$）时，离开平衡位置的位移是多少？

（2）小球上升到最高点和下降到最低点时离开平衡位置的位移是多少？

（3）经过多少时间，小球重复振动一次？

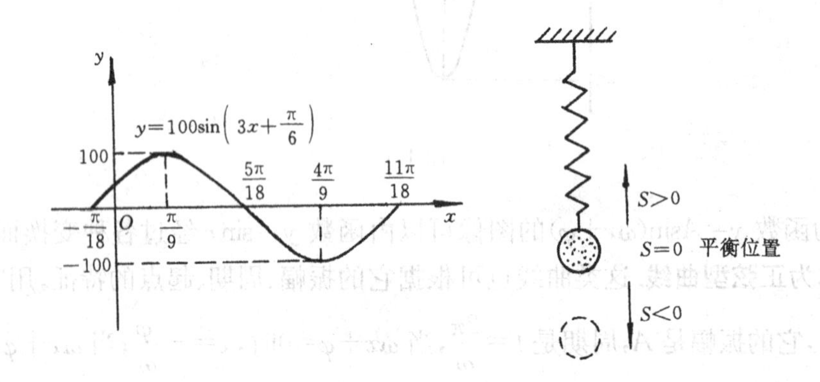

图 4-18　　　图 4-19

解　根据已知条件，得出振幅为 4，周期为 π，起点为$\left(-\frac{\pi}{6},0\right)$，列出五个关键点的坐标如下表所示：

t	$-\frac{\pi}{6}$	$\frac{\pi}{12}$	$\frac{\pi}{3}$	$\frac{7\pi}{12}$	$\frac{5\pi}{6}$
S	0	4	0	-4	0

描点作图，即得函数 $S=4\sin\left(2t+\frac{\pi}{3}\right)$在$\left[-\frac{\pi}{6},\frac{5}{6}\pi\right]$上的图像(如图 4-20 所示).

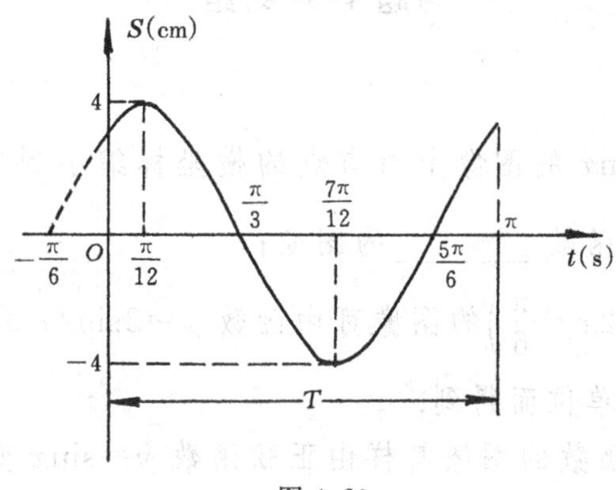

图 4-20

在区间[0,π]上，因为

当 $t=0$ 时，$S=4\sin\frac{\pi}{3}=2\sqrt{3}$；

当 $t=\pi$ 时，$S=4\sin\left(2\pi+\frac{\pi}{3}\right)=2\sqrt{3}$.

所以图上的实线部分就是函数 $S=4\sin\left(2t+\frac{\pi}{3}\right)$在$[0,\pi]$上的图像.

(1) 当 $t=0$ 时，$S=2\sqrt{3}$，即小球开始振动时离开平衡位置的位移是 $2\sqrt{3}$ cm；

(2) 函数的振幅为 4，即小球上升到最高点和下降到最低点时，离开平衡位置的位移是 4 cm；

(3) 函数的周期为 π，即每经过 π s，小球重复振动一次.

例 9 求函数 $y=2\sin x\cos x-\cos 2x$ 的周期和振幅. 当 x 取何值时，y 有最大值和最小值？最大值和最小值各是多少？

解 因为

$$\begin{aligned} y&=2\sin x\cos x-\cos 2x=\sin 2x-\cos 2x\\ &=\sqrt{2}\left(\frac{1}{\sqrt{2}}\sin 2x-\frac{1}{\sqrt{2}}\cos 2x\right)\\ &=\sqrt{2}\left(\cos\frac{\pi}{4}\sin 2x-\sin\frac{\pi}{4}\cos 2x\right)\\ &=\sqrt{2}\sin\left(2x-\frac{\pi}{4}\right).\end{aligned}$$

所以函数的周期 $T=\frac{2\pi}{2}=\pi$，振幅为$\sqrt{2}$，起点为$\left(\frac{\pi}{8},0\right)$. 当 $x=\frac{\pi}{8}+\frac{1}{4}\times\pi+k\pi=\frac{3}{8}\pi+k\pi\ (k\in\mathbf{Z})$时，$y$ 有最大值$\sqrt{2}$；当 $x=\frac{\pi}{8}+\frac{3}{4}\times\pi+k\pi=\frac{7}{8}\pi+k\pi\ (k\in\mathbf{Z})$时，$y$ 有最小值$-\sqrt{2}$.

习题 4-5(A)组

1. 填空：

(1) 把函数 $y=4\sin x$ 的图像上所有点的横坐标缩小到原来的 $\frac{1}{4}$ 倍（纵坐标不变），可得到函数________的图像；

(2) 函数 $y=3\sin\left(2x-\frac{\pi}{6}\right)$ 的图像可由函数 $y=3\sin 2x$ 的图像向________平移________个单位而得到.

2. 不画图，说明下列函数的图像怎样由正弦函数 $y=\sin x$ 变化而得到：

(1) $y=8\sin\left(\frac{1}{4}x-\frac{\pi}{8}\right)$；　　(2) $y=\frac{1}{3}\sin\left(3x+\frac{\pi}{7}\right)$.

3. 用“五点法”作出下列函数在一个周期内的图像：

扫一扫，获取参考答案

(1) $y=4\sin 2x$；　　(2) $y=3\sin\left(2x-\frac{\pi}{6}\right)$.

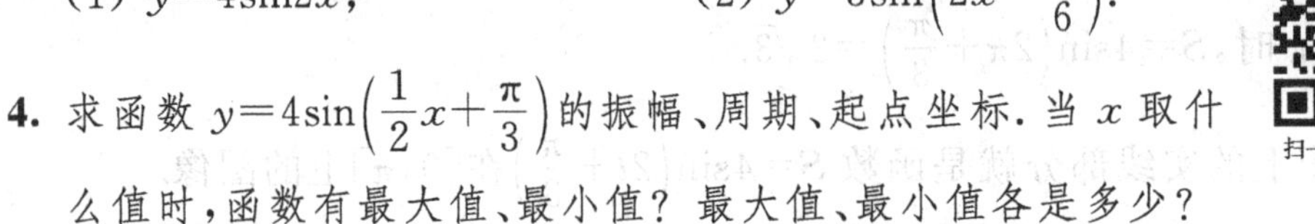

4. 求函数 $y=4\sin\left(\frac{1}{2}x+\frac{\pi}{3}\right)$ 的振幅、周期、起点坐标. 当 x 取什么值时，函数有最大值、最小值？最大值、最小值各是多少？

习题 4-5(B)组

1. 作函数 $y=2\sin\left(2x+\frac{\pi}{4}\right)-1$ 在一个周期内的图像.

2. 已知正弦交流电的电压 U（伏特）与时间 t（秒）之间的函数关系为 $U=310\sin 200\pi t$，作出这个函数在一个周期内的图像，并在前半个周期内讨论电压的增减情况.

3. 如图 4-21 所示，挂在弹簧上的小球作上下振动，它在 ts 时相对于平衡位置的高度 h(cm) 由下列关系决定：

$$h=2\sin\left(t+\frac{\pi}{4}\right).$$

(1) 作出这个函数在一个周期内的图像；

(2) 回答下列问题：

① 小球开始振动($t=0$)时，离开平衡位置的位移有多大？

② 小球上升到最高点和下降到最低点时，离开平衡位置的位移有多大？

③ 经过多少时间，小球重复振动一次？

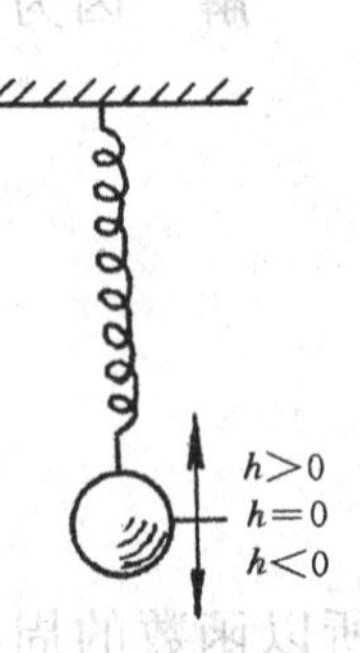

图 4-21

4. 求函数 $y=\sin x+\cos x$ 的振幅和周期. 当 x 取何值时, y 有最大值和最小值? 最大值和最小值各是多少?

5. 求如图 4-22 所示的正弦型曲线的函数关系式:

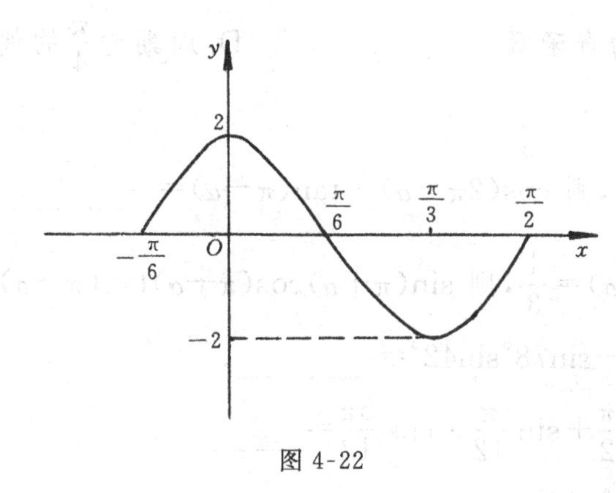

图 4-22

扫一扫，获取参考答案

复习题 4

1. 选择题:

(1) 若 $0°<\alpha<90°$, $0°<\beta<90°$, 且 $\tan\alpha=\frac{1}{7}$, $\tan\beta=\frac{3}{4}$, 则 $\alpha+\beta=$(　　).

A. $\frac{\pi}{6}$　　B. $\frac{\pi}{4}$　　C. $\frac{\pi}{3}$　　D. $\frac{\pi}{2}$

(2) $\sin15°-\cos15°$ 的值是(　　).

A. $\frac{\sqrt{6}}{2}$　　B. $-\frac{\sqrt{6}}{2}$　　C. $\frac{\sqrt{2}}{2}$　　D. $-\frac{\sqrt{2}}{2}$

(3) $\frac{1}{\sin10°}-\frac{\sqrt{3}}{\cos10°}$ 的值是(　　).

A. 4　　B. 2　　C. $\frac{4}{5}$　　D. $-\frac{4}{5}$

(4) 已知 $1-\cos\alpha=\frac{6}{5}\sin\frac{\alpha}{2}$, 则 $\cos\alpha$ 的值为(　　).

A. $\frac{7}{25}$　　B. $-\frac{7}{25}$　　C. 4　　D. $\frac{1}{4}$

(5) 函数 $y=\cos x$ 的单调区间是(　　).

A. $[k\pi-\frac{\pi}{2}, k\pi+\frac{\pi}{2}]$ $(k\in\mathbf{Z})$　　B. $[\frac{\pi}{2}, 2\pi]$

C. $[0, 2\pi]$　　D. $[k\pi, (k+1)\pi]$ $(k\in\mathbf{Z})$

(6) 如果 x 是锐角, 那么 $\sin x+\cos x$ 的取值范围是(　　).

A. $[1,\sqrt{2}]$　　B. $(1,\sqrt{2}]$　　C. $[0,1]$　　D. $(0,1]$

(7) 函数 $y=\sin 2x\cdot\cos 2x$ 是( ).

A. 周期为$\frac{\pi}{2}$的奇函数;　　B. 周期为$\frac{\pi}{2}$的偶函数;

C. 周期为$\frac{\pi}{4}$的奇函数;　　D. 周期为$\frac{\pi}{4}$的偶函数.

2. 填空题:

(1) 已知 $\sin\alpha=\frac{3}{5}$,则 $\cos(2\pi-\alpha)\cdot\tan(\pi-\alpha)=$ ________.

(2) 已知 $\cos(\pi-\alpha)=\frac{1}{3}$,则 $\sin(\pi+\alpha)\cos(\pi+\alpha)\tan(\pi-\alpha)=$ ________.

(3) $\cos 78^\circ\cos 42^\circ-\sin 78^\circ\sin 42^\circ=$ ________.

(4) $\cos\frac{\pi}{12}\cdot\sin\frac{5\pi}{12}+\sin\frac{\pi}{12}\cdot\cos\frac{5\pi}{12}=$ ________.

(5) $\cos^2 165^\circ-\sin^2 165^\circ=$ ________.

(6) 函数 $y=4\sin(3x+\frac{\pi}{4})$ 的周期是________,当 $x=$ ________时,函数取得最大值;当 $x=$ ________时,函数取得最小值.

(7) 函数 $y=\sin 2x-2\cos^2 x$ 的最大值是________.

3. 化简下列各式:

(1) $\frac{\sin(\pi-\alpha)\tan(\pi-\alpha)}{\cos(\pi+\alpha)\tan(\pi+\alpha)\tan(-\alpha)}$;

(2) $\sin(30^\circ+\alpha)-\sin(30^\circ-\alpha)$;

(3) $\cos(\frac{\pi}{4}+\theta)+\cos(\frac{\pi}{4}-\theta)$.

4. 化简下列各式:

(1) $\sin\frac{\theta}{4}\cos\frac{\theta}{4}$;　(2) $\frac{1-\tan^2\alpha}{1+\tan^2\alpha}$;　(3) $\frac{2\tan\frac{\alpha}{2}}{1+\tan^2\frac{\alpha}{2}}$.

5. 计算:

(1) $\tan 15^\circ+\frac{1}{\tan 15^\circ}$;　(2) $\sin 15^\circ\cdot\sin 75^\circ\cdot\cos 30^\circ$.

6. 已知 $\sin\frac{\theta}{2}=0.8$,且$\frac{\pi}{2}<\theta<\pi$,求 $\sin\theta$ 和 $\cos\theta$ 的值.

7. 求证下列恒等式:

(1) $\tan 20^\circ+\tan 40^\circ+\sqrt{3}\cdot\tan 20^\circ\cdot\tan 40^\circ=\sqrt{3}$;

(2) $\frac{1+\sin 4\theta-\cos 4\theta}{1+\sin 4\theta+\cos 4\theta}=\tan 2\theta$.

8. 用“五点法”作下列函数在一个周期内的图像：

（1）$y=2\sin x$；　　（2）$y=4\sin\left(2x+\dfrac{\pi}{6}\right)$.

9. 求函数 $y=\cos 4x+\sqrt{3}\sin 4x$ 的振幅、周期. 当 x 取何值时，y 有最大值和最小值？最大值、最小值各是多少？

10. 如图 4-23 所示，已知交流电的电流强度 i(A)在一个周期内的图像，求 i 与 t 的函数关系式.

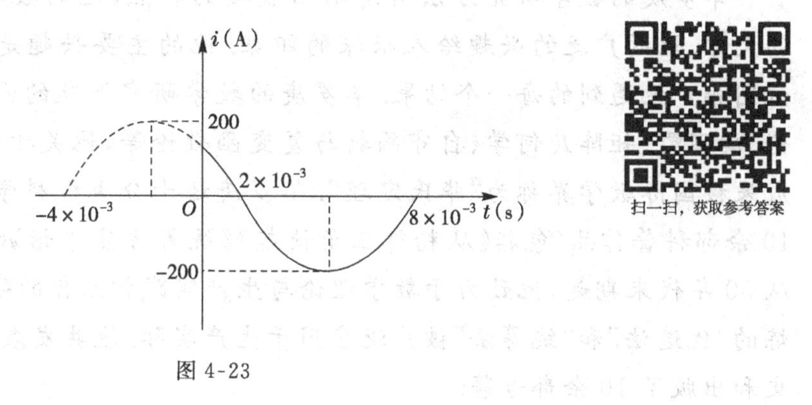

图 4-23

[阅读材料 4]

中国现代数学的奠基人之一——华罗庚

华罗庚(1910—1985)教授是中国现代数学的奠基人之一，出生于江苏金坛，他在家乡读完了初中二年级，然后进入上海中华职业学校，完成了两年制专业的前一年半的课程，迫于家境贫寒，在 15 岁时就辍学回到家乡，协助父亲经营他的家庭小店. 华罗庚的父亲对他的儿子专心于学习很不高兴，在关于华罗庚的一个通俗传记上登载了一幅漫画：“他的父亲穿过店堂，追赶他的儿子，小男孩惊恐地抓紧胸前的几本数学书，父亲威胁着要把他的书烧掉”. 然而他却凭着顽强的毅力自学成才.

1930 年，19 岁的华罗庚因在上海《科学》杂志上发表论文《苏家驹之代数方程不能成立的理由》而引起北京清华大学数学系主任熊庆来教授的重视，熊庆来力图安排华罗庚到清华大学工作. 有人告诉熊庆来，华罗庚不是大学生，甚至不是高中毕业生，只是村镇小店的一个会计. 但熊庆来教授力排众议，邀请华罗庚到北京工作. 华罗庚于 1931 年来到清华大学数学系，先后担任管理员、助教、讲师，1936 年赴英国剑桥大学进修，1938 年去了美国，曾任美国普林斯顿高等研究所研究员和普林斯顿大学教授.新中国成立后，1950年他放弃了美国的优越条件回国，历任清华大学教授，中国科学院数学研究所所长，中国科技大学数学系主任、副校长，中国科学院数理化部委员、学部副主任，中国科学院副院长等职，还先后被选为美国科学院外籍院士，第三世界科学院院士和德国巴伐利亚科学院院士，以及法国南锡大学、美国伊利诺大学、香港中文大学等名誉博士.

华罗庚的数学研究方法有清晰而直接的特点，他的数学知识的深度和他的天才、他的广泛的兴趣给人很深的印象.他的主要兴趣是改进整个领域，并试图推广他遇到的每一个结果.华罗庚的数学研究涉及的面很广，包括解析数论、典型群、矩阵几何学、自守函数与复变函数论等，他关于完整三角和的研究成果被国际数学界称为“华氏定理”.华罗庚还十分重视科学的普及工作，著有10余部科普作品（包括《从杨辉三角谈起》《统筹方法平话》《优选法平话》等）.从50年代末期起，他致力于数学理论与生产实践相结合的研究和实践，经他提炼的“优选法”和“统筹法”被广泛应用于生产实际.他共发表了200多篇学术论文和出版了10余部专著.

在外国数学家的眼中，华罗庚“对自己祖国的献身是无条件的和坚定不移的”，“他一直是中华人民共和国第一流的科学巨人之一”.A·Selberg评价华罗庚：“很难想象，如是他未曾回国，中国数学会怎么样.”正是华罗庚和其他数学家的努力，“中国最早得到世界绝对第一流研究成果的是在数学领域”（杨振宁教授语）.华罗庚教授的研究工作，极大地丰富了数学文库——1939—1965年，他所发表的著作和论文被权威刊物《数学评论》（Mathematical Review）评论过105次.

第4章单元自测

1. 填空题

（1）已知 $2\sin\alpha+\cos\alpha=0$，则 $\tan2\alpha=$________.

（2）$\sin(\pi+\alpha)=-\dfrac{1}{2}$，则 $\cos(2\pi-\alpha)=$________；$\sin(\pi-\alpha)\cos(\pi-\alpha)\tan(\pi+\alpha)=$________.

（3）$\sin\dfrac{\pi}{12}-\cos\dfrac{\pi}{12}=$________.

（4）函数 $y=\sqrt{\sin x}$ 的定义域是________.

（5）正弦型函数 $y=3\sin\left(2x-\dfrac{\pi}{4}\right)$ 的最大值为______，最小值为______，周期为______.

2. 选择题

(1) 下列各式中正确的是(　　).

A. $\sin(180°+37°)=\sin37°$　　B. $\cos(180°+216°)=-\cos216°$

C. $\cos(540°+216°)=\cos216°$　　D. $\tan(540°+13°)=-\tan13°$

(2) 计算 $\tan\left(k\pi+\frac{2}{3}\pi\right)+\tan\left[(2k+1)\pi+\frac{\pi}{6}\right]$，$(k\in\mathbf{Z})$得(　　).

A. $2\sqrt{3}$　　B. $-2\sqrt{3}$　　C. $-\frac{2}{3}\sqrt{3}$　　D. $\frac{2}{3}\sqrt{3}$

(3) 若 $y=\tan x$ 是增函数，而 $y=\sin x$ 是减函数，则 x 所在的象限为(　　).

A. Ⅰ、Ⅱ象限　　B. Ⅰ、Ⅲ象限　　C. Ⅱ、Ⅲ象限　　D. Ⅲ、Ⅳ象限

(4) $\cos75°-\cos15°$的值是(　　).

A. $\frac{\sqrt{6}}{2}$　　B. $-\frac{\sqrt{6}}{2}$　　C. $-\frac{\sqrt{2}}{2}$　　D. $\frac{\sqrt{2}}{2}$

(5) $\sqrt{1-\sin38°}=$(　　).

A. $\sqrt{2}\cos19°$　　B. $2\cos19°$　　C. $\cos19°-\sin19°$　　D. $\sin19°-\cos19°$

(6) 函数 $y=\sin x+\cos x$ 的值域是(　　).

A. $[-2,2]$　　B. $[-\sqrt{2},\sqrt{2}]$　　C. $[-1,1]$　　D. $\left[-\frac{\sqrt{2}}{2},\frac{\sqrt{2}}{2}\right]$

3. 已知 $\sin A=\frac{3}{5}$，$\cos(A+B)=-\frac{2}{3}$，A，B 为锐角，求 $\sin B$.

4. 已知 $0<\alpha<2\pi$，且$\frac{1-\cos2\alpha}{\sin2\alpha}=\sqrt{3}$，求 α.

5. $\triangle ABC$ 中，已知 $\tan A=\frac{1}{2}$，$\tan B=\frac{1}{3}$，求 $\tan C$.

6. 已知交流电的电流 $i=50\sin\left(100\pi t-\frac{\pi}{3}\right)$.

(1) 求振幅、周期、频率和最大及最小值；

(2) 当 $t=0,\frac{1}{200},\frac{1}{50}$秒时，求电流 i 的大小；

(3) 用"五点法"画出一个周期内的图像.

扫一扫，获取参考答案

第 5 章

*反三角函数　*解斜三角形

前面我们已经学习了函数、反函数、三角函数等有关概念，本章将学习反三角函数的概念，并介绍斜三角形的解法及其应用.

5.1　反三角函数

我们知道，三角函数的对应关系在它们的定义域内都是单值对应，但是它们的反对应关系却不是单值对应. 因此根据反函数的定义，三角函数在它们的定义域内是没有反函数的. 但是如果把三角函数的定义域划分为若干个区间，使在每个区间内函数的反对应关系都是单值对应，那么，三角函数在这些区间内都分别有反函数.

下面，我们来讨论三角函数的反函数.

一、反正弦函数

1. 反正弦函数的定义

我们知道，正弦函数 $y=\sin x$ 的定义域是 $(-\infty,+\infty)$，值域是 $[-1,1]$，由于正弦函数在定义域 $(-\infty,+\infty)$ 内的反对应关系不是单值对应，所以它没有反函数. 但是，如果把定义域 $(-\infty,+\infty)$ 划分为下列单调区间：…，$\left[-\frac{\pi}{2},\frac{\pi}{2}\right]$，$\left[\frac{\pi}{2},\frac{3\pi}{2}\right]$，$\left[\frac{3\pi}{2},\frac{5\pi}{2}\right]$，…即 $\left[k\pi-\frac{\pi}{2},k\pi+\frac{\pi}{2}\right]$ $(k\in\mathbf{Z})$，由图 5-1 可以看出，当 y 取遍 $[-1,1]$ 上的每一个值时，在这些区间上都分别有唯一确定的 x 值和它相对应，即函数 $y=\sin x$ 在这些区间上的反对应关系都是单值对应. 因此，函数 $y=\sin x$ 在这些区间上都分别有反函数.

为了方便起见，我们取绝对值最小的角所在的区间$\left[-\frac{\pi}{2},\frac{\pi}{2}\right]$来讨论$y=\sin x$的反函数.下面给出它的定义：

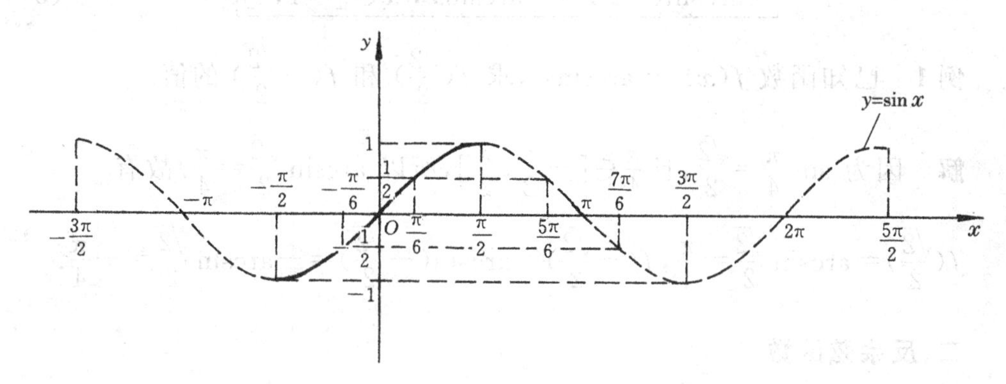

图 5-1

定义　正弦函数$y=\sin x$在区间$\left[-\frac{\pi}{2},\frac{\pi}{2}\right]$上的反函数称为**反正弦函数**.记作$y=\arcsin x$(或$y=\sin^{-1}x$)，它的定义域为$[-1,1]$，值域为$\left[-\frac{\pi}{2},\frac{\pi}{2}\right]$.

这样，对属于$[-1,1]$的每一个x值，$\arcsin x$就表示属于$\left[-\frac{\pi}{2},\frac{\pi}{2}\right]$的唯一确定的一个值，它的正弦正好等于已知的$x$，也可以说$\arcsin x$表示属于$\left[-\frac{\pi}{2},\frac{\pi}{2}\right]$的唯一确定的一个角(弧度数)，这个角的正弦恰好等于x.例如，对于$x=\frac{1}{2}$，$y=\arcsin\frac{1}{2}$就表示$\left[-\frac{\pi}{2},\frac{\pi}{2}\right]$上的唯一确定的一个角，这个角是$\frac{\pi}{6}$，即$\arcsin\frac{1}{2}=\frac{\pi}{6}$.

2. 反正弦函数的图像和性质

根据互为反函数的图像的性质，容易知道，反正弦函数$y=\arcsin x$的图像就是与正弦函数$y=\sin x$在$\left[-\frac{\pi}{2},\frac{\pi}{2}\right]$上的一段图像关于直线$y=x$对称的图形(如图 5-2 所示).

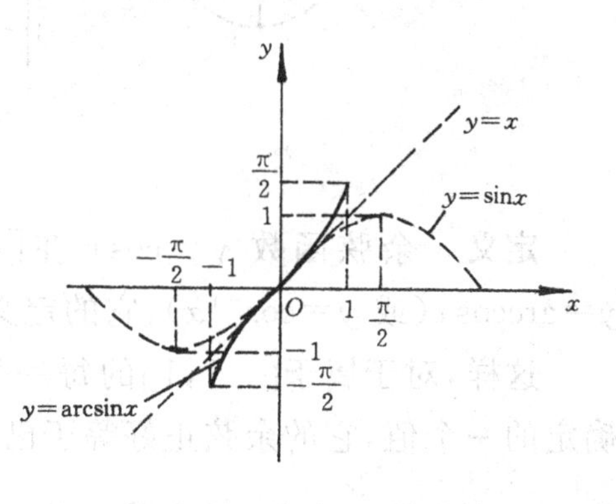

图 5-2

从图像上可以看出，反正弦函数$y=\arcsin x$具有以下性质：

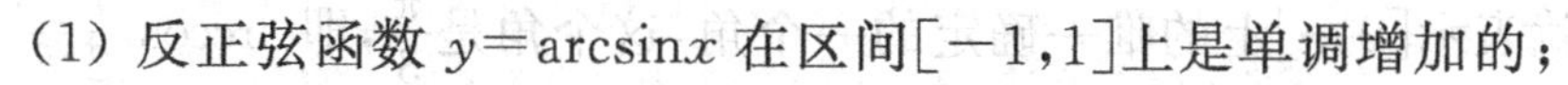

(1) 反正弦函数$y=\arcsin x$在区间$[-1,1]$上是单调增加的；

(2) 反正弦函数 $y=\arcsin x$ 的图像关于原点对称，即它是奇函数，也就是有：

$$\boxed{\arcsin(-x)=-\arcsin x,\ x\in[-1,1]} \tag{5-1}$$

例 1 已知函数 $f(x)=\arcsin x$，求 $f(\frac{\sqrt{2}}{2})$ 和 $f(-\frac{\sqrt{2}}{2})$ 的值.

解 因为 $\sin\frac{\pi}{4}=\frac{\sqrt{2}}{2}$，且 $\frac{\pi}{4}\in[-\frac{\pi}{2},\frac{\pi}{2}]$，所以 $\arcsin\frac{\sqrt{2}}{2}=\frac{\pi}{4}$. 故有

$$f(\frac{\sqrt{2}}{2})=\arcsin\frac{\sqrt{2}}{2}=\frac{\pi}{4},\ f(-\frac{\sqrt{2}}{2})=\arcsin(-\frac{\sqrt{2}}{2})=-\arcsin\frac{\sqrt{2}}{2}=-\frac{\pi}{4}.$$

二、反余弦函数

1. 反余弦函数的定义

我们知道，余弦函数 $y=\cos x$ 的定义域是 $(-\infty,+\infty)$，值域是 $[-1,1]$. 由图 5-3 可以看出，当 y 取遍 $[-1,1]$ 上的每一个值时，在区间 $[0,\pi]$ 上有唯一确定的值和它相对应，即函数 $y=\cos x$ 在区间 $[0,\pi]$ 上的反对应关系是单值对应. 因此，函数 $y=\cos x$ 在区间 $[0,\pi]$ 上有反函数.

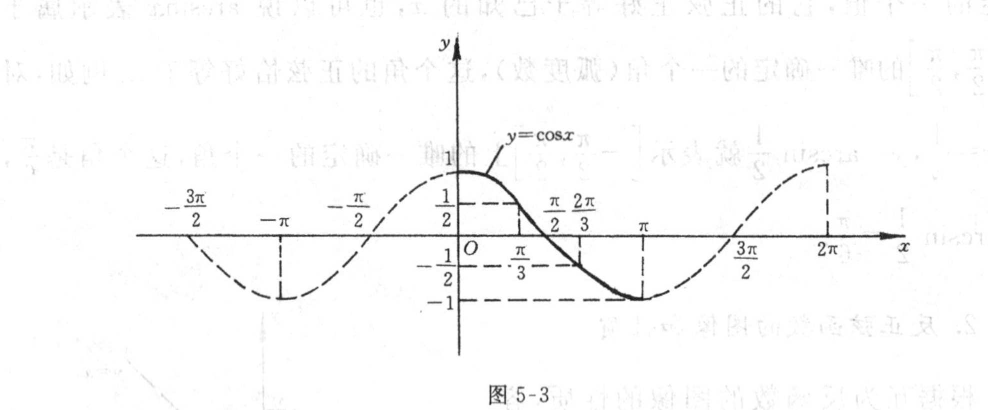

图 5-3

定义 余弦函数 $y=\cos x$ 在 $[0,\pi]$ 上的反函数称为**反余弦函数**，记作 $y=\arccos x$（或 $y=\cos^{-1}x$），它的定义域是 $[-1,1]$，值域是 $[0,\pi]$.

这样，对于属于 $[-1,1]$ 的每一个 x 值，$\arccos x$ 就表示属于 $[0,\pi]$ 的唯一确定的一个值，它的余弦正好等于已知的 x，也就是说，$\arccos x$ 表示属于 $[0,\pi]$ 的唯一确定的一个角（弧度数），这个角的余弦正好等于 x. 例如，对于 $x=\frac{1}{2}$，$y=\arccos\frac{1}{2}$ 就表示 $[0,\pi]$ 上的唯一确定的一个角，这个角是 $\frac{\pi}{3}$，即 $\arccos\frac{1}{2}=\frac{\pi}{3}$.

2. 反余弦函数的图像和性质

反余弦函数的图像如图 5-4 所示，它是与余弦函数 $y=\cos x$ 在$[0,\pi]$上的一段图像关于直线 $y=x$ 对称的图形.

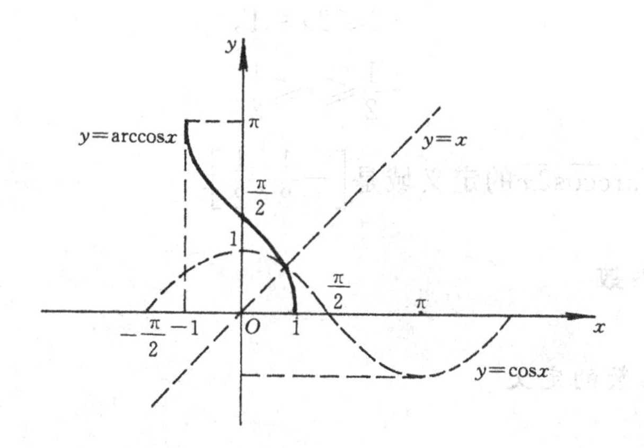

图 5-4

从图像上可以看出：反余弦函数 $y=\arccos x$ 在区间$[-1,1]$上是单调减少的，它既不是奇函数，也不是偶函数.

可以证明：

对于任意 $x\in[-1,1]$，有

$$\boxed{\arccos(-x)=\pi-\arccos x} \tag{5-2}$$

例 2 求下列各式的值：

(1) $\arccos\dfrac{\sqrt{2}}{2}$；　(2) $\arccos(-\dfrac{\sqrt{2}}{2})$；　(3) $\cos(\arccos 0.5)$.

解 (1) 因为 $\cos\dfrac{\pi}{4}=\dfrac{\sqrt{2}}{2}$，且$\dfrac{\pi}{4}\in[0,\pi]$，所以 $\arccos\dfrac{\sqrt{2}}{2}=\dfrac{\pi}{4}$.

(2) $\arccos(-\dfrac{\sqrt{2}}{2})=\pi-\arccos\dfrac{\sqrt{2}}{2}=\pi-\dfrac{\pi}{4}=\dfrac{3\pi}{4}$.

(3) 令 $\alpha=\arccos 0.5$，所以有 $\cos\alpha=0.5$. 故 $\cos(\arccos 0.5)=\cos\alpha=0.5$.

例 3 求下列函数的定义域：

(1) $y=3\arcsin\dfrac{x}{2}$；　(2) $y=\sqrt{\arccos 2x}$.

解 (1) 要使函数 $y=3\arcsin\dfrac{x}{2}$有意义，必须满足：

$$-1\leqslant\frac{x}{2}\leqslant 1,$$

即
$$-2\leqslant x\leqslant 2.$$
所以，函数 $y=3\arcsin\frac{x}{2}$的定义域是$[-2,2]$.

（2）要使 $y=\sqrt{\arccos 2x}$有意义，因 $0\leqslant\arccos 2x\leqslant\pi$，故只需满足：
$$-1\leqslant 2x\leqslant 1,$$
即
$$-\frac{1}{2}\leqslant x\leqslant\frac{1}{2}.$$
所以，函数 $y=\sqrt{\arccos 2x}$的定义域是$\left[-\frac{1}{2},\frac{1}{2}\right]$.

三、反正切函数

1. 反正切函数的定义

我们知道，正切函数 $y=\tan x$ 的定义域是$\left\{x\,|\,x\neq k\pi+\frac{\pi}{2},k\in\mathbf{Z}\right\}$，值域是$(-\infty,+\infty)$，由图 5-5 可以看出，当 y 取任一实数时，在区间$\left(-\frac{\pi}{2},\frac{\pi}{2}\right)$内有唯一确定的 x 值和它相对应，即函数 $y=\tan x$ 在区间$\left(-\frac{\pi}{2},\frac{\pi}{2}\right)$内反对应关系是单值对应，所以它在区间$\left(-\frac{\pi}{2},\frac{\pi}{2}\right)$内具有反函数.

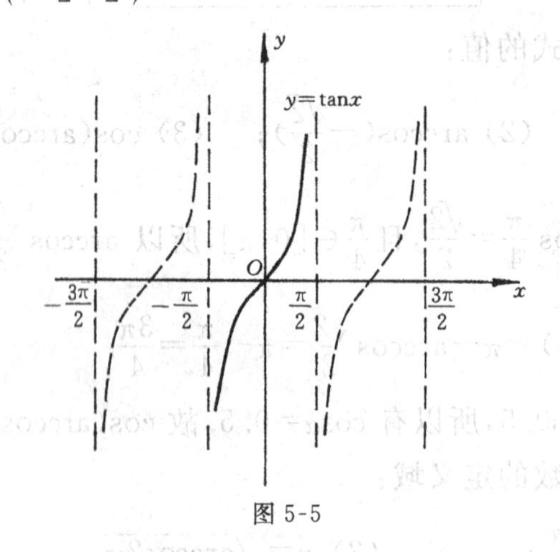

图 5-5

定义 正切函数 $y=\tan x$ 在$\left(-\frac{\pi}{2},\frac{\pi}{2}\right)$内的反函数称为**反正切函数**，记作 $y=\arctan x$（或 $y=\tan^{-1}x$），它的定义域是$(-\infty,+\infty)$，值域是$\left(-\frac{\pi}{2},\frac{\pi}{2}\right)$，其中 y（即 $\arctan x$）表示角，而 x 是这个角的正切函数值.

2. 反正切函数的图像和性质

反正切函数的图像如图 5-6 所示，它与正切函数在$\left(-\frac{\pi}{2},\frac{\pi}{2}\right)$内的曲线关于直线 $y=x$ 对称.

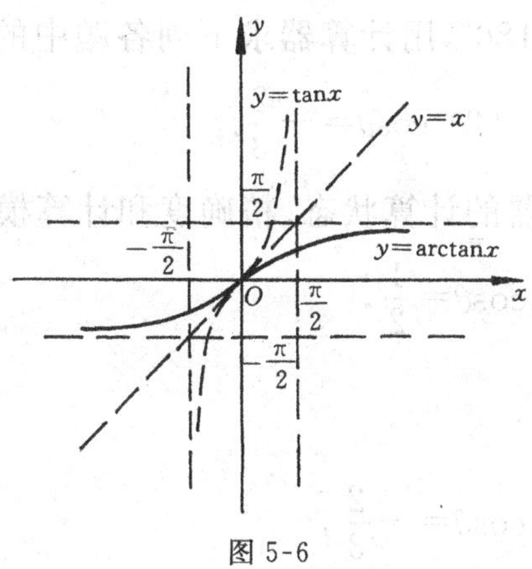

图 5-6

从图像上可以看出：

(1) 反正切函数 $y=\arctan x$ 在$(-\infty,+\infty)$内是单调增加的；

(2) 反正切函数 $y=\arctan x$ 是奇函数，即当 $x\in(-\infty,+\infty)$时，

$$\boxed{\arctan(-x)=-\arctan x} \qquad (5\text{-}3)$$

反正弦函数、反余弦函数、反正切函数，统称为**反三角函数**.(反三角函数还有反余切函数、反正割函数和反余割函数三种，这三种反三角函数在本书中不研究)

例 4 求下列各式的值：

(1) $\arctan\sqrt{3}$； (2) $\arctan(-\sqrt{3})$.

解 (1) 因为 $\tan\frac{\pi}{3}=\sqrt{3}$，且$\frac{\pi}{3}\in\left(-\frac{\pi}{2},\frac{\pi}{2}\right)$，所以 $\arctan\sqrt{3}=\frac{\pi}{3}$.

(2) $\arctan(-\sqrt{3})=-\arctan\sqrt{3}=-\frac{\pi}{3}$.

四、应用计算器求角

利用计算器求角时，首先要设置计算器的状态为普通计算状态，再设定精确度及角度或弧度计算模式，然后按下列步骤操作：

(1) 已知正弦函数值求角：按键 SHIFT→按键 sin→输入正弦函数值→按键＝显示$-90°\sim90°$(或$-\frac{\pi}{2}\sim\frac{\pi}{2}$)范围内的角.

(2) 已知余弦函数值求角:按键 SHIFT→按键 cos →输入余弦函数值→按键 =显示 0°～180°(或 0～π)范围内的角.

(3) 已知正切函数值求角:按键 SHIFT→按键 tan →输入正切函数值→按键 =显示 90°～90°(或$-\frac{\pi}{2}$～$\frac{\pi}{2}$)范围内的角.

例 5 已知 $0°\leqslant\theta\leqslant180°$,用计算器求下列各题中的角 θ(精确到 0.01°).

(1) $\cos\theta=\frac{1}{2}$; (2) $\cos\theta=-\frac{2}{3}$.

解 按要求对计算器的计算状态、精确度和计算模式进行设置后再计算:

(1) $\because 0°\leqslant\theta\leqslant180°,\cos\theta=\frac{1}{2}$,

$\therefore\theta=\arccos\frac{1}{2}=60°$.

(2) $\because 0°\leqslant\theta\leqslant180°,\cos\theta=-\frac{2}{3}$,

$\therefore\theta=\arccos\left(-\frac{2}{3}\right)\approx131.81°$.

注:(1) 用计算器求角 θ 的大小时,要先用反三角函数表示角 θ;

(2) 在弧度制下计算时,上例中的 $\arccos\frac{1}{2}=\frac{\pi}{3}$,$\arccos\left(-\frac{2}{3}\right)\approx2.30$(精确到 0.01).

例 6 已知 $\sin x=0.4$,利用计算器求 0°～360°范围内的角 x(精确到 0.01°).

解 按要求对计算器的计算状态、精确度和计算模式进行设置后再计算:

(1) 先用计算器求−90°～90°范围内的角

$x_1=\arcsin0.4\approx23.58°$.

(2) 再由诱导公式 $\sin(180°-x_1)=\sin x_1$,求出 90°～270°范围内的角

$x_2=180°-x_1\approx180°-23.58°=156.42°$;

故在 0°～360°范围内,正弦函数值为 0.4 的角为 23.58°和 156.42°.

注:利用计算器求指定范围内的角,有时需要使用诱导公式.

习题 5-1(A)组

1. 根据反三角函数的图像,写出下列各式的值:

(1) $\arcsin(-1)$; (2) $\arcsin0$; (3) $\arcsin1$;

(4) $\arccos(-1)$; (5) $\arccos0$; (6) $\arccos1$.

2. 求下列各式的值：

(1) $\arcsin\dfrac{\sqrt{3}}{2}$； (2) $\arcsin\left(-\dfrac{\sqrt{2}}{2}\right)$；

(3) $\sin\left(\arcsin\dfrac{\pi}{6}\right)$； (4) $\sin\left[\arcsin\left(-\dfrac{\sqrt{3}}{2}\right)\right]$.

3. 求下列各式的值：

(1) $\arccos\dfrac{\sqrt{2}}{2}$； (2) $\arccos\left(-\dfrac{\sqrt{3}}{2}\right)$；

(3) $\cos\left(\arccos\dfrac{2}{3}\right)$； (4) $\cos\left(\arccos\left(-\dfrac{\pi}{8}\right)\right)$.

4. 求下列各式的值：

(1) $\arctan\left(-\dfrac{\sqrt{3}}{3}\right)$； (2) $\arctan\sqrt{3}$；

(3) $\arctan 0$； (4) $\tan(\arctan 2)$.

5. 求下列各函数的定义域：

(1) $y=\arcsin(2x-1)$； (2) $y=\arccos(x+3)$；

(3) $y=\arctan(2x+2)$.

6. 用反三角函数表示满足下列条件的各角 x：

(1) $\sin x=\dfrac{1}{2}$，且 $-\dfrac{\pi}{2}\leqslant x\leqslant\dfrac{\pi}{2}$； (2) $\cos x=-\dfrac{2}{3}$，且 $0\leqslant x\leqslant\pi$；

(3) $\tan x=3$，且 $-\dfrac{\pi}{2}<x<\dfrac{\pi}{2}$.

扫一扫，获取参考答案

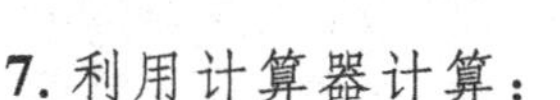

7. 利用计算器计算：

(1) $\arcsin 0.6$（精确到 $0.01°$）；

(2) $\arccos\left(-\dfrac{3}{4}\right)$（精确到 0.001 弧度）.

习题 5-1(B)组

1. 根据已知三角函数值，利用计算器求 $0°\sim360°$ 范围内的角 x（精确到 $0.01°$）.

(1) $\sin x=\dfrac{3}{4}$； (2) $\sin x=-\dfrac{3}{4}$； (3) $\cos x=0.5$；

(4) $\cos x=-0.5$； (5) $\tan x=-5$； (6) $\tan x=\dfrac{\sqrt{3}}{2}$.

2. 求下列各函数的定义域：

(1) $y=\sqrt{\arcsin x}$； (2) $y=2\arccos\sqrt{x-1}$；

(3) $y=\arctan\sqrt{x-5}$.

扫一扫，获取参考答案

5.2 解斜三角形及其应用

由已知三角形的六个元素（三边、三角）中的三个元素（其中至少有一条边），求另外三个元素的过程称为**解三角形**. 在初中，我们已学过了直角三角形的边角关系和直角三角形的解法，但在生产实践和工程技术中，还会遇到解斜三角形（锐角三角形或钝角三角形）的问题，为此我们需要研究斜三角形的解法.

一、正弦定理

我们先在直角坐标系内讨论三角形的面积公式.

如图 5-7(1)所示，以$\triangle ABC$的顶点A为原点，边AC所在的射线为x轴的正半轴，建立直角坐标系. 由任意角三角函数的定义可知，顶点B的坐标是$(c\cos A, c\sin A)$，而AC边上的高EB就是B点的纵坐标$c\sin A$，因此$\triangle ABC$的面积为

$$S_{\triangle}=\frac{1}{2}AC\cdot EB=\frac{1}{2}bc\cdot\sin A.$$

由图 5-7(2)、(3)，同样可以推得

$$S_{\triangle}=\frac{1}{2}ca\cdot\sin B, S_{\triangle}=\frac{1}{2}ab\cdot\sin C.$$

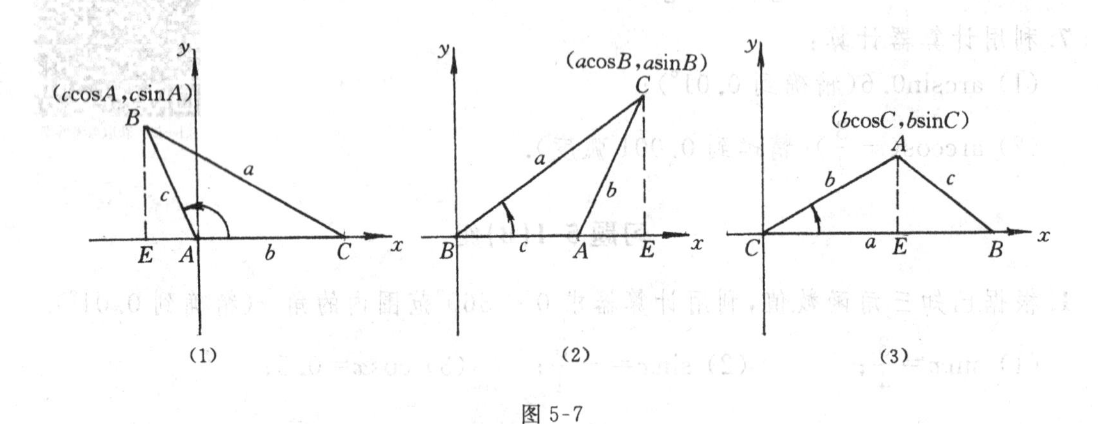

图 5-7

由此，我们得到三角形的面积公式为

$$S_{\triangle}=\frac{1}{2}bc\cdot\sin A=\frac{1}{2}ac\cdot\sin B=\frac{1}{2}ab\cdot\sin C \tag{5-4}$$

也就是说，三角形的面积等于任意两边与它们夹角正弦的积的一半.

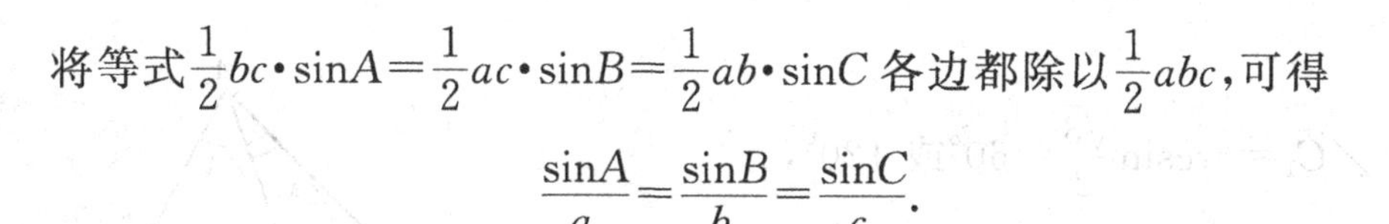

将等式$\frac{1}{2}bc\cdot\sin A=\frac{1}{2}ac\cdot\sin B=\frac{1}{2}ab\cdot\sin C$各边都除以$\frac{1}{2}abc$，可得

$$\frac{\sin A}{a}=\frac{\sin B}{b}=\frac{\sin C}{c}.$$

由此，我们得到任意三角形的边和角之间关系的一个重要定理如下：

定理 在一个三角形中，各边和它所对角的正弦的比相等，即

$$\boxed{\frac{a}{\sin A}=\frac{b}{\sin B}=\frac{c}{\sin C}} \tag{5-5}$$

这个定理称为**正弦定理**，定理中的三角形是任意三角形.

利用正弦定理可以解决下面两类解斜三角形的问题：

(1) 已知三角形的两角和任一边，求其他两边和一角；

(2) 已知三角形的两边和其中一边的对角，求其他两角和一边.

例 1 如图 5-8 所示，在$\triangle ABC$中，$\angle B=79°50'$，$\angle A=36°40'$，$a=400$，求b，c和$\angle C$(边长精确到 0.1).

解 (1) $\angle C=180°-(\angle A+\angle B)$

$=180°-(36°40'+79°50')=63°30'$；

(2) 由$\frac{a}{\sin A}=\frac{b}{\sin B}$，即$b=\frac{a\sin B}{\sin A}$，

从而 $b=\frac{400\times\sin 79°50'}{\sin 36°40'}\approx 659.3$；

(3) 由$\frac{a}{\sin A}=\frac{c}{\sin C}$，即$c=\frac{a\sin C}{\sin A}$，

从而 $c=\frac{400\times\sin 63°30'}{\sin 36°40'}\approx 599.5$.

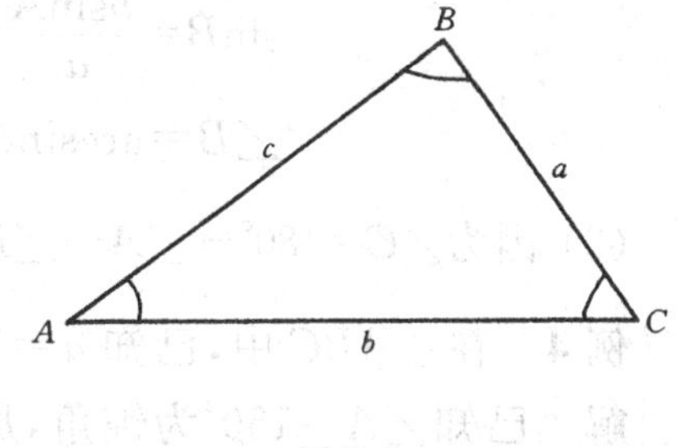

图 5-8

注意：在求得b边后，当然也可以应用$c=\frac{b\sin C}{\sin B}$来求c边，但是由于求b边时已可能有误差，那么根据b来求c时就要受到这个误差的影响. 因此，在解三角形时，应当尽可能由已知元素求未知元素.

例 2 如图 5-9 所示，在$\triangle ABC$中，已知$\angle B=45°$，$AB=2\sqrt{3}$，$AC=2\sqrt{2}$，求$\angle C$，$\angle A$和BC(边长精确到 0.001).

解 (1) 由正弦定理得

$$\sin C=\frac{AB\cdot\sin B}{AC}=\frac{2\sqrt{3}\cdot\sin 45°}{2\sqrt{2}}=\frac{\sqrt{3}}{2},$$

所以

$$\angle C_1=\arcsin\frac{\sqrt{3}}{2}=60^\circ \text{或} 120^\circ,$$

即如图 5-9 所示，存在两种情况：

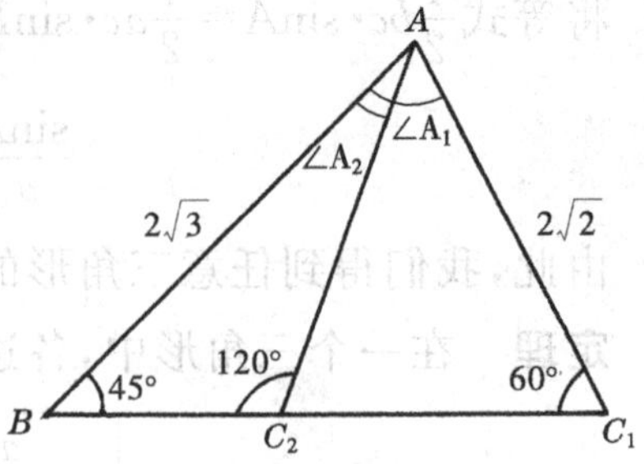

$$\angle C_1=60^\circ,\ \angle C_2=120^\circ.$$

图 5-9

(2) $\angle A_1=180^\circ-(\angle B+\angle C_1)$

$=180^\circ-(45^\circ+60^\circ)=75^\circ$,

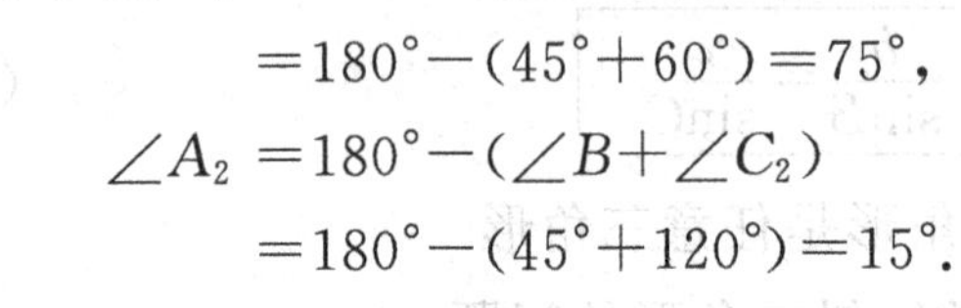

$\angle A_2=180^\circ-(\angle B+\angle C_2)$

$=180^\circ-(45^\circ+120^\circ)=15^\circ$.

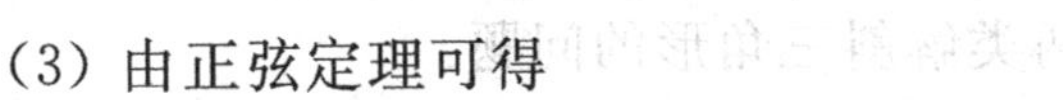

(3) 由正弦定理可得

$$BC_1=\frac{AB\cdot\sin A_1}{\sin C_1}=\frac{2\sqrt{3}\sin75^\circ}{\sin60^\circ}\approx3.864,$$

$$BC_2=\frac{AB\cdot\sin A_2}{\sin C_2}=\frac{2\sqrt{3}\sin15^\circ}{\sin120^\circ}\approx1.035.$$

例 3 在$\triangle ABC$中，已知 $a=60$，$b=50$，$\angle A=38^\circ$，求$\angle B$和 c（边长精确到 0.1）.

解 (1) 已知 $b<a$，所以$\angle B<\angle A$，故$\angle B$为锐角，

$$\sin B=\frac{b\sin A}{a}=\frac{50\times\sin38^\circ}{60}\approx0.5131,$$

$$\angle B=\arcsin0.5131=30^\circ52';$$

(2) 因为$\angle C=180^\circ-\angle A-\angle B=111^\circ8'$，所以 $c=\dfrac{a\sin C}{\sin A}=\dfrac{60\sin111^\circ8'}{\sin38^\circ}\approx90.9$.

例 4 在$\triangle ABC$中，已知 $a=12$，$b=18$，$\angle A=150^\circ$，解此三角形.

解 已知$\angle A=150^\circ$为钝角，那么 a 应是最大边，但 $b>a$，所以本题无解.

由上面的例子可知，在已知两边和其中一边的对角解三角形时，有两解、一解和无解三种情况.

二、余弦定理

根据任意三角形的边和角之间关系，可以证得另一个重要定理——余弦定理.

定理 三角形任意一边的平方等于其他两边的平方和减去这两边与它们的夹角余弦之积的两倍，即

$$\boxed{\begin{aligned}a^2&=b^2+c^2-2bc\cos A\\b^2&=a^2+c^2-2ac\cos B\\c^2&=a^2+b^2-2ab\cos C\end{aligned}}\qquad(5\text{-}6)$$

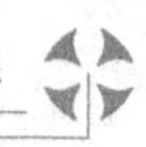

它的另一种形式为

$$\begin{cases}\cos A=\dfrac{b^2+c^2-a^2}{2bc}\\ \cos B=\dfrac{a^2+c^2-b^2}{2ac}\\ \cos C=\dfrac{a^2+b^2-c^2}{2ab}\end{cases}\qquad(5\text{-}7)$$

(证明略).

利用余弦定理可以解决下面两类解斜三角形问题:

(1) 已知三角形的两边和它们的夹角,求第三边和两角;

(2) 已知三角形的三边,求三个角.

例 5 在$\triangle ABC$中,已知$a=48$,$c=63$,$\angle B=60°$,求b及角A、C.

解 (1) 由余弦定理可得

$$b^2=a^2+c^2-2ac\cos B=48^2+63^2-2\times48\times63\times\cos60°$$
$$=2304+3969-3024=3249,$$

所以 $b=57$.

(2) 先求最短边a所对的角A.

由正弦定理可得

$$\sin A=\frac{a\sin B}{b}=\frac{48\times\sin60°}{57}\approx0.7293,$$

所以 $\angle A=\arcsin0.7293=46°49'$.

(3) $\angle C=180°-(\angle A+\angle B)=180°-(46°49'+60°)=73°11'$.

例 6 在$\triangle ABC$中,已知$a=\sqrt{6}$,$b=2$,$c=\sqrt{3}+1$,求角A、B、C.

解 由余弦定理可得

$$\cos A=\frac{b^2+c^2-a^2}{2bc}=\frac{2^2+(\sqrt{3}+1)^2-(\sqrt{6})^2}{2\times2\times(\sqrt{3}+1)}=\frac{1}{2},$$

所以 $\angle A=\arccos\dfrac{1}{2}=60°$.

同样可得:$\angle B=45°$.

则 $\angle C=180°-(\angle A+\angle B)=180°-(60°+45°)=75°$.

下面举例说明如何应用正弦定理、余弦定理解决一些实际问题.

例 7 为了在一条河上建一座桥,施工前在河两岸打上两个桥位桩A、B(图 5-10),要精确测算出A、B两点间的距离,测量人员在岸边定出基线BC,测得$BC=78.35$ m,$\angle B=69°43'$,$\angle C=41°12'$,求AB的长(精确到 0.01 m).

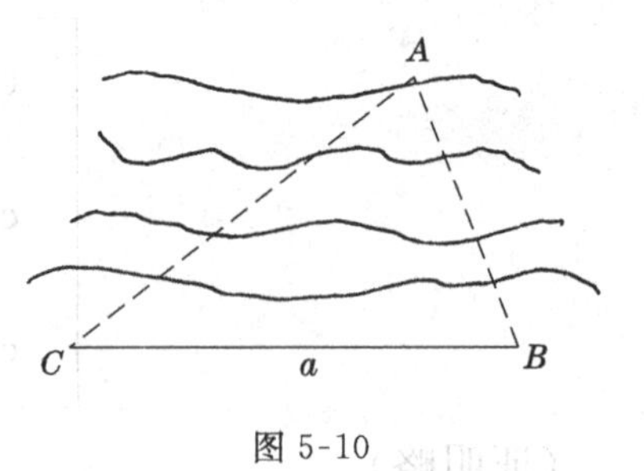

图 5-10

解 在$\triangle ABC$中，已知$a=78.35$，$\angle B=69°43'$，$\angle C=41°12'$.

$\angle A=180°-(\angle B+\angle C)=180°-(69°43'+41°12')=69°5'$.

由正弦定理，可得

$$c=\frac{a\sin C}{\sin A}=\frac{78.35\times\sin 41°12'}{\sin 69°5'}\approx 55.25.$$

答 桥位桩A、B间的距离约为55.25 m.

例8 图5-11是曲柄连杆机构的示意图，当曲柄CB绕C点旋转时，通过连杆AB的传递，使活塞作直线往复运动.当曲柄在CB_0位置时，曲柄和连杆成一条直线，这时，连杆的端点A在A_0处，设连杆AB长340 mm，曲柄CB长85 mm，求曲柄自CB_0按顺时针方向旋转80°时，活塞移动的距离（即连杆的端点A移动的距离A_0A）（精确到1 mm）.

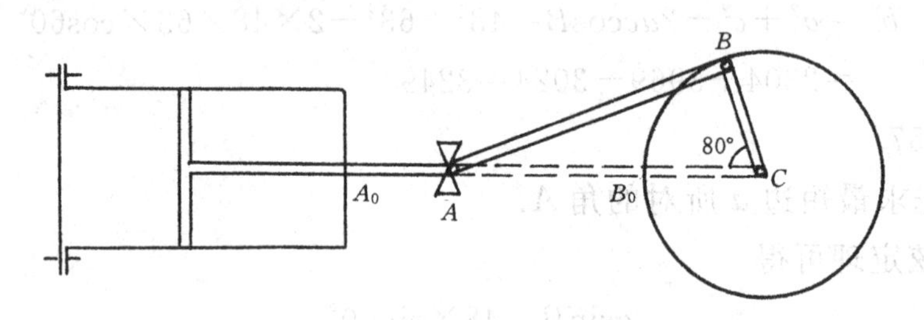

图 5-11

解 因为$A_0A=A_0C-AC$，而$A_0C=AB+BC=340+85=425$，所以需先求出AC的长.

在$\triangle ABC$中，$\frac{BC}{\sin A}=\frac{AB}{\sin C}$，于是

$$\sin A=\frac{BC\sin C}{AB}=\frac{85\sin 80°}{340}\approx 0.2462.$$

因为$BC<AB$，所以$\angle A$为锐角，

故 $\angle A=\arcsin 0.2462=14°15'$，

$\angle B=180°-(\angle A+\angle C)=180°-(14°15'+80°)=85°45'$.

再由$AC=\frac{AB\sin B}{\sin C}$，得

$$AC=\frac{340\sin 85°45'}{\sin 80°}=\frac{340\times 0.9973}{0.9848}\approx 344.3.$$

因此，$A_0A=A_0C-AC=425-344.3=80.7\approx 81$ mm.

答 曲柄自CB_0按顺时针方向旋转80°时，活塞移动的距离约为81 mm.

例 9 A、B 两点彼此不能直达，也不能望见，为了测得这两点间的距离，选择能直达两点的 C 点，如图 5-12 所示，测得：$CA=140\text{ m}$，$CB=195\text{ m}$，$\angle ACB=66°20'$，求 A、B 两点间的距离(精确到 1 m).

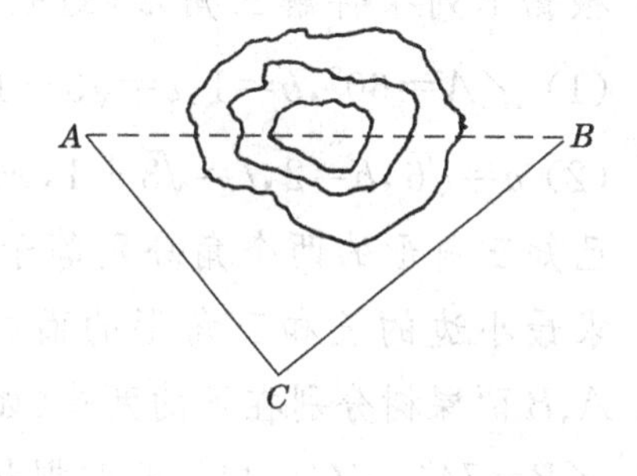

图 5-12

解 由余弦定理可得

$$AB^2=AC^2+BC^2-2AC\cdot BC\cdot\cos C$$
$$=140^2+195^2-2\times140\times195\times\cos66°20'$$
$$\approx35707.7,$$

所以 $AB\approx189\text{ m}$.

答 A、B 两点间的距离约为 189 m.

例 10 已知两个力 $\boldsymbol{F}_1=28\text{N}$，$\boldsymbol{F}_2=40\text{N}$，作用于一点，两力方向的夹角为 $\alpha=62°$，求合力 $\boldsymbol{F}$ 的大小及合力 $\boldsymbol{F}$ 与 $\boldsymbol{F}_2$ 所夹角 θ，如图 5-13 所示.

解 根据力学中求两力的合力方法，求合力 $\boldsymbol{F}$ 就是解以 $\boldsymbol{F}_1$、$\boldsymbol{F}$ 和 $\boldsymbol{F}_2$ 为边的三角形 ABC.

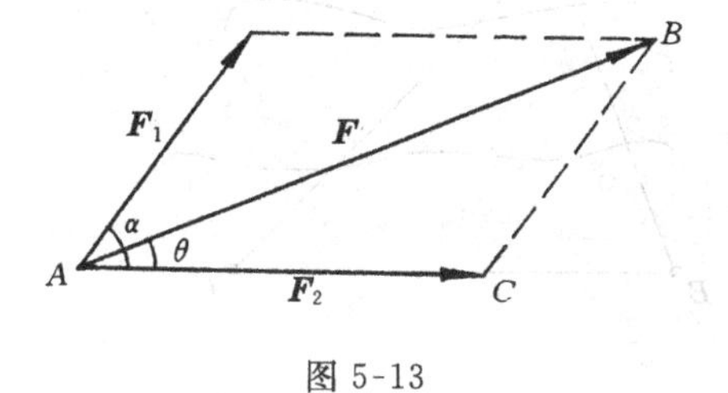

图 5-13

由 $\angle C=180°-\alpha=180°-62°=118°$，

所以根据余弦定理可得：

$$AB^2=AC^2+BC^2-2AC\cdot BC\cdot\cos C$$
$$=40^2+28^2-2\times40\times28\times\cos118°$$
$$\approx3435.6,$$

所以 $AB\approx59$.

由余弦定理可得

$$\cos\theta=\frac{AB^2+AC^2-BC^2}{2AB\cdot AC}=\frac{59^2+40^2-28^2}{2\times59\times40}\approx0.9104,$$

所以 $\theta=\arccos0.9104\approx24°26'$.

答 合力 $\boldsymbol{F}$ 的大小约为 59N，力 $\boldsymbol{F}$ 与 $\boldsymbol{F}_2$ 的夹角约为 $24°26'$.

习题 5-2(A)组

1. 根据下列条件解三角形(边长保留四位有效数字)：

(1) $\angle B=30°$，$\angle C=120°$，$a=10$，求 b 及 c；

(2) $a=48$，$c=63$，$\angle C=60°$，求 $\angle B$ 及 b.

2. 根据下列条件解三角形(边长保留四位有效数字)：

(1) $\angle A=60°, b=1, c=\sqrt{3}-1$，求$\angle B$及$a$；

(2) $a=\sqrt{6}, b=2, c=\sqrt{3}+1$，求$\angle A$及$\angle B$.

3. 已知三角形的两个角分别等于$45°15'$和$58°46'$，它们所夹的边长为15.38 mm，求最小边的长和三角形的面积(结果保留四位有效数字).

4. A、B两棵树分别在河的两岸(如图5-14所示)，在河的一岸测得BC长为100 m，$\angle B=74°$，$\angle C=44°$，求两棵树之间的距离(结果保留四位有效数字).

5. 一船以32海里/小时的速度向正北航行(如图5-15所示)，起初望见一个灯塔S在船的北偏东30°，半小时后，望见这灯塔在船的北偏东45°. 求第二次望见灯塔时船和灯塔的距离(结果保留四位有效数字).

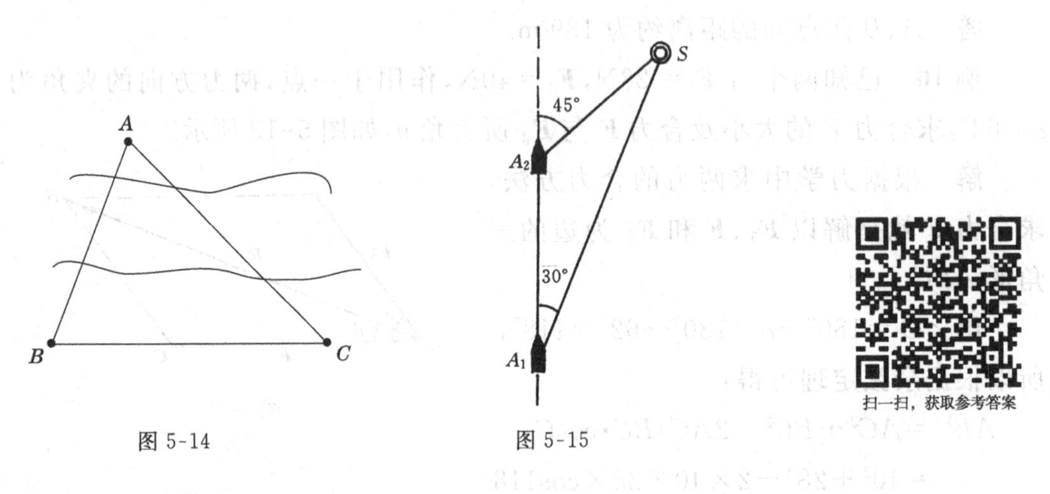

图 5-14　　图 5-15

习题 5-2(B)组

1. 根据下列条件解三角形(边长保留四位有效数字)：

(1) $\angle A=60°, a=\sqrt{3}, c=2$，求$\angle B$及$b$；

(2) $\angle A=30°, a=3, b=4$，求$\angle B$及c；

(3) $b=1.229, a=0.437, \angle C=31°3'$，求$\angle A$及$c$；

(4) $a=20, b=29, c=21$，求$\angle B$及$\angle C$.

2. 要测量底部不能到达的一建筑物的高AB(如图5-16所示)，可以从建筑物底在同一水平直线上的C'、F'两处，测得其仰角分别是$\alpha=49°28'$和$\beta=35°12'$，C'与F'间的距离是11.12 m. 已知测角仪器高$CC'=FF'=1.52$ m，求建筑物的高(结果保留四位有效数字).

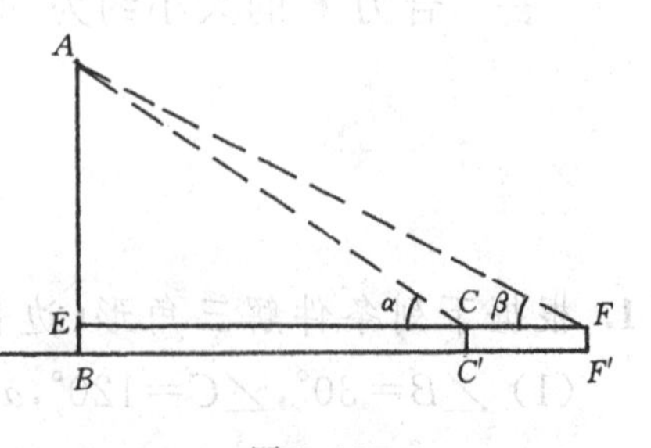

图 5-16

3. 为了开凿隧道，要测量隧道口 D、E 间的距离. 为此在山的一侧选取适当的点 C（如图 5-17 所示），测得 $CA=482.8$ m，$CB=631.5$ m，$\angle ACB=56°18'$，又测得 A、B 两点到隧道口的距离分别为 $AD=80.12$ m，$BE=40.24$ m（A、D、E、B 在一直线上），计算隧道 DE 的长（结果保留四位有效数字）.

4. 一个气球在地面上 A、B 两点之间的上空，并且和 A、B 在同一个铅直面内. 现从 A 点测得气球的仰角是 α，从 B 点测得气球的仰角是 β. 已知 $AB=a$ m，求气球的高度.

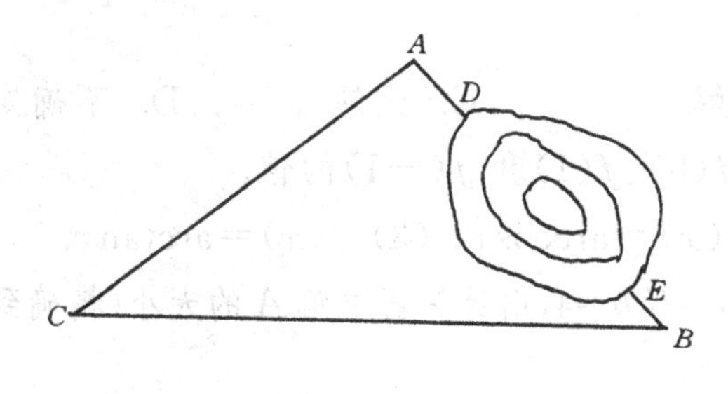

图 5-17

扫一扫，获取参考答案

复习题 5

1. 填空题：

(1) 反正弦函数 $y=\arcsin x$ 的定义域是________，值域是________；

(2) 反余弦函数 $y=\arccos x$ 的定义域是________，值域是________；

(3) 反正切函数 $y=\arctan x$ 的定义域是________，值域是________；

(4) $\arcsin\frac{\sqrt{3}}{2}+\arccos\frac{\sqrt{2}}{2}+\arctan(-1)=$________；

(5) $\triangle ABC$ 中，$a=\sqrt{3}$，$b=3$，$\angle A=\frac{\pi}{6}$，则 $\angle B=$________.

2. 选择题：

(1) 下列各式中不正确的是（　　）.

A. $\arcsin x+\arcsin(-x)=0$，$(x\in[-1,1])$

B. $\arccos x+\arccos(-x)=0$，$(x\in[-1,1])$

C. $\arccos x+\arccos(-x)=\pi$，$(x\in[-1,1])$

D. $\arctan x+\arctan(-x)=0$，$(x\in\mathbf{R})$

(2) 函数 $y=\arcsin\left(\lg\frac{x}{2}\right)$ 的定义域是（　　）.

A. $\left[\frac{1}{2},20\right]$　　B. $\left[-\frac{1}{5},20\right]$　　C. $[1,20]$　　D. $\left[\frac{1}{5},20\right]$

(3) 函数 $f(x)=\sin x$ ($x\in\mathbf{R}$) 与函数 $g(x)=\arcsin x$ ($x\in[-1,1]$) 都是(　　).

A. 单调增加函数　　B. 奇函数

C. 周期函数　　D. 单调减少函数

(4) 若$\triangle ABC$中，$\angle A:\angle B:\angle C=1:2:3$，则对应的三条边之比为(　　).

A. $1:2:3$　　B. $3:4:5$　　C. $1:\sqrt{2}:\sqrt{3}$　　D. $1:\sqrt{3}:2$

(5) 在$\triangle ABC$中，已知$\angle A=35°$，$a=20$，$b=40$，那么由此条件确定的三角形有(　　).

A. 一解　　B. 两解　　C. 无解　　D. 不确定

3. 根据下列各题中的函数，求 $f(0)$、$f(1)$和 $f(-1)$的值.

(1) $f(x)=\arcsin x$；(2) $f(x)=\arccos x$；(3) $f(x)=\arctan x$.

4. 在直角$\triangle ABC$中，已知$C=90°$，$c=5$，$b=4$，用计算器求角A的大小(精确到0.01°).

5. 求下列函数的定义域：

(1) $y=\arcsin 3x$；　　(2) $y=\frac{1}{3}\arccos(x-1)$；

(3) $y=\arcsin\frac{1}{x-1}$；　　(4) $y=\frac{1}{\arccos x}$.

6. 根据下列条件解三角形(边长精确到0.01)：

(1) $b=12$，$\angle A=30°$，$\angle B=120°$；　　(2) $a=2$，$b=1$，$\angle C=32°$；

(3) $a=25$，$b=13$，$\angle A=60°$；　　(4) $a=2$，$b=3$，$c=4$.

7. 已知三角形的三边长分别为$4,5,\sqrt{61}$，求这个三角形内最大角的度数.

8. 建在山上的电视发射塔高50 m，在山下地面C处测得塔底B的仰角是40°，塔顶A的仰角是70°，求小山的高BD(如图5-18所示)(精确到0.01 m).

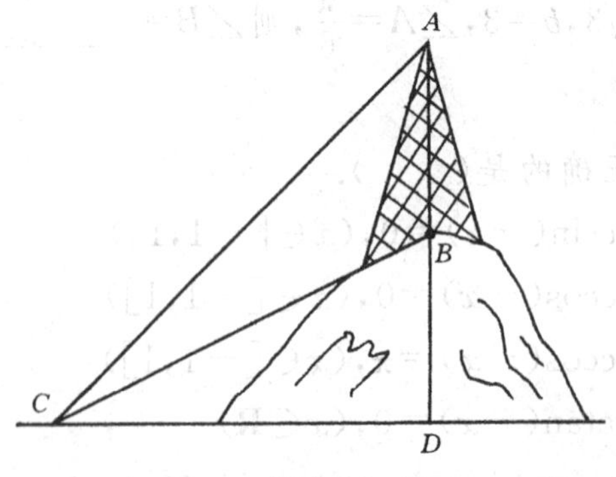

图5-18

9. 在$\triangle ABC$中，已知$\angle B=60°$，$AB=4$，$S_{\triangle ABC}=\sqrt{3}$，求$AC$和$BC$的长(精确到0.01).

扫一扫，获取参考答案

[阅读材料 5]

桌球的数学

学习桌球技巧，关键在于掌握击球所用的力度和角度，通过数学上的演绎，有助于提高瞄准的意识和调校方向的准绳.

假若白球刚巧在桌面的中心位置，桌面长度和宽度分别为 3.6 m 和 1.8 m，球面直径为 5.4 cm，黑色球与白色球皆位于同一中线上，且两球相距 1 m，若想用白色球把黑色球撞入左或右的“尾袋”，便须将前者从侧旁撞击后者，才有机会成功，那么，我们如何找出白色球击出时所需的调校角度？

在图 5-19 中，瞄准时 OP 为两球重心点的距离，设 φ 为白色球击出方向(OW)与线 OP 所成的调校角度，而撞击后黑色球则以角度 θ 进入“尾袋”的 S 位置.

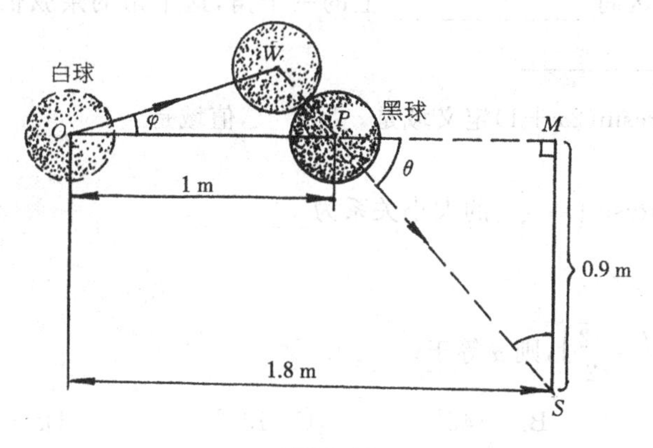

图 5-19

要求出 φ，可依以下三个步骤进行.

步骤一：求出角度 θ：

$$PM=1.8-1=0.8(\mathrm{m}),$$

$$\tan\theta=\frac{MS}{PM}=\frac{0.9}{0.8}=\frac{9}{8},$$

所以 $\theta=\arctan\frac{9}{8}=48.37°$.

步骤二：求出 OW 的长度.

在△OPW 中，$PW=2$ 倍球的半径$=0.054(\mathrm{m})$.

由余弦定理 $OW^2=PW^2+OP^2-2PW\cdot OP\cdot\cos\theta$ 可得 $OW=0.965(\mathrm{m})$.

步骤三：最后，利用正弦定理便可求出 φ.

在$\triangle OPW$中，$\frac{PW}{\sin\varphi}=\frac{OW}{\sin\theta}$，即 $\sin\varphi=\frac{PW\sin\theta}{OW}=0.0418$.

所以 $\varphi=\arcsin 0.0418\approx 2.4°$.

这结果表示击球必须非常准确，才能以如此“窄角度”把该黑色球送入“尾袋”中.

第5章单元自测

1. 填空题

(1) 求值：$\arccos\left(-\frac{1}{2}\right)-\arcsin\left(-\frac{\sqrt{2}}{2}\right)+\arctan(-\sqrt{3})=$__________.

(2) $\arccos\left(\cos\frac{13\pi}{4}\right)=$__________.

(3) $\arccos x$表示区间__________上的一个角，这个角的余弦值为__________，正弦值为__________.

(4) 函数 $y=\frac{1}{3}\arcsin(2x+1)$定义域是________，值域是________.

(5) $\arcsin\frac{\sqrt{3}}{3}$与$\arcsin\left(-\frac{\sqrt{2}}{3}\right)$的大小关系为________.

2. 选择题

(1) 若 $\alpha=\arccos\left(-\frac{\sqrt{2}}{2}\right)$，则$\alpha$等于(　　).

A. 45°　　B. −45°　　C. 135°　　D. −135°

(2) 若 $\sin(\arcsin x)=\frac{1}{2}$，则$x$的值是(　　).

A. $\frac{\sqrt{3}}{2}$　　B. $\pm\frac{\sqrt{3}}{2}$　　C. $-\frac{\sqrt{3}}{2}$　　D. $\frac{1}{2}$

(3) 下列结论中正确的是(　　).

A. $\arcsin\frac{\pi}{2}=1$　　B. $\arccos 1=0$

C. $\arccos\left(-\frac{1}{2}\right)=-\frac{\pi}{3}$　　D. $\arccos 0=1$

(4) 函数 $y=\arcsin(x-1)$的最大值是(　　).

A. $\frac{\pi}{2}+1$　　B. $\frac{\pi}{2}-1$　　C. $1-\frac{\pi}{2}$　　D. $\frac{\pi}{2}$

(5) 设x为实数，下列等式正确的是(　　).

A. $\arcsin(\sin x)=x$　　B. $\cos(\arccos x)=x$

C. $\arctan(\tan x)=x$　　D. $\tan(\arctan x)=x$

(6) 函数 $y=\sin x$ ($x\in\mathbf{R}$)与函数 $y=\arcsin x$ ($x\in[-1,1]$)，都是(　　).

A. 单调增函数　　B. 周期函数　　C. 奇函数　　D. 单调函数

3. 解答题

扫一扫，获取参考答案

(1) 求函数 $y=2\arcsin\sqrt{4-x^2}$ 的定义域和值域.

(2) 证明 $\arctan\dfrac{3}{4}+\arctan\dfrac{1}{7}=\dfrac{\pi}{4}$.

(3) 若△ABC 的面积等于$\sqrt{3}$，$\angle B=60°$，$b=4$，求 a，c 边长.

(4) 在△ABC 中，已知 $c=4$，$\angle A=45°$，$\angle B=60°$，求$\angle C$ 和边 a，b 以及三角形的面积.

第 6 章

平面向量

在平面几何中，方向和距离是两个最基本的几何量，在这一章里，我们将把方向和距离结合起来，引入新的几何量——向量，并研究向量的基本性质和运算. 向量也是研究物理等其他自然科学的有效工具.

6.1　平面向量的概念

一、向量的定义

在物理学和其他一些学科中，经常遇到一些量，如距离、时间、面积、质量等，在选定度量单位后，就可以用一个实数确切地表示它们，这种只有大小的量称为数量或标量. 另外一些量，它们不仅有大小，而且还有方向.

下面以物理学中的位移为例说明这类量的一些性质.

一质点由位置 A 位移："北偏东 30°，3 个单位"，到达 B 点(如图 6-1 所示). "北偏东"表示位移的方向，"3 个单位"表示位移的距离.

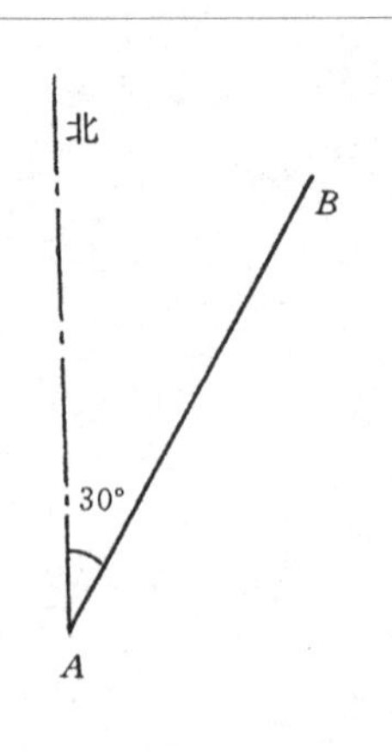

图 6-1

定义　既有大小又有方向的量称为**向量**或**矢量**. 向量的大小称为该向量的**模**. 以 A 为起点，B 为终点的向量常记为$\overrightarrow{AB}$，也可以用一个小写字母上再加箭头$\vec{a}$，$\vec{i}$，$\vec{v}$或用一个黑体字 $\boldsymbol{a}$，$\boldsymbol{i}$，$\boldsymbol{v}$ 等来表示. 向量的模记为$|\overrightarrow{AB}|$或$|\boldsymbol{a}|$.

向量的例子很多，例如，力、速度等都是向量. 下面介绍两个特殊向量.

零向量：模等于零的向量称为零向量，记为 $\boldsymbol{0}$，零

向量的方向不确定.

单位向量:模等于 1 的向量称为单位向量.

二、平行向量的定义和记号

定义 两个非零向量,若它们方向相同或相反则称这两个向量为**平行向量**,记为$\overrightarrow{AB}/\!/\overrightarrow{CD}$或$\boldsymbol{a}/\!/\boldsymbol{b}$,两平行向量也称为**共线向量**(如图 6-2).

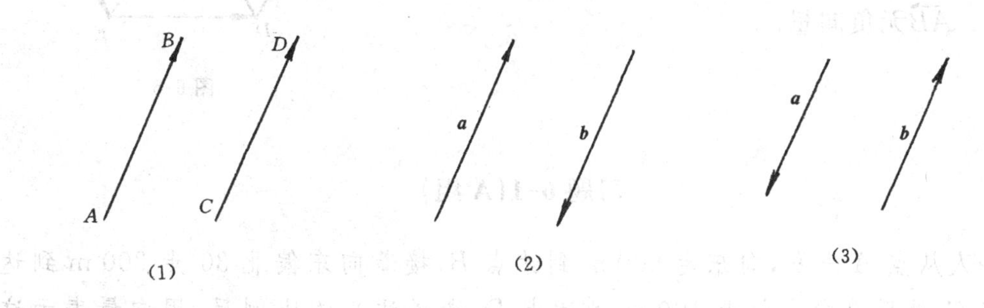

图 6-2

三、两向量相等的定义和负向量的定义

1. 相等向量

定义 若两向量大小相等且方向相同则称这两**向量相等**. 向量 $\boldsymbol{a}$ 与 $\boldsymbol{c}$ 相等记为 $\boldsymbol{a}=\boldsymbol{c}$. 通过平移完全重合的向量视为同一向量.

如图 6-3 所示: $\boldsymbol{a}=\boldsymbol{c},\boldsymbol{d}=\boldsymbol{b}$, 如图 6-4 所示: $\boldsymbol{a}\neq\boldsymbol{b}$

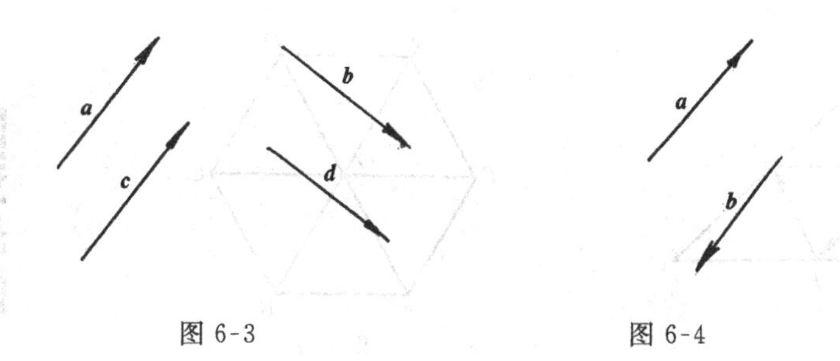

图 6-3 图 6-4

2. 负向量

定义 两个大小相等、方向相反的向量互称为**负向量**或互为**相反向量**,记为 $\boldsymbol{a}=-\boldsymbol{b}$(如图 6-4 所示).

例 如图 6-5 所示,设 O 是正六边形 $ABCDEF$ 的中心,分别写出与向量$\overrightarrow{OA}$、$\overrightarrow{OB}$、$\overrightarrow{OC}$相等的向量,写出与$\overrightarrow{AF}$、$\overrightarrow{AB}$平行的向量及负向量.

解 因为$|\overrightarrow{OA}|=|\overrightarrow{DO}|=|\overrightarrow{CB}|$且$\overrightarrow{OA}$、$\overrightarrow{DO}$、$\overrightarrow{CB}$的方向相同，所以 $\overrightarrow{OA}=\overrightarrow{CB}=\overrightarrow{DO}$.

同理 $\overrightarrow{OB}=\overrightarrow{DC}=\overrightarrow{EO}$，$\overrightarrow{OC}=\overrightarrow{AB}=\overrightarrow{FO}=\overrightarrow{ED}$，

$\overrightarrow{AF}\parallel\overrightarrow{OB}\parallel\overrightarrow{DC}\parallel\overrightarrow{EO}$，

$\overrightarrow{AB}\parallel\overrightarrow{OC}\parallel\overrightarrow{FO}\parallel\overrightarrow{ED}$，

$\overrightarrow{AF}=-\overrightarrow{OB}=-\overrightarrow{DC}=-\overrightarrow{EO}$.

$\overrightarrow{AB}$无负向量.

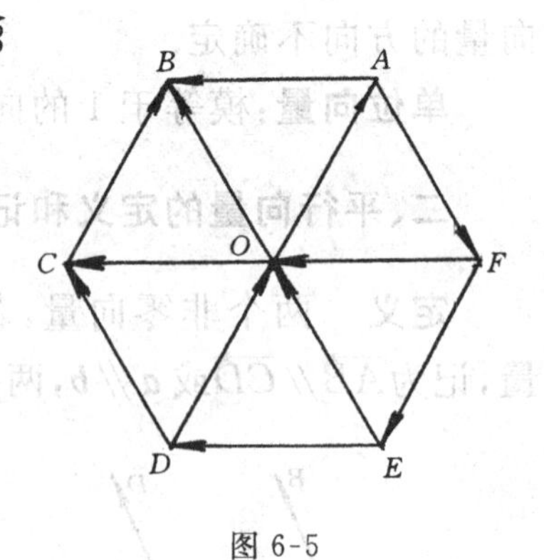

图 6-5

习题 6-1(A 组)

1. 一人从点 A 出发，向东走 500 m 到达点 B，接着向东偏北 30°走 300 m 到达点 C，然后再向东北走 100 m 到达点 D，选择适当的比例尺，用向量表示这个人的位移.
2. 已知 D，E，F 是$\triangle ABC$ 各边的中点，分别写出图 6-6 中与$\overrightarrow{DE}$、$\overrightarrow{EF}$、$\overrightarrow{FD}$相等的向量.
3. 如果$\overrightarrow{AA'}=\boldsymbol{a}$，$\overrightarrow{BB'}=\boldsymbol{b}$，且 $\boldsymbol{a}=\boldsymbol{b}$，那么 A、B、B'、A' 的连线能构成平行四边形吗？为什么？反之，如果 $ABB'A'$ 是平行四边形，那么$\overrightarrow{AA'}=\overrightarrow{BB'}$吗？
4. 如果 $ABCDEF$ 为正六边形(如图 6-7 所示)，中心为 O，试写出：
   (1) $\overrightarrow{AB}$向量的相等向量；
   (2) $\overrightarrow{OA}$向量的相反向量.

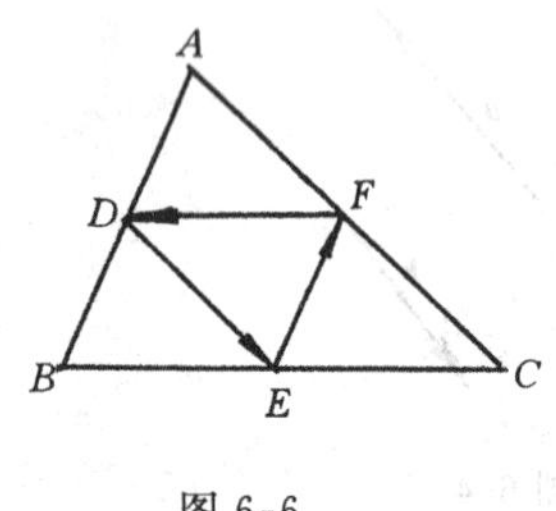

图 6-6

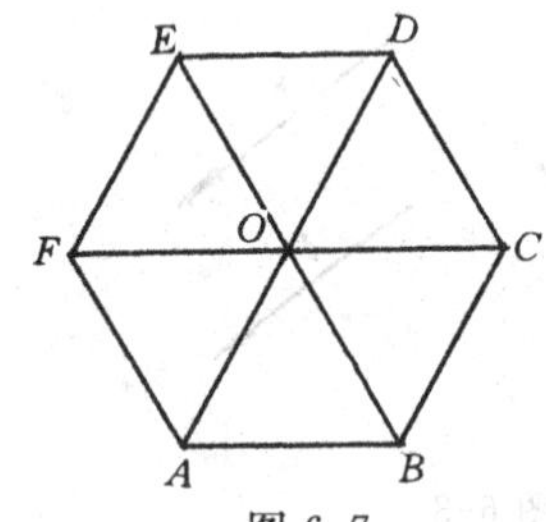

图 6-7

扫一扫，获取参考答案

习题 6-1(B 组)

1. 下列说法是否正确.
   (1) 设有两个向量 $\boldsymbol{a}$，$\boldsymbol{b}$，若$|\boldsymbol{a}|=|\boldsymbol{b}|$，则 $\boldsymbol{a}=\boldsymbol{b}$.
   (2) 设两个向量 $\boldsymbol{c}$，$\boldsymbol{d}$，若$|\boldsymbol{c}|>|\boldsymbol{d}|$，则 $\boldsymbol{c}>\boldsymbol{d}$.
   (3) 任何向量都有确定的大小和方向.

2. 写出图 6-8 中与向量$\overrightarrow{AE}$相等的向量和相反向量，写出与向量$\overrightarrow{AE}$共线的向量.

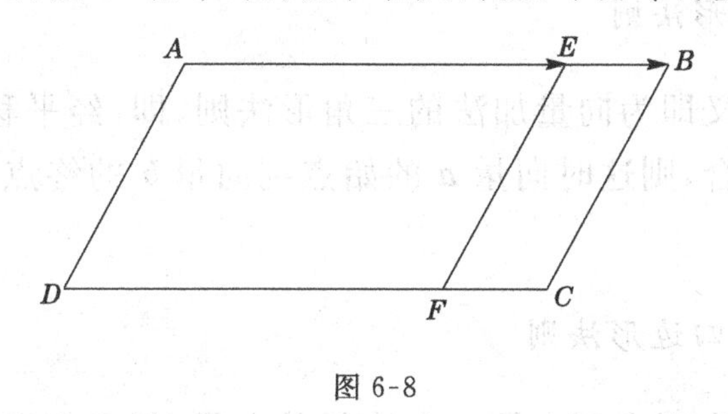

图 6-8

扫一扫，获取参考答案

3. 四边形 $ABCD$ 中，若$\overrightarrow{AD}=\overrightarrow{BC}$，试证明四边形 $ABCD$ 为平行四边形.

6.2 向量的线性运算

数量可以进行加减乘除等运算，向量也可以进行运算. 在物理学中，对力、速度等向量可按照一定的规则进行加、减等运算. 同样，对一般定义下的向量，也可以进行类似运算. 下面介绍向量的加、减、数乘运算，这些运算统称为向量的线性运算.

一、向量的加法

先观察下例：一质点从点 A 位移到点 B，又由点 B 位移到点 C，那么一定存在一个从点 A 到点 C 的位移，与两次连续位移的结果相同，如图 6-9 所示，这时我们说：质点从 A 到 C 的位移是质点 A 到 B，再由 B 到 C 两次位移的和.

定义 设向量 $\boldsymbol{a}$，$\boldsymbol{b}$，在平面上任取一点 A，作$\overrightarrow{AB}=\boldsymbol{a}$，$\overrightarrow{BC}=\boldsymbol{b}$，作向量$\overrightarrow{AC}$，则向量$\overrightarrow{AC}$称为向量 $\boldsymbol{a}$ 与 $\boldsymbol{b}$ 的和(或和向量)，记作 $\boldsymbol{a}+\boldsymbol{b}$，即

$$\boldsymbol{a}+\boldsymbol{b}=\overrightarrow{AB}+\overrightarrow{BC}=\overrightarrow{AC}$$

如图 6-10 所示.

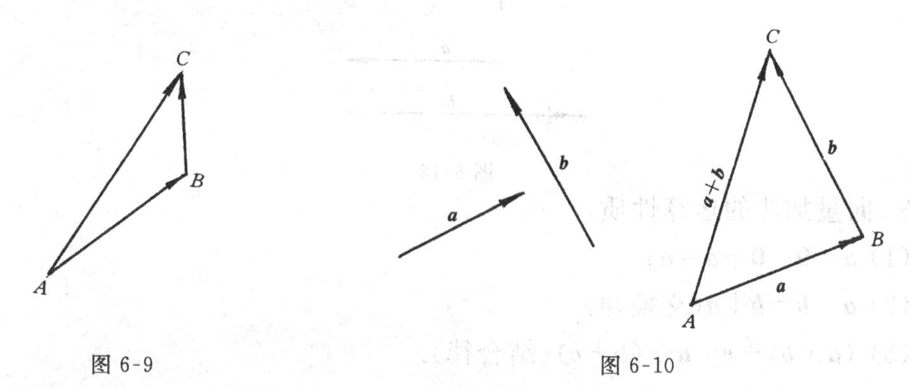

图 6-9　　图 6-10

1. 加法的三角形法则

上述求和的定义即为向量加法的三角形法则，即：经平移使向量 $\boldsymbol{a}$ 的终点与向量 $\boldsymbol{b}$ 的始点重合，则这时向量 $\boldsymbol{a}$ 的始点到向量 $\boldsymbol{b}$ 的终点的向量，即为向量 $\boldsymbol{a}$ 与 $\boldsymbol{b}$ 的和 $\boldsymbol{a}+\boldsymbol{b}$.

2. 加法的平行四边形法则

设向量 $\boldsymbol{a}$ 与 $\boldsymbol{b}$ 为两个不在同一条直线的向量，把它们平移，使其始点与 A 点重合，得 $\overrightarrow{AB}=\boldsymbol{a}$，$\overrightarrow{AD}=\boldsymbol{b}$，并以 $\overrightarrow{AB}$，$\overrightarrow{AD}$ 为邻边作平行四边形，则对角线向量 $\overrightarrow{AC}$ 即为 $\boldsymbol{a}+\boldsymbol{b}$（如图 6-11 所示）.

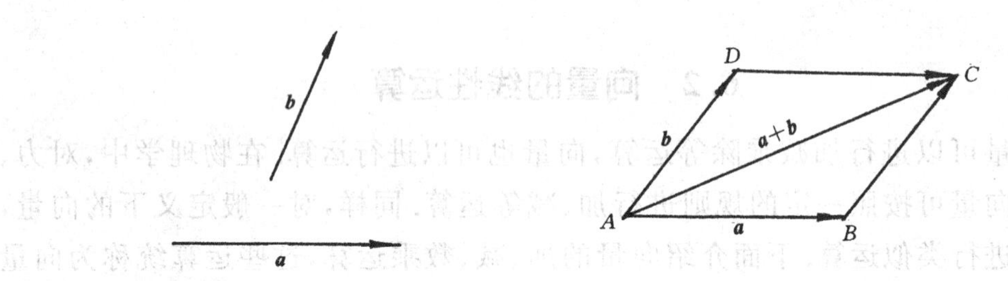

图 6-11

必须注意：

（1）求两个在同一直线上向量之和只可用三角形法则进行；

（2）三角形法则同样可以进行求多个向量之和的运算. 如，$\overrightarrow{AB}+\overrightarrow{BC}+\overrightarrow{CD}=\overrightarrow{AD}$.

例 1　设向量 $\boldsymbol{a}$，模为 2，方向水平向右，向量 $\boldsymbol{b}$，模为 3，方向水平向左，作出向量 $\boldsymbol{a}+\boldsymbol{b}$.

作法　在平面上任取一点 A，作

$\overrightarrow{AB}=\boldsymbol{a}$，$\overrightarrow{BC}=\boldsymbol{b}$，$\overrightarrow{AC}=\overrightarrow{AB}+\overrightarrow{BC}=\boldsymbol{a}+\boldsymbol{b}$，方向水平向左，模为 1（如图 6-12 所示）.

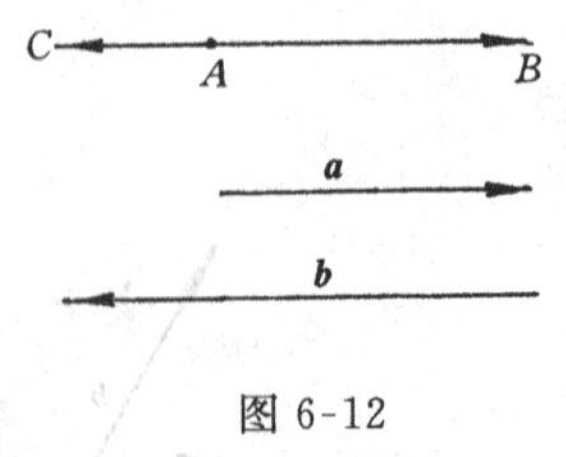

图 6-12

3. 向量加法的运算性质

（1）$\boldsymbol{a}+\boldsymbol{0}=\boldsymbol{0}+\boldsymbol{a}=\boldsymbol{a}$；

（2）$\boldsymbol{a}+\boldsymbol{b}=\boldsymbol{b}+\boldsymbol{a}$（交换律）；

（3）$(\boldsymbol{a}+\boldsymbol{b})+\boldsymbol{c}=\boldsymbol{a}+(\boldsymbol{b}+\boldsymbol{c})$（结合律）.

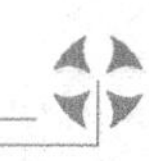

例 2 一艘船先向东行走 3 km，接着再向北走 3 km，求两次位移的和.

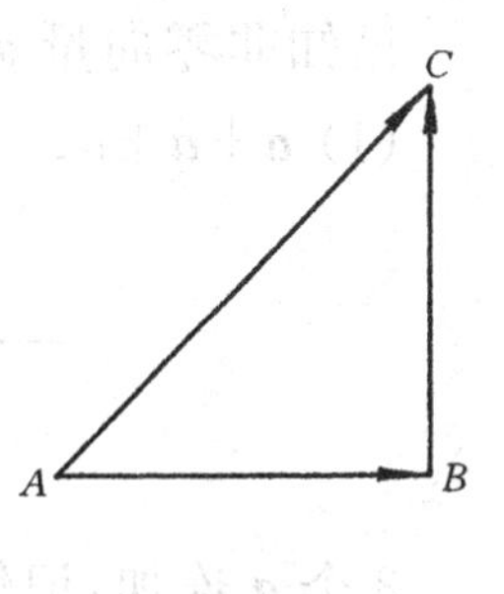

图 6-13

解 作$\overrightarrow{AB}$表示向东走 3 km，$\overrightarrow{BC}$表示向北走 3 km，则$\overrightarrow{AC}=\overrightarrow{AB}+\overrightarrow{BC}$表示两次位移和（如图 6-13 所示）.

在 Rt△ABC 中，$|\overrightarrow{AB}|=3$，$|\overrightarrow{BC}|=3$，

$$|\overrightarrow{AC}|=\sqrt{|\overrightarrow{AB}|^2+|\overrightarrow{BC}|^2}$$
$$=\sqrt{3^2+3^2}=3\sqrt{2}(\text{km}).$$

且$\overrightarrow{AB}$与$\overrightarrow{AC}$的夹角为 45°.

所以两次位移和是向东北走 $3\sqrt{2}$ km.

二、向量的减法

定义 向量 $\boldsymbol{a}$ 加上向量 $\boldsymbol{b}$ 的相反向量，称为 $\boldsymbol{a}$ 与 $\boldsymbol{b}$ 的差，记为 $\boldsymbol{a}-\boldsymbol{b}$.

减法的三角形法则，把两个向量的始点放在一起，则这两个向量的差是减向量的终点到被减向量的终点的向量，如图6-14 所示，$\overrightarrow{AC}-\overrightarrow{AD}=\overrightarrow{DC}$.

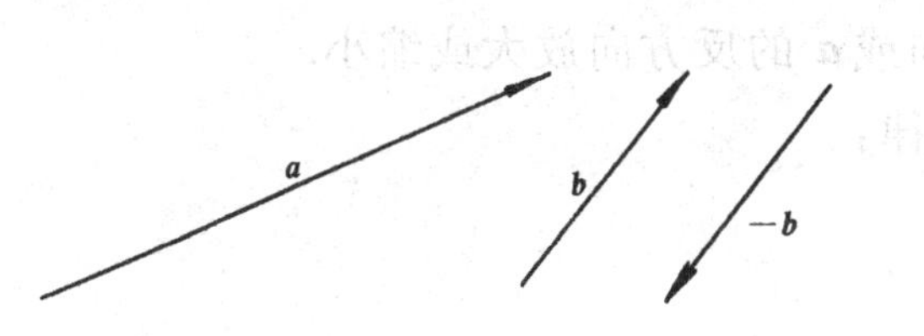

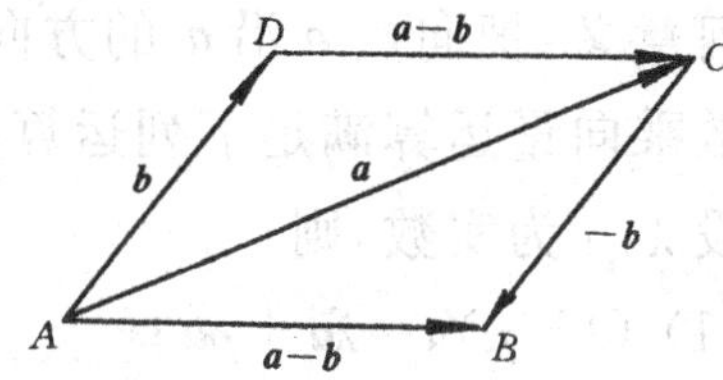

图 6-14

例 3 如图 6-15 所示，已知 $\boldsymbol{a},\boldsymbol{b},\boldsymbol{c}$，求作 $\boldsymbol{a}-\boldsymbol{b},\boldsymbol{b}-\boldsymbol{c}$.

作法 如图 6-16，在平面上任取一点 A，作$\overrightarrow{AB}=\boldsymbol{a}$，$\overrightarrow{AC}=\boldsymbol{b}$，则 $\overrightarrow{CB}=\boldsymbol{a}-\boldsymbol{b}$.

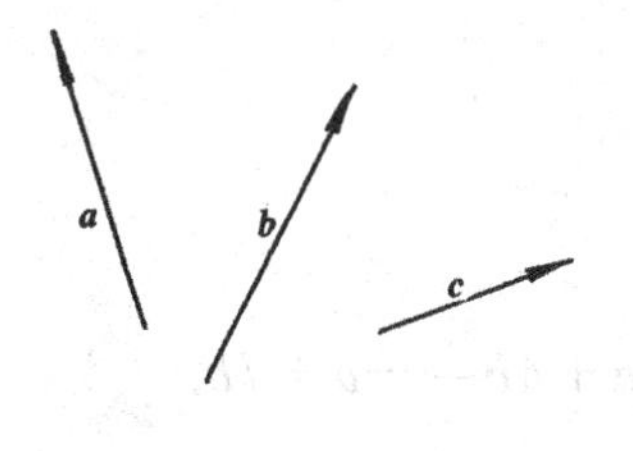

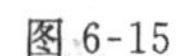
图 6-15

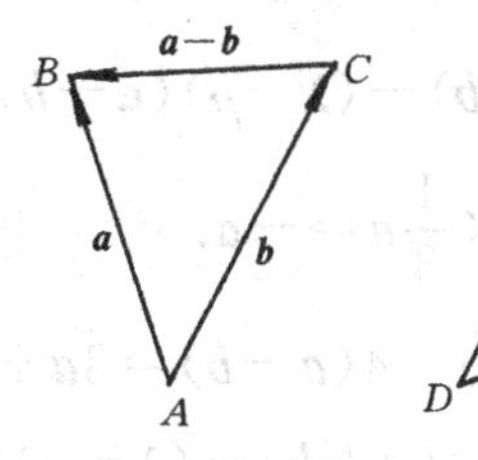

图 6-16

在平面上任取一点 D，作$\overrightarrow{DE}=\boldsymbol{b}$，$\overrightarrow{DF}=\boldsymbol{c}$，则$\overrightarrow{FE}=\boldsymbol{b}-\boldsymbol{c}$.

三、向量的数乘运算

先观察下面的例子.

已知非零向量 $\boldsymbol{a}$，可作出：

(1) $\boldsymbol{a}+\boldsymbol{a}+\boldsymbol{a}$；　　(2) $(-\boldsymbol{a})+(-\boldsymbol{a})+(-\boldsymbol{a})$.

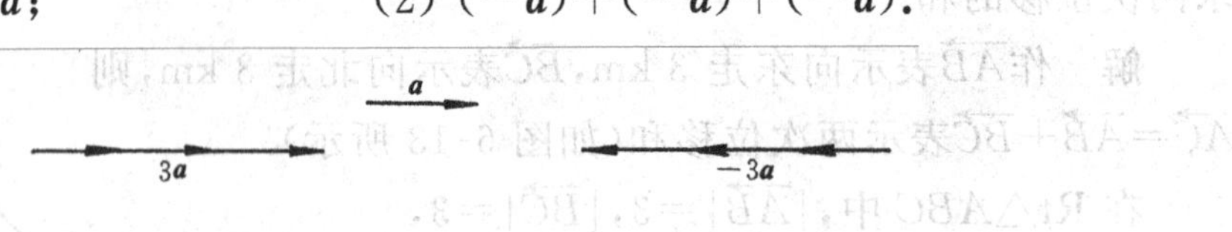

图 6-17

3 个 $\boldsymbol{a}$ 连加，记作 $3\boldsymbol{a}$，3 个 $(-\boldsymbol{a})$ 连加记作 $-3\boldsymbol{a}$，由图 6-17 可以看到，3 个 $\boldsymbol{a}$ 连加是一向量，它的长度等于 $3|\boldsymbol{a}|$，方向与 $\boldsymbol{a}$ 相同；3 个 $(-\boldsymbol{a})$ 连加是一个向量，它的长度等于 $3|\boldsymbol{a}|$，方向与 $\boldsymbol{a}$ 相反.

由上面分析，引入数乘向量的定义.

定义　实数 λ 与向量 $\boldsymbol{a}$ 的乘积是一个向量，记作 $\lambda\boldsymbol{a}$，其长度 $|\lambda\boldsymbol{a}|=|\lambda||\boldsymbol{a}|$. 当 $\lambda>0$ 时，与 $\boldsymbol{a}$ 同方向；当 $\lambda<0$ 时，与 $\boldsymbol{a}$ 反方向（如图6-18所示）.

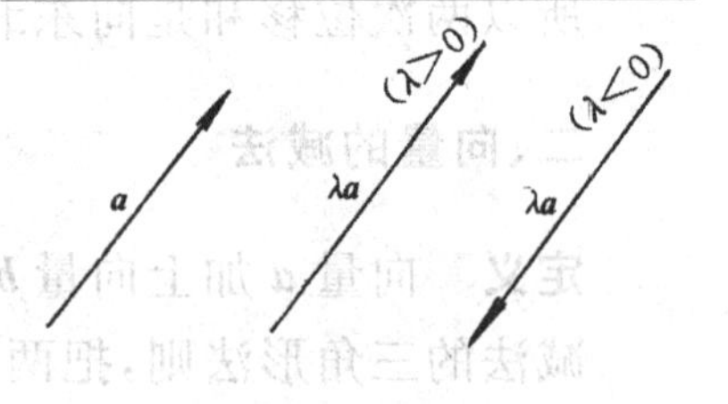

图 6-18

$\lambda=0$ 时，$\lambda\boldsymbol{a}=\boldsymbol{0}$. $\boldsymbol{a}=\boldsymbol{0}$ 时，$\lambda\boldsymbol{a}=\boldsymbol{0}$.

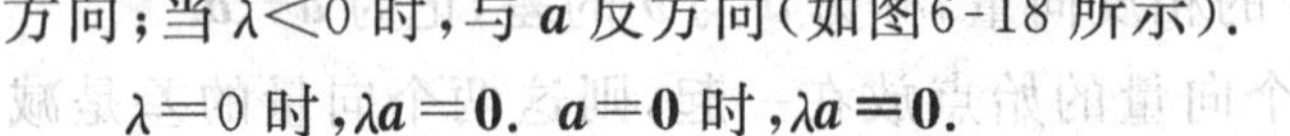

$\lambda\boldsymbol{a}$ 中的实数 λ 称为向量 $\boldsymbol{a}$ 的系数. 数乘向量的几何意义：把向量 $\boldsymbol{a}$ 沿 $\boldsymbol{a}$ 的方向或 $\boldsymbol{a}$ 的反方向放大或缩小.

数乘向量运算满足下列运算律：

设 λ,μ 为实数，则

(1) $(\lambda+\mu)\boldsymbol{a}=\lambda\boldsymbol{a}+\mu\boldsymbol{a}$；

(2) $\lambda(\mu\boldsymbol{a})=(\lambda\mu)\boldsymbol{a}$；

(3) $\lambda(\boldsymbol{a}+\boldsymbol{b})=\lambda\boldsymbol{a}+\lambda\boldsymbol{b}$.

例 4　计算下列各式：

(1) $(-3)\times\frac{1}{3}\boldsymbol{a}$；　　(2) $3(\boldsymbol{a}+\boldsymbol{b})-4(\boldsymbol{a}-\boldsymbol{b})$；

(3) $(\lambda+\mu)(\boldsymbol{a}+\boldsymbol{b})-(\lambda-\mu)(\boldsymbol{a}-\boldsymbol{b})$.

解　(1) $(-3)\times\frac{1}{3}\boldsymbol{a}=-\boldsymbol{a}$.

(2) $3(\boldsymbol{a}+\boldsymbol{b})-4(\boldsymbol{a}-\boldsymbol{b})=3\boldsymbol{a}+3\boldsymbol{b}-4\boldsymbol{a}+4\boldsymbol{b}=-\boldsymbol{a}+7\boldsymbol{b}$.

(3)
$$\begin{aligned}&(\lambda+\mu)(\boldsymbol{a}+\boldsymbol{b})-(\lambda-\mu)(\boldsymbol{a}-\boldsymbol{b})\\=&(\lambda+\mu)\boldsymbol{a}+(\lambda+\mu)\boldsymbol{b}-(\lambda-\mu)\boldsymbol{a}+(\lambda-\mu)\boldsymbol{b}\\=&\lambda\boldsymbol{a}+\mu\boldsymbol{a}+\lambda\boldsymbol{b}+\mu\boldsymbol{b}-\lambda\boldsymbol{a}+\mu\boldsymbol{a}+\lambda\boldsymbol{b}-\mu\boldsymbol{b}\\=&2\mu\boldsymbol{a}+2\lambda\boldsymbol{b}.\end{aligned}$$

例 5　设 $\boldsymbol{x}$ 是未知向量，解方程

$$4(\boldsymbol{x}+\boldsymbol{a})+3(\boldsymbol{x}-\boldsymbol{b})=\boldsymbol{0}$$

解 原方程变形为

$$4\boldsymbol{x}+4\boldsymbol{a}+3\boldsymbol{x}-3\boldsymbol{b}=\boldsymbol{0},$$

$$7\boldsymbol{x}=3\boldsymbol{b}-4\boldsymbol{a},$$

$$\boldsymbol{x}=\frac{3}{7}\boldsymbol{b}-\frac{4}{7}\boldsymbol{a}.$$

由上节知两向量平行即共线向量，进一步由本节可知，若向量 $\boldsymbol{a}\neq 0$，任取 $\lambda\in\mathbf{R}\ (\lambda\neq 0)$，则 $\lambda\boldsymbol{a}/\!/\boldsymbol{a}$. 反之，设 $\boldsymbol{a}/\!/\boldsymbol{b}$，若 $\boldsymbol{b}$ 与 $\boldsymbol{a}$ 同向，取 $\lambda=\frac{|\boldsymbol{b}|}{|\boldsymbol{a}|}>0$，显然，$|\lambda\boldsymbol{a}|=|\boldsymbol{b}|$，又 $\lambda\boldsymbol{a}$ 与 $\boldsymbol{a}$ 同向，即得 $\boldsymbol{b}=\lambda\boldsymbol{a}$，若 $\boldsymbol{b}$ 与 $\boldsymbol{a}$ 反向，取 $\lambda=\frac{-|\boldsymbol{b}|}{|\boldsymbol{a}|}<0$，显然 $|\lambda\boldsymbol{a}|=|\boldsymbol{b}|$，又 $\lambda\boldsymbol{a}$ 与 $\boldsymbol{a}$ 反向，即得 $\boldsymbol{b}=\lambda\boldsymbol{a}$.

综合以上分析可得：

定理 若向量 $\boldsymbol{b}$ 与非零向量 $\boldsymbol{a}$ 共线，则有且只有一个实数 $\lambda\ (\lambda\neq 0)$，使 $\boldsymbol{b}=\lambda\boldsymbol{a}$，反之也成立.

例 6 如图 6-19 所示，$\triangle ABC$ 中，已知$\overrightarrow{AB}=3\overrightarrow{AD}$，$\overrightarrow{AC}=3\overrightarrow{AE}$，试证：$\overrightarrow{DE}$与$\overrightarrow{BC}$共线.

证明 $\overrightarrow{BC}=\overrightarrow{AC}-\overrightarrow{AB}=3\overrightarrow{AE}-3\overrightarrow{AD}$

$=3(\overrightarrow{AE}-\overrightarrow{AD})=3\overrightarrow{DE}$，

所以，$\overrightarrow{DE}$与$\overrightarrow{BC}$共线.

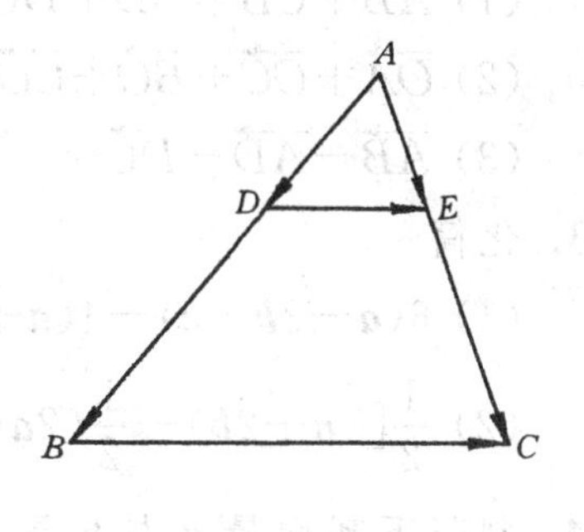

图 6-19

习题 6-2(A 组)

1. 填空题：

(1) $\overrightarrow{AB}-\overrightarrow{AC}+\overrightarrow{BD}-\overrightarrow{CD}=$ ______________.

(2) $\overrightarrow{AB}+\overrightarrow{MB}+\overrightarrow{BO}+\overrightarrow{OM}=$ ______________.

(3) $\overrightarrow{MB}+\overrightarrow{AC}+\overrightarrow{BM}=$ ______________.

2. 一轮渡向北以航速 20 km/h 航行，此时东风风速 5 m/s，用作图法求轮渡的实际航行速度和方向.

3. 求证：在$\triangle ABC$ 中，$\overrightarrow{AB}+\overrightarrow{BC}+\overrightarrow{CA}=\boldsymbol{0}$.

4. 已知$\triangle ABC$，D 为边 BC 的中点，求证：

(1) $\overrightarrow{AD}=\frac{1}{2}(\overrightarrow{AB}+\overrightarrow{AC})$；

(2) $3\overrightarrow{AB}+2\overrightarrow{BC}+\overrightarrow{CA}=2\overrightarrow{AD}$.

5. 化简：

(1) $3(\boldsymbol{a}-2\boldsymbol{b})+2(-\boldsymbol{a}+3\boldsymbol{b})-4(3\boldsymbol{a})$；

(2) $\frac{1}{2}\boldsymbol{a}+3\boldsymbol{b}-\frac{1}{3}(\boldsymbol{a}-\boldsymbol{b})+\frac{1}{2}(\boldsymbol{b}-2\boldsymbol{a})$.

扫一扫，获取参考答案

6. 判断下列向量 $\boldsymbol{a}$ 与 $\boldsymbol{b}$ 是否共线：

(1) $\boldsymbol{a}=3\boldsymbol{e}$，$\boldsymbol{b}=-4\boldsymbol{e}$；

(2) $\boldsymbol{a}=\boldsymbol{e}_1+\boldsymbol{e}_2$，$\boldsymbol{b}=\boldsymbol{e}_1-\boldsymbol{e}_2$ （$\boldsymbol{e}_1$，$\boldsymbol{e}_2$ 不共线）.

习题 6-2(B 组)

1. ▱$ABCD$ 中对角线 AC 与 BD 相交于 O，已知 $\overrightarrow{AB}=\boldsymbol{a}$，$\overrightarrow{AD}=\boldsymbol{b}$. 试用 $\boldsymbol{a}$、$\boldsymbol{b}$ 表示向量 $\overrightarrow{OB}$、$\overrightarrow{OC}$、$\overrightarrow{OD}$.

2. 填空：

(1) $\overrightarrow{AB}+\overrightarrow{CB}+\overrightarrow{BD}+\overrightarrow{DC}=$ ________________________________;

(2) $\overrightarrow{OA}+\overrightarrow{OC}+\overrightarrow{BO}+\overrightarrow{CO}=$ ________________________________;

(3) $\overrightarrow{AB}-\overrightarrow{AD}-\overrightarrow{DC}=$ ________________________________.

3. 化简

(1) $6(\boldsymbol{a}-3\boldsymbol{b}+\boldsymbol{c})-4(\boldsymbol{a}+\boldsymbol{b}-2\boldsymbol{c})$；

(2) $\frac{1}{2}[(\boldsymbol{a}+2\boldsymbol{b})-\frac{1}{2}(2\boldsymbol{a}+\boldsymbol{b})+4\boldsymbol{a}]$.

扫一扫，获取参考答案

4. 判断下列向量 $\boldsymbol{a}$ 与 $\boldsymbol{b}$ 是否共线.

(1) $\boldsymbol{a}=\boldsymbol{0}$，$\boldsymbol{b}=2\boldsymbol{e}$；

(2) $\boldsymbol{a}=2\boldsymbol{e}_1-\boldsymbol{e}_2$，$\boldsymbol{b}=-4\boldsymbol{e}_1+2\boldsymbol{e}_2$（$\boldsymbol{e}_1$、$\boldsymbol{e}_2$ 不共线）.

6.3 向量的坐标表示

一、平面直角坐标系下的位置向量

1. 坐标轴上的单位向量

在平面直角坐标系 xOy 中，x 轴正向的单位向量和 y 轴正向的单位向量称为坐标轴上的单位向量，分别记为：$\boldsymbol{i}$（或 $\boldsymbol{e}_x$）和 $\boldsymbol{j}$（或 $\boldsymbol{e}_y$），如图 6-20 所示.

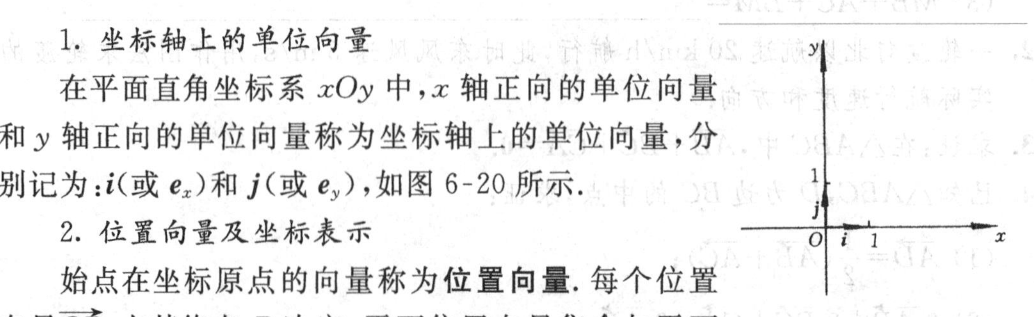

图 6-20

2. 位置向量及坐标表示

始点在坐标原点的向量称为**位置向量**. 每个位置向量 $\overrightarrow{OP}$，由其终点 P 决定，平面位置向量集合与平面点集一一对应（如图 6-21 所示），在图 6-21 中，在坐标

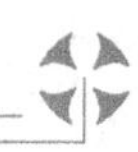

系 xOy 上，过 P 点分别作 x 轴和 y 轴的垂线，分别交 x 轴、y 轴于点 M 和点 N，设 P 点的坐标为 (x, y)，显然有 $M(x,0)$，$N(0,y)$ 由加法的平行四边形法则得

$$\overrightarrow{OP}=\overrightarrow{OM}+\overrightarrow{ON}=x\boldsymbol{i}+y\boldsymbol{j}.$$

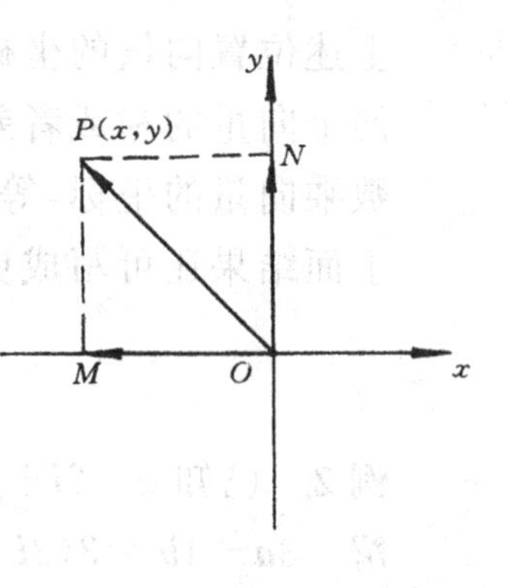

图 6-21

我们习惯称 (x,y) 为位置向量 $\overrightarrow{OP}$ 在直角坐标系中的坐标，x 为 $\overrightarrow{OP}$ 的横坐标，y 为 $\overrightarrow{OP}$ 的纵坐标，从而可记 $\overrightarrow{OP}=(x,y)$，特别地：$\boldsymbol{0}=0\boldsymbol{i}+0\boldsymbol{j}$ 或 $\boldsymbol{0}=(0,0)$，所以位置向量的坐标即为其终点的坐标.

例 1 如图 6-22 所示，用单位向量 $\boldsymbol{i}$，$\boldsymbol{j}$ 分别表示 $\boldsymbol{a}$，$\boldsymbol{b}$，$\boldsymbol{c}$，$\boldsymbol{d}$，并写出各自的坐标.

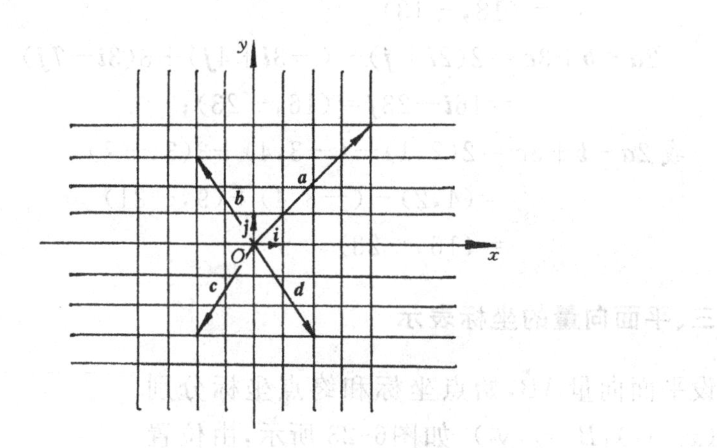

图 6-22

解 $\boldsymbol{a}=4\boldsymbol{i}+4\boldsymbol{j}=(4,4)$；

$\boldsymbol{b}=-2\boldsymbol{i}+3\boldsymbol{j}=(-2,3)$；

$\boldsymbol{c}=-2\boldsymbol{i}-3\boldsymbol{j}=(-2,-3)$；

$\boldsymbol{d}=2\boldsymbol{i}-3\boldsymbol{j}=(2,-3)$.

二、位置向量的线性运算的坐标表示

在直角坐标系 xOy 中，设位置向量 $\boldsymbol{a}=a_1\boldsymbol{i}+a_2\boldsymbol{j}$，$\boldsymbol{b}=b_1\boldsymbol{i}+b_2\boldsymbol{j}$，则

$$\begin{aligned}\boldsymbol{a}+\boldsymbol{b}&=(a_1\boldsymbol{i}+a_2\boldsymbol{j})+(b_1\boldsymbol{i}+b_2\boldsymbol{j})\\&=(a_1+b_1)\boldsymbol{i}+(a_2+b_2)\boldsymbol{j};\\\boldsymbol{a}-\boldsymbol{b}&=(a_1\boldsymbol{i}+a_2\boldsymbol{j})-(b_1\boldsymbol{i}+b_2\boldsymbol{j})\\&=(a_1-b_1)\boldsymbol{i}+(a_2-b_2)\boldsymbol{j};\end{aligned}$$

$$\lambda\boldsymbol{a}=\lambda(a_1\boldsymbol{i}+a_2\boldsymbol{j})=\lambda a_1\boldsymbol{i}+\lambda a_2\boldsymbol{j}.$$

上述位置向量的坐标运算公式，也可用语言来表述：

两个向量的和或者差的坐标等于两个向量相应坐标的和或者差.

数乘向量的坐标，等于数乘以向量相应坐标的积.

上面结果还可写成更简单的形式：

$$\boldsymbol{a}\pm\boldsymbol{b}=(a_1\pm b_1,a_2\pm b_2);$$

$$\lambda\boldsymbol{a}=(\lambda a_1,\lambda a_2).$$

例 2 已知 $\boldsymbol{a}=2\boldsymbol{i}+\boldsymbol{j}$，$\boldsymbol{b}=-3\boldsymbol{i}+4\boldsymbol{j}$，$\boldsymbol{c}=3\boldsymbol{i}-7\boldsymbol{j}$，求 $3\boldsymbol{a}-4\boldsymbol{b}$，$2\boldsymbol{a}-\boldsymbol{b}+3\boldsymbol{c}$.

解 $3\boldsymbol{a}-4\boldsymbol{b}=3(2\boldsymbol{i}+\boldsymbol{j})-4(-3\boldsymbol{i}+4\boldsymbol{j})$

$=18\boldsymbol{i}-13\boldsymbol{j}=(18,-13)$；

或 $3\boldsymbol{a}-4\boldsymbol{b}=3(2,1)-4(-3,4)$

$=(6,3)-(-12,16)$

$=(18,-13)$

$2\boldsymbol{a}-\boldsymbol{b}+3\boldsymbol{c}=2(2\boldsymbol{i}+\boldsymbol{j})-(-3\boldsymbol{i}+4\boldsymbol{j})+3(3\boldsymbol{i}-7\boldsymbol{j})$

$=16\boldsymbol{i}-23\boldsymbol{j}=(16,-23)$；

或 $2\boldsymbol{a}-\boldsymbol{b}+3\boldsymbol{c}=2(2,1)-(-3,4)+3(3,-7)$

$=(4,2)-(-3,4)+(9,-21)$

$=(16,-23)$

三、平面向量的坐标表示

设平面向量 $\overrightarrow{AB}$，始点坐标和终点坐标分别为 $A(x_1,y_1)$，$B(x_2,y_2)$，如图6-23 所示，由位置向量的减法法则可得

$\overrightarrow{AB}=\overrightarrow{OB}-\overrightarrow{OA}$

$=(x_2\boldsymbol{i}+y_2\boldsymbol{j})-(x_1\boldsymbol{i}+y_1\boldsymbol{j})$

$=(x_2-x_1)\boldsymbol{i}+(y_2-y_1)\boldsymbol{j}$

$=(x_2-x_1,y_2-y_1)$，

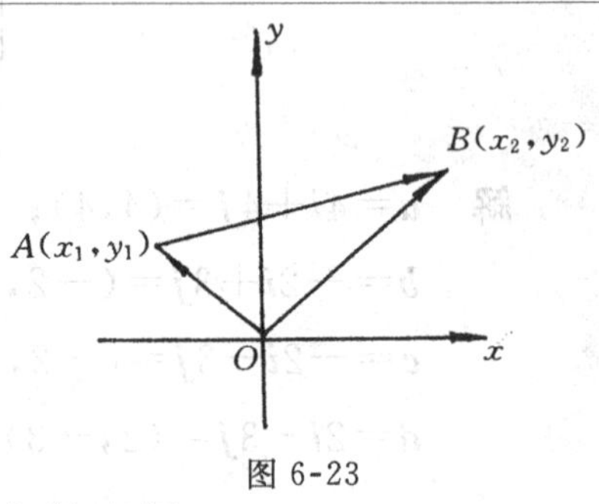

图 6-23

即，一个向量的坐标等于向量的终点坐标减去始点的坐标.

例 3 已知□$ABCD$ 的三个顶点 $A(-2,1)$，$B(-1,3)$，$C(3,4)$，求顶点 D 的坐标(如图 6-24 所示).

解 因为 $\overrightarrow{OD}=\overrightarrow{OA}+\overrightarrow{AD}=\overrightarrow{OA}+\overrightarrow{BC}$

$=\overrightarrow{OA}+\overrightarrow{OC}-\overrightarrow{OB}$

$=(-2,1)+(3,4)-(-1,3)$

$=(2,2)$.

所以，点 D 的坐标为(2,2).

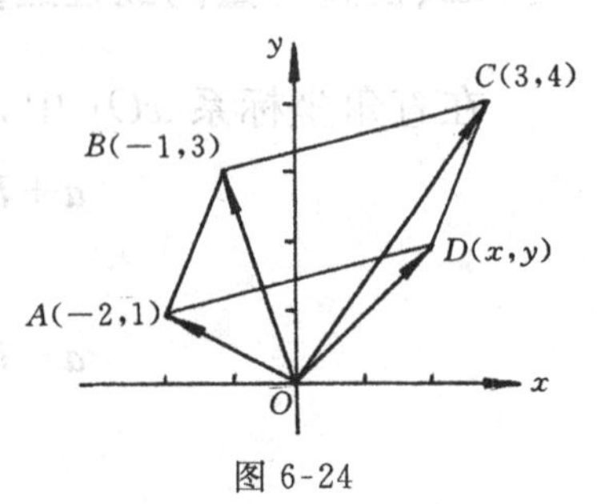

图 6-24

例 4　已知 $A(-2,1)$，$B(1,3)$，求线段 AB 中点 M 和三等分点 P、Q 的坐标(如图 6-25 所示).

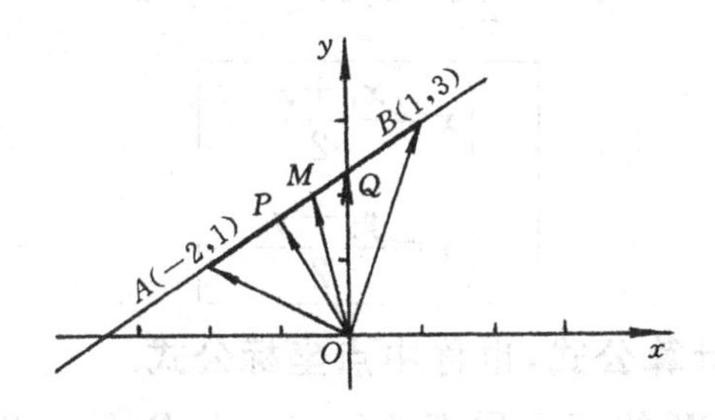

图 6-25

解　因为 $\overrightarrow{AB}=\overrightarrow{OB}-\overrightarrow{OA}=(1,3)-(-2,1)=(3,2)$，

所以 $\overrightarrow{OM}=\overrightarrow{OA}+\frac{1}{2}\overrightarrow{AB}=(-2,1)+\frac{1}{2}(3,2)=\left(-\frac{1}{2},2\right)$，

$\overrightarrow{OP}=\overrightarrow{OA}+\frac{1}{3}\overrightarrow{AB}=(-2,1)+\frac{1}{3}(3,2)=\left(-1,\frac{5}{3}\right)$，

$\overrightarrow{OQ}=\overrightarrow{OA}+\frac{2}{3}\overrightarrow{AB}=(-2,1)+\frac{2}{3}(3,2)=\left(0,\frac{7}{3}\right)$，

即所求的坐标为 $M\left(-\frac{1}{2},2\right)$，$P\left(-1,\frac{5}{3}\right)$，$Q\left(0,\frac{7}{3}\right)$.

四、中点坐标公式

已知 $A(x_1,y_1)$，$B(x_2,y_2)$，点 $M(x,y)$ 是线段 AB 的中点(如图 6-26 所示)，则

$$\overrightarrow{OM}=\frac{1}{2}(\overrightarrow{OA}+\overrightarrow{OB}).$$

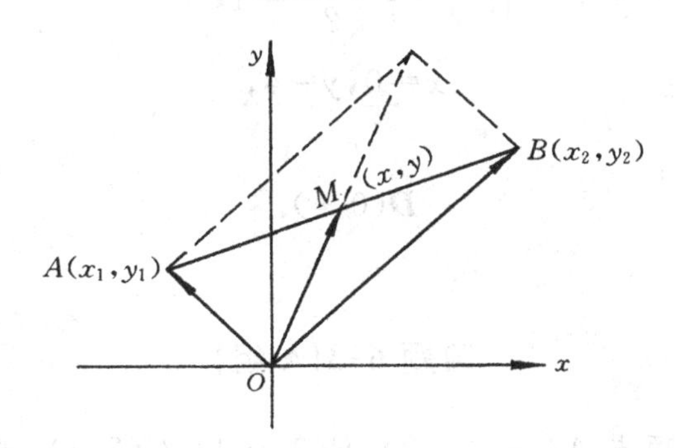

图 6-26

将上式换用向量的坐标表示，得

$$(x,y)=\frac{1}{2}[(x_1,y_1)+(x_2,y_2)]$$

$$\boxed{\begin{cases}x=\dfrac{x_1+x_2}{2}\\[2ex] y=\dfrac{y_1+y_2}{2}\end{cases}}\qquad(6\text{-}1)$$

这就是**线段中点坐标计算公式**，也称**中点坐标公式**.

例 5 已知▱$ABCD$ 的三个顶点 $A(-3,0)$，$B(2,-2)$，$C(5,2)$，求顶点 D 的坐标（如图 6-27 所示）.

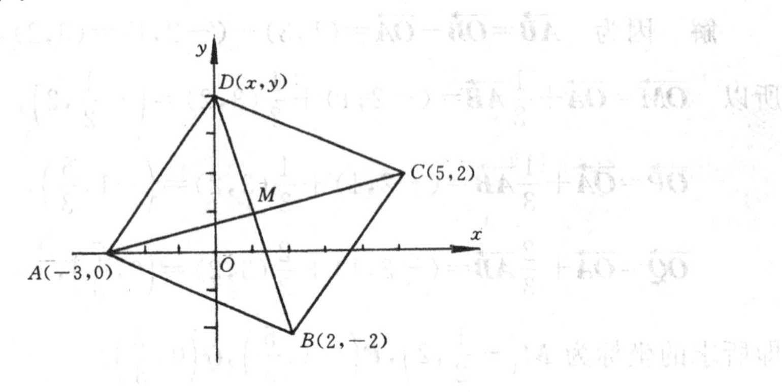

图 6-27

解 因为平行四边形的两条对角线的中点相同，所以它们的坐标也相同.

设点 D 的坐标为 (x,y)，则有

$$\begin{cases}\dfrac{x+2}{2}=\dfrac{-3+5}{2}=1,\\[2ex] \dfrac{y-2}{2}=\dfrac{0+2}{2}=1,\end{cases}$$

解得

$$x=0,y=4,$$

故所求坐标为

$$D(0,4).$$

习题 6-3（A 组）

1. 已知▱$ABCD$ 的顶点 $A(-1,-2)$，$B(3,-1)$，$C(3,1)$，求顶点 D 的坐标.

2. 已知 $A(-3,-2)$，$B(3,4)$，求线段 AB 的中点和三等分点的坐标.

3. 已知 A 点及向量 $\overrightarrow{AB}$ 的坐标，求点 B 的坐标.

(1) $A(-1,5)$；$\overrightarrow{AB}=(1,3)$； (2) $A(3,7)$；$\overrightarrow{AB}=(-3,-5)$.

4. 已知：$O(0,0)$，$A(1,2)$，$B(4,5)$及$\overrightarrow{OP}=\overrightarrow{OA}+\lambda\overrightarrow{AB}$，

求：当(1) $\lambda=2$；(2) $\lambda=\frac{1}{2}$；(3) $\lambda=-2$ 时对应点 P 的坐标.

5. 已知点 $A(-2,-3)$，$B(2,1)$，$C(5,8)$，$D(-7,-4)$，问$\overrightarrow{AB}$与$\overrightarrow{CD}$是否共线.

6. 已知向量 $\boldsymbol{a}=(2,1)$，$\boldsymbol{b}=(-3,-1)$，$\boldsymbol{c}=(0,-2)$，

求(1) $2\boldsymbol{a}-\boldsymbol{b}+2\boldsymbol{c}$；(2) $\frac{1}{2}(\boldsymbol{a}+\boldsymbol{c})+\boldsymbol{b}$.

扫一扫，获取参考答案

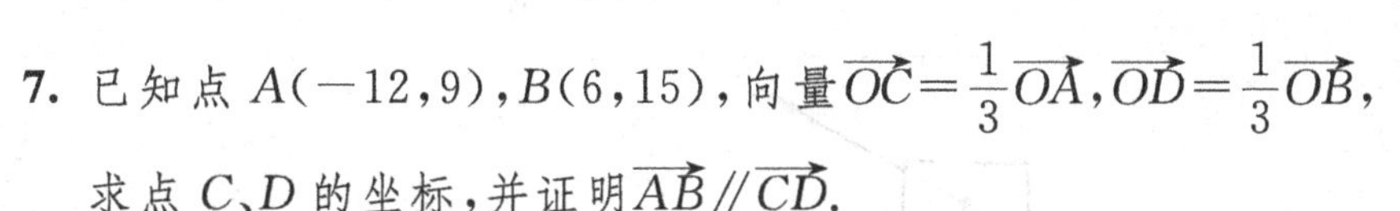

7. 已知点 $A(-12,9)$，$B(6,15)$，向量$\overrightarrow{OC}=\frac{1}{3}\overrightarrow{OA}$，$\overrightarrow{OD}=\frac{1}{3}\overrightarrow{OB}$，

求点 C、D 的坐标，并证明$\overrightarrow{AB}/\!/\overrightarrow{CD}$.

习题 6-3(B 组)

1. 求下列各点关于直线 $y=x$ 的对称点的坐标.

(1) $A(-3,2)$；　(2) $B(3,-7)$；　(3) $C(-2,-7)$.

2. 已知点 $A(x_1,y_1)$，$B(x_2,y_2)$，$P(x,y)$，且$\overrightarrow{AP}=\lambda\overrightarrow{PB}(\lambda\neq-1)$，求证：

$$x=\frac{x_1+\lambda x_2}{1+\lambda},y=\frac{y_1+\lambda y_2}{1+\lambda}.$$

3. 四边形 $ABCD$ 顶点坐标为 $A(1,0)$，$B(0,-3)$，$C(2,-1)$，$D(3,2)$，试证：$ABCD$ 为平行四边形.

扫一扫，获取参考答案

6.4 向量的数量积

向量之间除了线性运算之外，还有其他运算，本节介绍向量的数量积（也称内积或点积）运算.

一、向量的数量积概念

引例：已知一物体在力 $\boldsymbol{F}$ 作用下产生位移 $\boldsymbol{S}$，如图 6-28 所示，那么力 $\boldsymbol{F}$ 做的功应为：$W=|\boldsymbol{F}||\boldsymbol{S}|\cos\theta$.

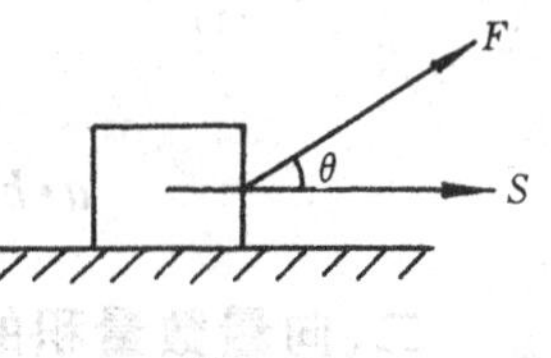

图 6-28

定义　设两个非零向量 $\boldsymbol{a}$，$\boldsymbol{b}$，它们的夹角记为$\langle\boldsymbol{a},\boldsymbol{b}\rangle$，规定 $0\leqslant\langle\boldsymbol{a},\boldsymbol{b}\rangle\leqslant\pi$，则$|\boldsymbol{a}||\boldsymbol{b}|\cos\langle\boldsymbol{a},\boldsymbol{b}\rangle$称为向量 $\boldsymbol{a}\cdot\boldsymbol{b}$ 的**数量积**，并记为 $\boldsymbol{a}\cdot\boldsymbol{b}$，即

$$\boldsymbol{a}\cdot\boldsymbol{b}=|\boldsymbol{a}||\boldsymbol{b}|\cos\langle\boldsymbol{a},\boldsymbol{b}\rangle.$$

求向量 $\boldsymbol{a}$，$\boldsymbol{b}$ 数量积的运算又简称为向量 $\boldsymbol{a}$ 点乘向量 $\boldsymbol{b}$.

规定：零向量与任何向量的数量积为零，即 $\boldsymbol{0}\cdot\boldsymbol{a}=\boldsymbol{a}\cdot\boldsymbol{0}=0$.

由数量积定义，可得

$$\boldsymbol{i}\cdot\boldsymbol{i}=\boldsymbol{j}\cdot\boldsymbol{j}=1.$$

当$\langle \boldsymbol{a},\boldsymbol{b}\rangle$为锐角时，$\boldsymbol{a}\cdot\boldsymbol{b}>0$；

当$\langle \boldsymbol{a},\boldsymbol{b}\rangle$为直角时，$\boldsymbol{a}\cdot\boldsymbol{b}=0$；

当$\langle \boldsymbol{a},\boldsymbol{b}\rangle$为钝角时，$\boldsymbol{a}\cdot\boldsymbol{b}<0$；

当$\langle \boldsymbol{a},\boldsymbol{b}\rangle$为零时，$\boldsymbol{a}\cdot\boldsymbol{b}=|\boldsymbol{a}||\boldsymbol{b}|$；

当$\langle \boldsymbol{a},\boldsymbol{b}\rangle$为$\pi$时，$\boldsymbol{a}\cdot\boldsymbol{b}=-|\boldsymbol{a}||\boldsymbol{b}|$.

例 1 如图 6-29 所示，设$|\boldsymbol{F}|=5\text{N}$，$|\boldsymbol{S}|=6\text{ m}$，$\theta=\frac{\pi}{6}$，求力$\boldsymbol{F}$所做的功$W$.

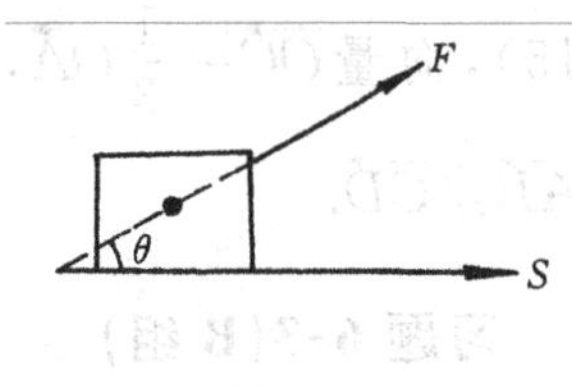

图 6-29

解 $W=|\boldsymbol{F}||\boldsymbol{S}|\cos\theta=5\times6\times\cos\frac{\pi}{6}=15\sqrt{3}(\text{J})$.

向量的数量积$\boldsymbol{a}\cdot\boldsymbol{b}$还有其他形式，下面先引入投影的概念.

把$|\boldsymbol{a}|\cos\langle \boldsymbol{a},\boldsymbol{b}\rangle$称为向量$\boldsymbol{a}$在向量$\boldsymbol{b}$上的**投影**，记为$(\boldsymbol{a})_b$，即

$$(\boldsymbol{a})_b=|\boldsymbol{a}|\cos\langle \boldsymbol{a},\boldsymbol{b}\rangle,$$

$|\boldsymbol{b}|\cos\langle \boldsymbol{a},\boldsymbol{b}\rangle$称为向量$\boldsymbol{b}$在向量$\boldsymbol{a}$上的**投影**，记为$(\boldsymbol{b})_a$，即

$$(\boldsymbol{b})_a=|\boldsymbol{b}|\cos\langle \boldsymbol{a},\boldsymbol{b}\rangle,$$

如图 6-30 所示.

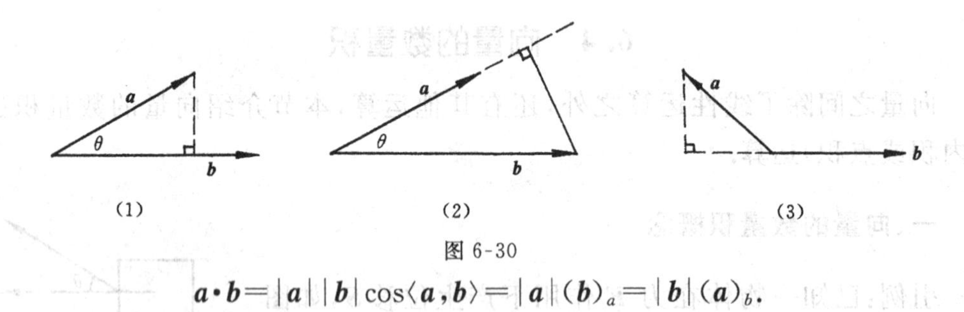

图 6-30

$$\boldsymbol{a}\cdot\boldsymbol{b}=|\boldsymbol{a}||\boldsymbol{b}|\cos\langle \boldsymbol{a},\boldsymbol{b}\rangle=|\boldsymbol{a}|(\boldsymbol{b})_a=|\boldsymbol{b}|(\boldsymbol{a})_b.$$

二、向量数量积的坐标运算与运算律

在直角坐标系xOy内，已知$\boldsymbol{a}=(a_1,a_2)$，$\boldsymbol{b}=(b_1,b_2)$，则

$$\boldsymbol{a}\cdot\boldsymbol{b}=a_1b_1+a_2b_2.$$

证明 因为$\boldsymbol{a}=a_1\boldsymbol{i}+a_2\boldsymbol{j}$，$\boldsymbol{b}=b_1\boldsymbol{i}+b_2\boldsymbol{j}$，

所以
$$\begin{aligned}\boldsymbol{a}\cdot\boldsymbol{b}&=(a_1\boldsymbol{i}+a_2\boldsymbol{j})\cdot(b_1\boldsymbol{i}+b_2\boldsymbol{j})\\&=a_1b_1\boldsymbol{i}^2+a_1b_2\boldsymbol{i}\cdot\boldsymbol{j}+a_2b_1\boldsymbol{i}\cdot\boldsymbol{j}+a_2b_2\boldsymbol{j}^2\\&=a_1b_1+a_2b_2.\end{aligned}$$

这就是说，两个向量的数量积等于它们对应坐标的乘积的和.

由此可得：

(1)若 $\boldsymbol{a}=(a_1,a_2)$，则 $|\boldsymbol{a}|^2=a_1{}^2+a_2{}^2$，或 $|\boldsymbol{a}|=\sqrt{a_1{}^2+a_2{}^2}$.

(2)设 $\boldsymbol{a},\boldsymbol{b}$ 都是非零向量，$\boldsymbol{a}=(a_1,a_2)$，$\boldsymbol{b}=(b_1,b_2)$，θ 是 $\boldsymbol{a}$ 与 $\boldsymbol{b}$ 的夹角，根据向量数量积的定义及坐标表示可得：

$$\cos\theta=\frac{\boldsymbol{a}\cdot\boldsymbol{b}}{|\boldsymbol{a}||\boldsymbol{b}|}=\frac{a_1a_2+b_1b_2}{\sqrt{a_1^2+a_2^2}\sqrt{b_1^2+b_2^2}}.$$

由上式容易推出，向量的数量积运算满足下列运算律：

(1) $\boldsymbol{a}\cdot\boldsymbol{b}=\boldsymbol{b}\cdot\boldsymbol{a}$；

(2) $\lambda(\boldsymbol{a}\cdot\boldsymbol{b})=(\lambda\boldsymbol{a})\cdot\boldsymbol{b}=\boldsymbol{a}\cdot(\lambda\boldsymbol{b})$；

(3) $(\boldsymbol{a}+\boldsymbol{b})\cdot\boldsymbol{c}=\boldsymbol{a}\cdot\boldsymbol{c}+\boldsymbol{b}\cdot\boldsymbol{c}$.

例 2 已知 $\boldsymbol{a}=(3,-1)$，$\boldsymbol{b}=(1,-2)$，求 $\boldsymbol{a}\cdot\boldsymbol{b}$，$|\boldsymbol{a}|$，$|\boldsymbol{b}|$，$\langle\boldsymbol{a},\boldsymbol{b}\rangle$.

解 $\boldsymbol{a}\cdot\boldsymbol{b}=3\times1+(-1)\times(-2)=5$，

$|\boldsymbol{a}|=\sqrt{3^2+(-1)^2}=\sqrt{10}$，

$|\boldsymbol{b}|=\sqrt{1^2+(-2)^2}=\sqrt{5}$，

因为 $\cos\langle\boldsymbol{a},\boldsymbol{b}\rangle=\frac{\boldsymbol{a}\cdot\boldsymbol{b}}{|\boldsymbol{a}||\boldsymbol{b}|}=\frac{5}{\sqrt{10}\sqrt{5}}=\frac{\sqrt{2}}{2}$，$0\leqslant\langle\boldsymbol{a},\boldsymbol{b}\rangle\leqslant\pi$

所以 $$\langle\boldsymbol{a},\boldsymbol{b}\rangle=\frac{\pi}{4}.$$

例 3 已知 $|\boldsymbol{a}|=5$，$|\boldsymbol{b}|=4$，$\langle\boldsymbol{a},\boldsymbol{b}\rangle=\frac{\pi}{3}$，求 $(2\boldsymbol{a}-\boldsymbol{b})\cdot(\boldsymbol{a}+3\boldsymbol{b})$.

解
$$\begin{aligned}(2\boldsymbol{a}-\boldsymbol{b})\cdot(\boldsymbol{a}+3\boldsymbol{b})&=2\boldsymbol{a}\cdot\boldsymbol{a}+(2\boldsymbol{a})\cdot(3\boldsymbol{b})-\boldsymbol{b}\cdot\boldsymbol{a}-\boldsymbol{b}\cdot(3\boldsymbol{b})\\&=2|\boldsymbol{a}||\boldsymbol{a}|+5\boldsymbol{a}\cdot\boldsymbol{b}-3|\boldsymbol{b}||\boldsymbol{b}|\\&=2\times5^2+5|\boldsymbol{a}||\boldsymbol{b}|\cos\langle\boldsymbol{a},\boldsymbol{b}\rangle-3\times4^2\\&=2+5\times5\times4\times\cos\frac{\pi}{3}=52.\end{aligned}$$

由数量积的运算律可得

$$(\boldsymbol{a}\pm\boldsymbol{b})^2=\boldsymbol{a}^2\pm2\boldsymbol{a}\cdot\boldsymbol{b}+\boldsymbol{b}^2,$$
$$\boldsymbol{a}^2-\boldsymbol{b}^2=(\boldsymbol{a}-\boldsymbol{b})\cdot(\boldsymbol{a}+\boldsymbol{b}).$$

注：$\boldsymbol{a}^2=\boldsymbol{a}\cdot\boldsymbol{a}$，$\boldsymbol{b}^2=\boldsymbol{b}\cdot\boldsymbol{b}$.

三、两点间的距离公式

已知 $A(x_1,y_1)$，$B(x_2,y_2)$，则向量 $\overrightarrow{AB}=(x_2-x_1,y_2-y_1)$，向量 $\overrightarrow{AB}$ 的模为 $|\overrightarrow{AB}|=\sqrt{(x_2-x_1)^2+(y_2-y_1)^2}$，这也是 A、B 两点间的距离 $|AB|$. 从而，我们

得到平面内 A、B 两点间的距离公式为

$$|AB|=\sqrt{(x_2-x_1)^2+(y_2-y_1)^2}.$$

例 4 已知△ABC 的三个顶点分别是 $A(1,0)$、$B(-2,1)$、$C(0,3)$，试求 BC 边上的中线 AD 的长度.

解 设 BC 边上的中点为 $D(x,y)$，由中点坐标公式得

$$\begin{cases}x=\dfrac{-2+0}{2}=-1,\\ y=\dfrac{1+3}{2}=2,\end{cases}$$

故中点 D 的坐标为 $(-1,2)$，再由两点间的距离公式得

$$|AD|=\sqrt{(-1-1)^2+(2-0)^2}=2\sqrt{2}.$$

即 BC 边上的中线 AD 的长度为 $2\sqrt{2}$.

四、两向量互相垂直与平行的条件

由上述分析易得：

设 $\boldsymbol{a},\boldsymbol{b}$ 都是非零向量，$\boldsymbol{a}=(a_1,a_2)$，$\boldsymbol{b}=(b_1,b_2)$，向量 $\boldsymbol{a}$ 与 $\boldsymbol{b}$ 垂直 $\Leftrightarrow \boldsymbol{a}\cdot\boldsymbol{b}=0$，向量 $\boldsymbol{a}$ 与 $\boldsymbol{b}$ 垂直，记为 $\boldsymbol{a}\perp\boldsymbol{b}$，即 $\boldsymbol{a}\perp\boldsymbol{b}\Leftrightarrow\boldsymbol{a}\cdot\boldsymbol{b}=a_1b_1+a_2b_2=0$.

$\boldsymbol{a}/\!/\boldsymbol{b}\Leftrightarrow\boldsymbol{a}\cdot\boldsymbol{b}=\pm|\boldsymbol{a}||\boldsymbol{b}|$，当 $\boldsymbol{a},\boldsymbol{b}$ 方向相同时取“+”，当 $\boldsymbol{a},\boldsymbol{b}$ 方向相反时取“−”.

规定 $\boldsymbol{0}$ 向量与任何向量垂直.

例 5 已知 $|\boldsymbol{a}|=3$，$|\boldsymbol{b}|=4$，证明：$\boldsymbol{a}+\frac{3}{4}\boldsymbol{b}$ 与 $\boldsymbol{a}-\frac{3}{4}\boldsymbol{b}$ 垂直.

证明
$$\left(\boldsymbol{a}+\frac{3}{4}\boldsymbol{b}\right)\cdot\left(\boldsymbol{a}-\frac{3}{4}\boldsymbol{b}\right)=\boldsymbol{a}^2-\frac{9}{16}\boldsymbol{b}^2$$
$$=|\boldsymbol{a}|^2-\frac{9}{16}|\boldsymbol{b}|^2=0.$$

所以 $\boldsymbol{a}+\frac{3}{4}\boldsymbol{b}$ 与 $\boldsymbol{a}-\frac{3}{4}\boldsymbol{b}$ 垂直.

例 6 已知 $A(1,2)$，$B(2,3)$，$C(-2,5)$，求证：$\overrightarrow{AB}\perp\overrightarrow{AC}$.

证明 $\overrightarrow{AB}=(2,3)-(1,2)=(1,1)$，

$\overrightarrow{AC}=(-2,5)-(1,2)=(-3,3)$，

$\overrightarrow{AB}\cdot\overrightarrow{AC}=1\times(-3)+1\times3=0$，

所以 $\overrightarrow{AB}\perp\overrightarrow{AC}$.

例 7 求证：菱形的两条对角线互相垂直.

证明 如图 6-31 所示，因为

$\overrightarrow{AC}=\overrightarrow{AB}+\overrightarrow{AD}$，$\overrightarrow{BD}=\overrightarrow{AD}-\overrightarrow{AB}$.

所以

$$\overrightarrow{AC}\cdot\overrightarrow{BD}=(\overrightarrow{AB}+\overrightarrow{AD})\cdot(\overrightarrow{AD}-\overrightarrow{AB})$$
$$=|\overrightarrow{AD}|^2-|\overrightarrow{AB}|^2.$$

因为

$$|\overrightarrow{AB}|=|\overrightarrow{AD}|.$$

所以

$$\overrightarrow{AC}\cdot\overrightarrow{BD}=0,即\ \overrightarrow{AC}\perp\overrightarrow{BD}.$$

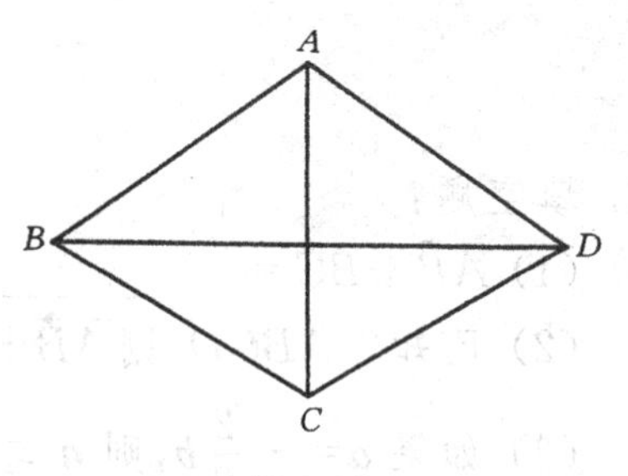

图 6-31

习题 6-4(A 组)

1. 已知 $|\boldsymbol{a}|=5$,向量 $\boldsymbol{b}$ 在向量 $\boldsymbol{a}$ 方向上的投影数量为下列值时,求 $\boldsymbol{a}\cdot\boldsymbol{b}$:
   (1) 6;　　　(2) -6.
2. 根据下列条件,求 $\boldsymbol{a}\cdot\boldsymbol{b}$:
   (1) $|\boldsymbol{a}|=2$,$|\boldsymbol{b}|=3$,$\langle\boldsymbol{a},\boldsymbol{b}\rangle=30°$;
   (2) $|\boldsymbol{a}|=4$,$|\boldsymbol{b}|=\sqrt{3}$,$\langle\boldsymbol{a},\boldsymbol{b}\rangle=135°$.
3. 在直角坐标系 xOy 中,已知 $A(-1,2)$,$B(3,5)$,分别求向量$\overrightarrow{AB}$与 x 轴和 y 轴夹角的余弦.
4. 已知 $\boldsymbol{a}=(1,2)$,$\boldsymbol{b}=(-2,3)$,求:
   (1) $(\boldsymbol{a}+\boldsymbol{b})\cdot(\boldsymbol{a}-\boldsymbol{b})$;　(2) $(\boldsymbol{a}+\boldsymbol{b})\cdot(\boldsymbol{a}+\boldsymbol{b})$;　(3) $(\boldsymbol{a}-\boldsymbol{b})\cdot(\boldsymbol{a}-\boldsymbol{b})$.
5. 已知 $A(7,5)$,$B(2,3)$,$C(6,-7)$,
   (1)求 BC 边上的中线 AD 的长度;(2)求证:$\triangle ABC$ 是直角三角形.
6. 已知 AM 是$\triangle ABC$ 中 BC 边上的中线,用向量法证明:
$$AM^2=\frac{1}{2}(AB^2+AC^2)-BM^2.$$

扫一扫,获取参考答案

习题 6-4(B 组)

1. 已知:$|\boldsymbol{a}|=3$,$|\boldsymbol{b}|=4$,$\langle\boldsymbol{a},\boldsymbol{b}\rangle=120°$,求 $\boldsymbol{a}\cdot\boldsymbol{b}$,$(\boldsymbol{a}+\boldsymbol{b})^2$.
2. 已知:$\boldsymbol{a}\cdot\boldsymbol{a}=4$,$\boldsymbol{b}\cdot\boldsymbol{b}=9$,求$|\boldsymbol{a}|$,$|\boldsymbol{b}|$.
3. 已知:$|\boldsymbol{a}|=2$,$|\boldsymbol{b}|=3$,$\boldsymbol{a}\cdot\boldsymbol{b}=\frac{3}{2}$,求(1) $|\boldsymbol{a}+\boldsymbol{b}|$;(2) $|\boldsymbol{a}-\boldsymbol{b}|$.
4. 已知:$\boldsymbol{a}=(5,0)$,$\boldsymbol{b}=(-3,3)$,求$\langle\boldsymbol{a},\boldsymbol{b}\rangle$.
5. 已知四边形 $ABCD$ 顶点坐标 $A(1,0)$,$B(5,-2)$,$C(8,4)$,$D(4,6)$,求证:四边形 $ABCD$ 为矩形.

扫一扫,获取参考答案

复习题 6

1. 填空题：

(1) $\overrightarrow{AB}+\overrightarrow{BC}=$ ________；

(2) 已知▱$ABCD$，则$\overrightarrow{AB}+\overrightarrow{AD}=$ ________；

(3) 如果 $\boldsymbol{a}=-\dfrac{2}{3}\boldsymbol{b}$，则 $\boldsymbol{a}$ 与 $\boldsymbol{b}$ 的关系是________；

(4) $\overrightarrow{AB}+\overrightarrow{AC}+\overrightarrow{CB}-\overrightarrow{BA}=$ ________；

(5) $\overrightarrow{A_1A_2}+\overrightarrow{A_2A_3}+\overrightarrow{A_3A_4}-\overrightarrow{A_4A_1}=$ ________；

(6) 已知$\overrightarrow{OM}=\dfrac{1}{2}(\overrightarrow{OA}+\overrightarrow{OB})$，则点 M 是线段 AB 的________；

(7) 已知$\overrightarrow{OM}=\left(1-\dfrac{1}{3}\right)\overrightarrow{OA}+\dfrac{1}{3}\overrightarrow{OB}$，则$\overrightarrow{AM}=$ ________$\overrightarrow{AB}$；

(8) 已知 $A(3,5)$，$B(-1,4)$，则线段 AB 的中点坐标是________；

(9) 已知 $A(5,-4)$，$B(-1,4)$，则 $|\overrightarrow{AB}|=$ ________；

(10) 已知 $A(2,1)$，$B(-3,-2)$，及$\overrightarrow{AM}=\dfrac{2}{3}\overrightarrow{AB}$，则点 M 的坐标是________.

2. 选择题：

(1) 在平行四边形 $ABCD$ 中，$\overrightarrow{AB}-\overrightarrow{AD}=$（　　）.

A. $\overrightarrow{DB}$　　B. $\overrightarrow{BC}$　　C. $\overrightarrow{AC}$　　D. $\vec{0}$

(2) 在平行四边形 $ABCD$ 中，$\overrightarrow{AB}+\overrightarrow{BC}-\overrightarrow{AD}=$（　　）.

A. $\overrightarrow{CD}$　　B. $\overrightarrow{DC}$　　C. $\overrightarrow{AC}$　　D. $\overrightarrow{BC}$

(3) 设向量 $\boldsymbol{a}=(2,1)$，$\boldsymbol{b}=(-1,3)$，$\boldsymbol{c}=(0,2)$，则 $2\boldsymbol{a}-\boldsymbol{b}+3\boldsymbol{c}=$（　　）.

A. $(3,4)$　　B. $(5,\ 5)$　　C. $(4,\ 3)$　　D. $(3,5)$

(4) 下面不是单位向量的是（　　）.

A. $(1,0)$　　B. $\boldsymbol{i}$　　C. $(-1,-1)$　　D. $\dfrac{\boldsymbol{a}}{|\boldsymbol{a}|}$ $(\boldsymbol{a}\neq 0)$

(5) 下列命题正确的是（　　）.

A. $|\boldsymbol{a}|=|\boldsymbol{b}|\Rightarrow\boldsymbol{a}=\boldsymbol{b}$　　B. $|\boldsymbol{a}|=|\boldsymbol{b}|\Rightarrow\boldsymbol{a}=\pm\boldsymbol{b}$

C. $|\boldsymbol{a}|>|\boldsymbol{b}|\Rightarrow\boldsymbol{a}>\boldsymbol{b}$　　D. $|\boldsymbol{a}|=0\Rightarrow\boldsymbol{a}=\boldsymbol{0}$

(6) 设 $\boldsymbol{c}$ 为非零向量，$\lambda\in\mathbf{R}$，若（　　）成立，则 $\boldsymbol{a}=\boldsymbol{b}$.

A. $\lambda\boldsymbol{a}=\lambda\boldsymbol{b}$　　B. $\boldsymbol{a}\cdot\boldsymbol{c}=\boldsymbol{b}\cdot\boldsymbol{c}$

C. $|\boldsymbol{a}|=|\boldsymbol{b}|$ 且 $\boldsymbol{a}/\!/\boldsymbol{b}$　　D. $\boldsymbol{a}+\boldsymbol{c}=\boldsymbol{b}+\boldsymbol{c}$

(7) 线段两端点的坐标分别是$(2,-1)$，$(4,3)$，则线段的中点坐标及长度分别是（　　）.

A. $(3,2)$，$\sqrt{20}$　　B. $(3,1)$，$\sqrt{10}$　　C. $(3,1)$，$\sqrt{20}$　　D. $(2,3)$，$\sqrt{20}$

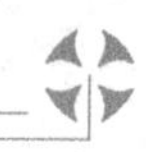

(8) 线段一端点的坐标是(2,3),中点坐标是(4,1),则另一端点坐标是(　　).

A. (6,1)　　B. (-6,-1)　　C. (6,-1)　　D. (-6,1)

(9) 已知向量 $\boldsymbol{a}=(5,-7)$,$\boldsymbol{b}=(-6,-4)$,则下列正确的是(　　).

A. $\boldsymbol{a}/\!/\boldsymbol{b}$　　B. $\boldsymbol{a}\perp\boldsymbol{b}$　　C. $\boldsymbol{a}=\boldsymbol{b}$　　D. 以上均不对

(10) 若向量 $\boldsymbol{a}=(2,3)$与向量 $\boldsymbol{b}=(x,-6)$共线,则 $x=$(　　).

A. 4　　B. 2　　C. -4　　D. -2

3. 已知 $A(2,1)$,$B(3,5)$,$C(-6,3)$,求证:$\triangle ABC$是直角三角形.

4. 已知$\overrightarrow{OP}=(3,-4)$,$\overrightarrow{OP}$绕原点转90°,到$\overrightarrow{OQ}$的位置,求点 Q 坐标.

5. 在$\triangle ABC$中,$|\overrightarrow{AB}|=6$,$|\overrightarrow{BC}|=3$,$|\overrightarrow{CA}|=8$,求$\overrightarrow{AB}\cdot\overrightarrow{AC}$.

6. 已知 $\boldsymbol{a}=(2,-3)$,$\boldsymbol{b}=(-1,-2)$,$\boldsymbol{c}=(-5,6)$,求:

(1) $(\boldsymbol{a}+\boldsymbol{b})\cdot(\boldsymbol{a}-\boldsymbol{b})$;　　(2) $(\boldsymbol{b}+\boldsymbol{c})\cdot(\boldsymbol{b}+\boldsymbol{c})$.

扫一扫,获取参考答案

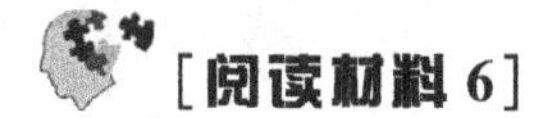
[阅读材料6]

有关向量的一个实验

一、形式:实验.

二、准备:三个弹簧秤,一个钩码,细绳(或细钢丝),一重物,两个支点.

三、步骤:(按图6-32所示装置仪器)

1. 检查弹簧秤 A、B 与 C 上的刻度的读数,看看 A 与 B 上刻度的读数之和大于、小于还是等于 C 上刻度的读数?

2. 加长上面的绳子,使得$\angle APB$变小,将刻度上的读数与上面的那些读数相比较;反过来,增大$\angle APB$,再一次比较你所测得的结果.

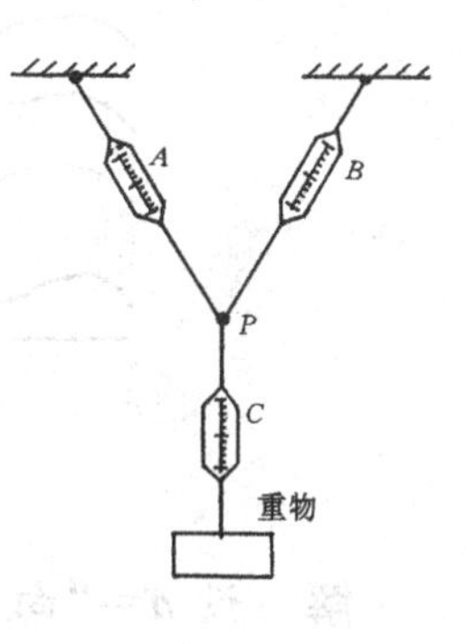

图6-32

3. 装好这些弹簧秤,使$\angle APB$成为直角(90°),看看 A 和 B 的刻度读数,并将刻度 A 上的读数值平方($A\times A$),同样将刻度 B 上的读数也平方($B\times B$),再把这两个结果加起来,然后读出 C 刻度上的读数,求出 C 上读数的平方($C\times C$),拿这个结果与刚才求得的结果 A^2+B^2 进行比较.

4. 假定$\angle APB$是90°,刻度 A 与 B 的读数各为3 N和4 N,而刻度 C 上的读数为5 N,结果 C 点的5 N恰与图6-33中平行四边形 $AMBP$ 的对角线 PM 的数值相同.

5. 由实验得出结论：同时作用在一点或一个物体上的两个力，可以用称为合成向量(或向量和)的单个力来代替. 对于图 6-33 中的两个向量$\overrightarrow{PB}$与$\overrightarrow{PA}$，它们的合成向量是平行四边形 $AMBP$ 的对角线$\overrightarrow{PM}$. 同样地，对于向量的加法问题，我们可以应用这种平行四边形法则来解答.

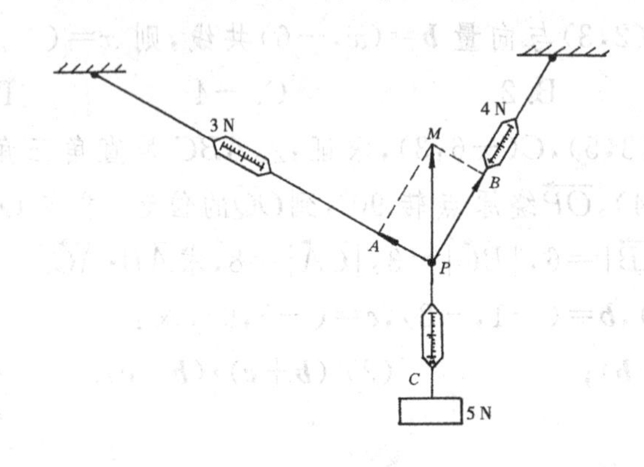

图 6-33

四、应用：

例 河水从东向西流，流速为 2 m/s，一轮船以 2 m/s 垂直水流方向向北横渡，求轮船的实际航行的方向和航速(如图 6-34 所示).

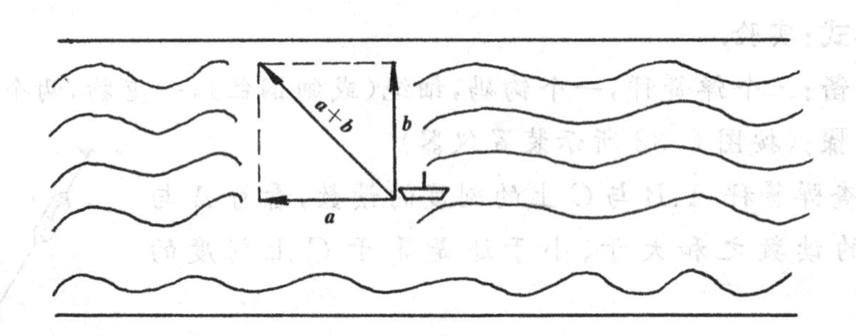

图 6-34

解 设 $\boldsymbol{a}$=“向西方向，2 m/s”，$\boldsymbol{b}$=“向北方向，2 m/s”，则

$$|\boldsymbol{a}+\boldsymbol{b}|=\sqrt{2^2+2^2}=2\sqrt{2}\approx 2.8(\text{m/s})$$

由$|\boldsymbol{a}|=|\boldsymbol{b}|$可得 $\boldsymbol{a}+\boldsymbol{b}$ 的方向为西北方向.

答 轮船实际航行速度为“向西北方向，2.8 m/s”.

上面仅以速度向量为例说明向量的应用，其实向量在力学、电学和机械工程等学科都有着十分广泛的应用.

第6章单元自测

1. 填空题

(1) 若$|\boldsymbol{a}|=1$,则$\boldsymbol{a}$称为__________.

(2) 设向量$\boldsymbol{e}_1$和$\boldsymbol{e}_2$不共线,若$k\boldsymbol{e}_1+\boldsymbol{e}_2$与$\boldsymbol{e}_1+k\boldsymbol{e}_2$共线,则实数$k$的值为__________.

(3) 设$\boldsymbol{a}=(1,-2)$,$\boldsymbol{b}=(4,3)$,则$-2\boldsymbol{a}+3\boldsymbol{b}=$__________.

(4) 若$\overrightarrow{AB}=(-2,5)$,$B(1,-3)$,则$A$点的坐标为__________.

(5) 若$\boldsymbol{a}$为非零向量,则$0\boldsymbol{a}=$__________,$\boldsymbol{0}\cdot\boldsymbol{a}=$__________.

(6) 已知$|\boldsymbol{a}|=2$, $|\boldsymbol{b}|=4$,$\boldsymbol{a}\cdot\boldsymbol{b}=3$,则$(2\boldsymbol{a}-3\boldsymbol{b})\cdot(2\boldsymbol{a}+\boldsymbol{b})=$__________.

(7) 若点$A(-3,2)$到点$B(1,m)$的距离为5,则m的值为__________.

2. 选择题

(1) 在下列4个等式中,正确的是(　　).

A. $\overrightarrow{AB}+\overrightarrow{BA}=0$　　B. $\overrightarrow{AB}=\overrightarrow{OA}-\overrightarrow{OB}$

C. $\boldsymbol{a}\cdot\boldsymbol{b}-\boldsymbol{b}\cdot\boldsymbol{a}=0$　　D. $\overrightarrow{AB}+\overrightarrow{AC}=\overrightarrow{BC}$

(2) 下列命题,正确的是(　　).

A. 两个单位向量的数量积为1

B. 若$\boldsymbol{a}\cdot\boldsymbol{b}=\boldsymbol{a}\cdot\boldsymbol{c}$且$\boldsymbol{a}\neq\boldsymbol{0}$,则$\boldsymbol{b}=\boldsymbol{c}$

C. 若$\boldsymbol{a}\cdot\boldsymbol{b}=0$,则$\boldsymbol{a}$,$\boldsymbol{b}$中至少有一个零向量

D. 若$\boldsymbol{b}\perp\boldsymbol{c}$,则$(\boldsymbol{a}+\boldsymbol{c})\cdot\boldsymbol{b}=\boldsymbol{a}\cdot\boldsymbol{b}$

(3) 下列各式中,不正确的是(　　).

A. $(\boldsymbol{a}+\boldsymbol{b})^2=\boldsymbol{a}^2+2\boldsymbol{ab}+\boldsymbol{b}^2$　　B. $(\boldsymbol{a}-\boldsymbol{b})^2=\boldsymbol{a}^2-2\boldsymbol{ab}+\boldsymbol{b}^2$

C. $(\boldsymbol{a}+\boldsymbol{b})(\boldsymbol{a}-\boldsymbol{b})=\boldsymbol{a}^2-\boldsymbol{b}^2$　　D. $(\boldsymbol{a}\cdot\boldsymbol{b})\cdot\boldsymbol{c}=\boldsymbol{a}\cdot(\boldsymbol{b}\cdot\boldsymbol{c})$

(4) “$\overrightarrow{AB}+\overrightarrow{BC}+\overrightarrow{CA}=\boldsymbol{0}$”是“$A$,$B$,$C$是三角形三个顶点”的(　　).

A. 充分不必要　　B. 必要不充分　　C. 充要　　D. 既不充分也不必要

(5) 已知$|\boldsymbol{a}|=10$,$|\boldsymbol{b}|=8$,且$\boldsymbol{a}\cdot\boldsymbol{b}=-40$,则向量$\boldsymbol{a}$与$\boldsymbol{b}$的夹角为(　　).

A. 30°　　B. 60°　　C. 120°　　D. 150°

(6) 若$\boldsymbol{a}=(0,1)$, $\boldsymbol{b}=(1,1)$且$(\boldsymbol{a}+\lambda\boldsymbol{b})\perp\boldsymbol{a}$,则实数$\lambda$的值是(　　).

A. -1　　B. 0　　C. 1　　D. 2

3. 解答题

(1) 作用于同一点的两个力的大小都是5 N,且夹角为120°,那么它们的合力的大小是多少?

(2) 已知$\boldsymbol{e}_1/\!/\boldsymbol{e}_2$,且$\boldsymbol{a}=\boldsymbol{e}_1+\boldsymbol{e}_2$,$\boldsymbol{b}=2\boldsymbol{e}_1-\boldsymbol{e}_2$,求证:$\boldsymbol{a}/\!/\boldsymbol{b}$.

(3) 已知$\boldsymbol{a}$,$\boldsymbol{b}$的直角坐标分别是$(-5,0)$,$\left(-5,\dfrac{5}{\sqrt{3}}\right)$,求$\boldsymbol{a}$,$\boldsymbol{b}$的夹角.

扫一扫,获取参考答案

第 7 章

*复　数

复数沟通了代数、几何、三角之间的内在联系，数学中的许多问题用复数的方法来解决，既直观又方便简捷. 不仅如此，复数也是研究力、位移、速度、电场强度等既有大小、又有方向的量的强有力工具，它在电学、流体力学、振动理论等方面的应用也十分广泛.

在这一章中，将介绍复数的概念和复数的几种表示形式，并讨论复数的运算.

7.1　复数的概念

一、虚数单位

从解方程来看，因为没有任何实数的平方是负数，所以在实数集 **R** 中，方程 $x^2=-1$ 无解. 为了使这类方程有确定的解，人们引进一个新的数 i（在电工学中为 j），称为**虚数单位**，并规定：

(1) $i^2=-1$；

(2) i 与实数在一起，可以按照实数的四则运算法则进行运算.

在这种规定下，i 就是 −1 的一个平方根，因为 $(-i)^2=i^2=-1$，所以 −i 是 −1 的另一个平方根. 因此，方程 $x^2=-1$ 就有了确定的两个解：$x_1=i$ 和 $x_2=-i$.

根据上述规定，虚数单位 i 有以下性质：

$$i^1=i,\ i^2=-1,\ i^3=-i,\ i^4=1;$$

$$i^5=i,\ i^6=-1,\ i^7=-i,\ i^8=1;$$

……

一般地，当$n\in \mathbf{N}^*$时，有

$$i^{4n+1}=i,\ i^{4n+2}=-1,\ i^{4n+3}=-i,\ i^{4n}=1.$$

另外，还规定：

$$i^0=1;\ i^{-n}=\frac{1}{i^n}\ (n\in \mathbf{N}^*).$$

例1 化简：

(1) i^{2011}； (2) i^{-5}.

解 (1) $i^{2011}=i^{4\times 52+3}=-i$；

(2) $i^{-5}=\frac{1}{i^5}=\frac{1}{i}=-i$.

二、复数的相等及共轭复数

1. 复数的实部、虚部

引进了虚数单位i之后，我们可以把数的概念从实数扩充到复数.

定义 形如$a+bi\ (a,b\in \mathbf{R})$的数称为**复数**，通常记为$z=a+bi$. 其中$a,b$分别称为复数的**实部**和**虚部**. 本章所说复数$a+bi$，都有$a,b\in \mathbf{R}$.

全体复数所组成的集合称为**复数集**，常用字母$\mathbf{C}$表示. 即

$$\mathbf{C}=\{z\,|\,z=a+bi,\ a,b\in \mathbf{R}\}$$

可以看出，在复数$a+bi$中，当$b=0$时，$a+bi$就是实数a；当$b\neq 0$时，$a+bi$称为**虚数**. 全体虚数所组成的集合称为**虚数集**，常用字母I表示，即

$$I=\{z\,|\,z=a+bi,\ a,b\in \mathbf{R}\text{ 且 }b\neq 0\}.$$

如果$b\neq 0, a=0$，虚数$a+bi=0+bi$，则数bi称为**纯虚数**.

例如：$3+4i$，$\frac{1}{2}+\frac{\sqrt{3}}{2}i$，$-0.5i$，$2+\sqrt{3}$都是复数，它们的实部分别是$3,\frac{1}{2},0,2+\sqrt{3}$，虚部分别是$4,\frac{\sqrt{3}}{2},-0.5,0$. 其中$3+4i$，$\frac{1}{2}+\frac{\sqrt{3}}{2}i$，$-0.5i$是虚数，$-0.5i$是纯虚数.

显然，复数集包含了实数集和虚数集.

于是：$\mathbf{R}\cup I=\mathbf{C}$，$\mathbf{R}\cap I=\varnothing$，$\mathbf{R}\subsetneqq \mathbf{C}$，$I\subsetneqq \mathbf{C}$. 若以$\mathbf{C}$作为全集，则$\complement_{\mathbf{C}}\mathbf{R}=I$，$\complement_{\mathbf{C}}I=\mathbf{R}$.

例2 实数m取何值时，复数$(m^2-3m-4)+(m^2-5m-6)i$是：(1) 实数；(2) 纯虚数？

解 由复数定义得：实部$a=m^2-3m-4$，虚部$b=m^2-5m-6$.

(1) 若复数为实数，则 $b=0$，即 $m^2-5m-6=0$，解得 $m=6$ 或 $m=-1$，当 $m=6$ 或 $m=-1$ 时，这个复数为实数.

(2) 若复数为纯虚数，则 $a=0,b\neq 0$，即 $m^2-3m-4=0$，解得 $m=4$ 或 $m=-1$，$m^2-5m-6\neq 0$ 解得 $m\neq -1,m\neq 6$，故当 $m=4$ 时，这个复数为纯虚数.

2. 复数相等

一个复数是由它的实部和虚部唯一确定的. 如果两个复数 $a+b\mathrm{i}$ 和 $c+d\mathrm{i}$ 的实部与虚部分别相等，那么称这两个**复数相等**. 记作：$a+b\mathrm{i}=c+d\mathrm{i}$. 即：如果 $a,b,c,d\in\mathbf{R}$，那么

$$a+b\mathrm{i}=c+d\mathrm{i}\Leftrightarrow a=c,b=d.$$

特别地，$a+b\mathrm{i}=0\Leftrightarrow a=b=0$.

例 3 已知 $(2x-1)+\mathrm{i}=y-(3-y)\mathrm{i}$，其中 $x,y\in\mathbf{R}$. 求 x,y.

解 根据复数相等的条件，得

$$\begin{cases}2x-1=y,\\1=-(3-y),\end{cases}$$

解此方程组，得

$$x=\frac{5}{2},y=4.$$

应当注意：两个实数可以比较大小，但两个复数，如果不全是实数，就不能比较它们的大小. 例如，2 与 2i，2i 与 3i，2+3i 与 3+2i 都不能分别比较它们的大小.

3. 共轭复数

定义 如果两个复数实部相等，虚部互为相反数，把这两个复数称为**共轭复数**. 复数 z 的共轭复数常用 $\bar{z}$ 表示. 即：如果 $z=a+b\mathrm{i}$，则 $\bar{z}=a-b\mathrm{i}$.

例如：$1+2\mathrm{i}$ 与 $1-2\mathrm{i}$，$-0.5\mathrm{i}$ 与 $0.5\mathrm{i}$ 都是共轭复数. 特别地，实数 a 的共轭复数就是 a 本身.

三、复数的几何表示法

1. 用复平面内的点表示复数

从复数相等的条件可知，任何一个复数 $z=a+b\mathrm{i}$，都可以由一对有序实数 (a,b) 唯一确定，这就使我们联想到借用平面直角坐标系来表示复数 $z=a+b\mathrm{i}$. 如图 7-1 所示，我们规定：直角坐标平面内的 x 轴为实轴，单位是 1，y 轴（除去

原点)为虚轴,单位是i.那么,复数就可以用这样的平面内的点$M(a,b)$来表示.其中复数的实部a和虚部b分别是点M的横坐标和纵坐标.我们把这种表示复数的平面称为**复数直角坐标平面**,简称**复平面**.

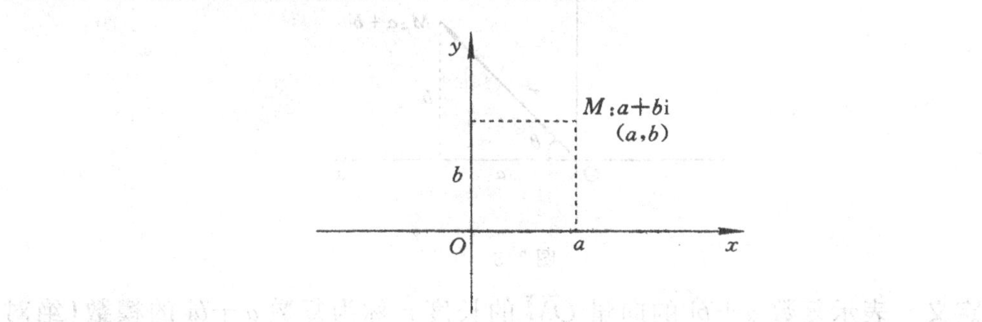

图 7-1

按照这种表示方法,每一个复数在复平面内都有唯一的一个点和它对应;反之,复平面内的每一个点都有唯一的一个复数和它对应.这样,复数集**C**和复平面内所有的点构成的点集一一对应.所以,任何复数都可用复平面内的点来表示.显然,表示实数的点都在实轴上,表示纯虚数的点都在虚轴上.

复平面内两个互为共轭复数z与$\bar{z}$所对应的点关于实轴对称.如图7-2所示,复数$-3\mathrm{i}$,$-2+\mathrm{i}$分别对应的点M_1,N_1与它们的共轭复数$3\mathrm{i}$,$-2-\mathrm{i}$所对应的点M_2,N_2关于x轴对称.

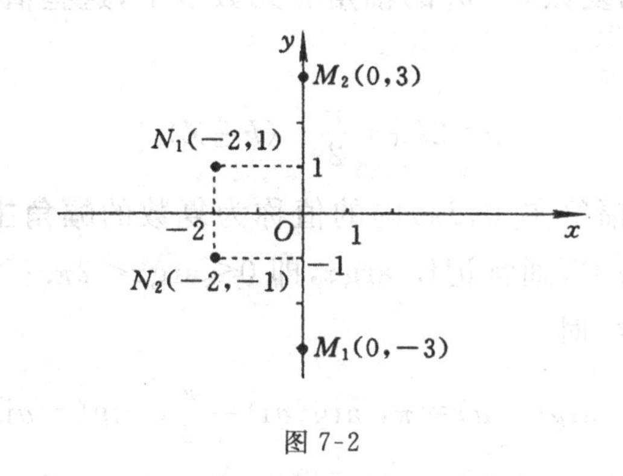

图 7-2

2. 用向量表示复数

如图7-3所示,复数$a+b\mathrm{i}$对应于复平面内的点M,如果连结OM,就可以得到一个以原点O为起点,M为终点的向量$\overrightarrow{OM}$.于是,复平面内的点M和以原点O为起点的向量$\overrightarrow{OM}$之间可以建立一一对应关系.因为复平面内的点$M(a,b)$和复数$a+b\mathrm{i}$是一一对应的,所以复数$a+b\mathrm{i}$和向量$\overrightarrow{OM}$之间也是一一对应的.因此,复数$a+b\mathrm{i}$也可以用向量$\overrightarrow{OM}$来表示.即

复数 $a+bi \longleftrightarrow$ 点 $M(a,b) \longleftrightarrow$ 向量 $\overrightarrow{OM}$

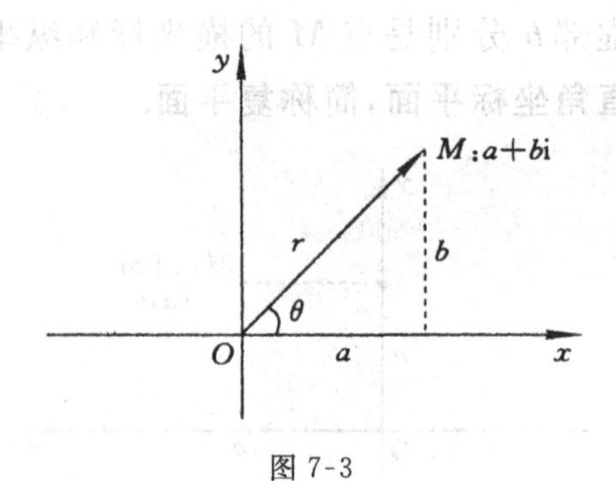

图 7-3

定义 表示复数 $a+bi$ 的向量 $\overrightarrow{OM}$ 的长度 r 称为复数 $a+bi$ 的**模数（绝对值）**，记作 $|z|$ 或 $|a+bi|$，由 x 轴的正半轴到向量 $\overrightarrow{OM}$ 的角 θ 称为复数 $a+bi$ 的**幅角**. 容易看出，

$$r=|z|=|a+bi|=\sqrt{a^2+b^2}.$$

例如：$\left|-\frac{1}{2}+\frac{\sqrt{3}}{2}i\right|=\sqrt{\left(-\frac{1}{2}\right)^2+\left(\frac{\sqrt{3}}{2}\right)^2}=1$，

$\left|-\frac{2}{3}\right|=\sqrt{\left(-\frac{2}{3}\right)^2+0^2}=\frac{2}{3}$.

一个不等于零的复数 $a+bi$ 的幅角有无数多个，这些值相差 2π 的整数倍. 例如，i 的幅角是：

$$\theta=2k\pi+\frac{\pi}{2} \quad (k\in \mathbf{Z}).$$

为简便起见，把幅角在$[0,2\pi)$内的值称为复数的**幅角主值**（电工学中的幅角主值范围为$(-\pi,\pi]$），通常记作 $\arg z$，即 $0\leqslant \arg z<2\pi$.

很明显，当 $a\in \mathbf{R}^+$ 时，

$$\arg a=0,\ \arg(-a)=\pi,\ \arg(ai)=\frac{\pi}{2},\ \arg(-ai)=\frac{3\pi}{2}.$$

如果 $z=0$，那么与它对应的向量 $\overrightarrow{OM}$ 缩成一个点（零向量），这样的向量的方向是任意的，所以复数 0 的幅角也是任意的.

由图 7-3 可以看出，复数 $a+bi(a\neq 0)$ 的幅角 θ，可以利用公式

$$\tan\theta=\frac{b}{a}$$

来确定，其中 θ 所在象限就是与复数相对应的点 $M(a,b)$ 所在的象限.

例 4 用向量表示复数 $1-\sqrt{3}i$，$-2i$，3，并分别求出它们的模数和幅角主值.

解 (1) 如图 7-4 所示，向量 $\overrightarrow{OA}$ 表示复数 $1-\sqrt{3}i$，它的模数是

$$|1-\sqrt{3}i|=\sqrt{1^2+(-\sqrt{3})^2}=2$$

因为 $a=1, b=-\sqrt{3}$，

所以 $\tan\theta=-\sqrt{3}$.

而点$(1,-\sqrt{3})$在第Ⅳ象限内，所以幅角主值 $\theta=\frac{5\pi}{3}$.

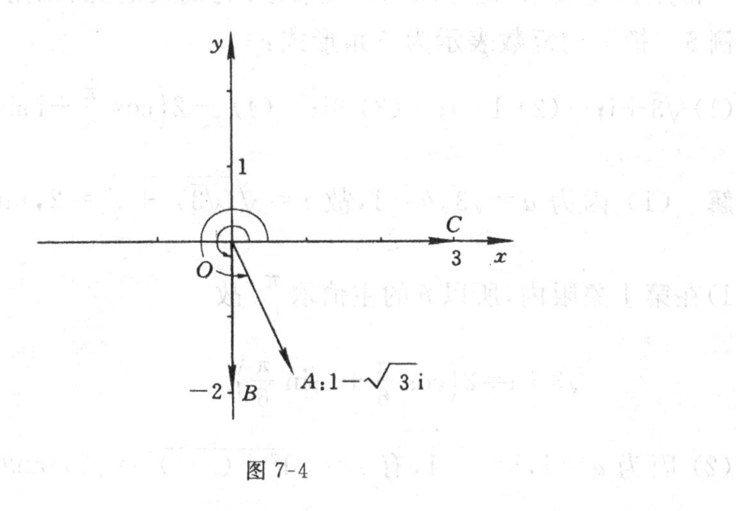

图 7-4

(2) 如图 7-4 所示，向量 $\overrightarrow{OB}$ 表示复数 $-2i$，它的模数是 $|-2i|=2$，因为复数 $-2i$ 对应的点在虚轴的下半轴上，所以它的幅角主值 $\theta=\frac{3\pi}{2}$.

(3) 如图 7-4 所示，向量 $\overrightarrow{OC}$ 表示复数 3，它的模数是 $|3|=3$，因为复数 3 对应的点在实轴的正半轴上，所以它的幅角主值 $\theta=0$.

四、复数的三种形式

复数的表示形式除几何表示外，通常还有代数形式、三角形式和指数形式.

1. 复数的代数形式

前面我们介绍的复数形式 $a+bi$ 称为**复数的代数形式**.

2. 复数的三角形式

设复数 $a+bi$ 的模数为 r，幅角为 θ，如图 7-3 所示. 由三角函数的定义，可知

$$a=r\cos\theta,\ b=r\sin\theta$$

所以　$a+bi=r\cos\theta+ir\sin\theta=r(\cos\theta+\mathrm{i}\sin\theta)$，

即　　$a+bi=r(\cos\theta+\mathrm{i}\sin\theta)$，其中

$$r=\sqrt{a^2+b^2},\quad \tan\theta=\frac{b}{a}\ (a\neq 0)$$

θ所在象限与复数对应的点$M(a,b)$所在的象限一致.

我们把$r(\cos\theta+\mathrm{i}\sin\theta)$称为**复数的三角形式**. 在复数的三角形式中，辐角θ的大小常用弧度表示，也可以用角度表示. 为简便起见，幅角θ通常只写主值.

例 5　把下列复数表示为三角形式：

(1) $\sqrt{3}+\mathrm{i}$；　(2) $1-\mathrm{i}$；　(3) $3\mathrm{i}$；　(4) $-2\left(\cos\frac{\pi}{5}+\mathrm{i}\sin\frac{\pi}{5}\right)$.

解　(1) 因为$a=\sqrt{3}$，$b=1$，故$r=\sqrt{(\sqrt{3})^2+1^2}=2$，$\tan\theta=\frac{1}{\sqrt{3}}=\frac{\sqrt{3}}{3}$，而点$(\sqrt{3},1)$在第Ⅰ象限内，所以$\theta$的主值取$\frac{\pi}{6}$. 故

$$\sqrt{3}+\mathrm{i}=2\left(\cos\frac{\pi}{6}+\mathrm{i}\sin\frac{\pi}{6}\right).$$

(2) 因为$a=1$，$b=-1$，有$r=\sqrt{1^2+(-1)^2}=\sqrt{2}$，$\tan\theta=\frac{-1}{1}=-1$，而点$(1,-1)$在第Ⅳ象限内，所以$\theta$的主值取$\frac{7\pi}{4}$. 故

$$1-\mathrm{i}=\sqrt{2}\left(\cos\frac{7\pi}{4}+\mathrm{i}\sin\frac{7\pi}{4}\right).$$

(3) 因为$a=0$，$b=3$，有$r=\sqrt{0^2+3^2}=3$，而点$(0,3)$在y轴的正半轴上，所以θ的主值取$\frac{\pi}{2}$. 故

$$3\mathrm{i}=3\left(\cos\frac{\pi}{2}+\mathrm{i}\sin\frac{\pi}{2}\right).$$

(4) 因为$-2\left(\cos\frac{\pi}{5}+\mathrm{i}\sin\frac{\pi}{5}\right)=2\left(-\cos\frac{\pi}{5}-\mathrm{i}\sin\frac{\pi}{5}\right)$，而

$$\cos\left(\pi+\frac{\pi}{5}\right)=-\cos\frac{\pi}{5},\ \sin\left(\pi+\frac{\pi}{5}\right)=-\sin\frac{\pi}{5}$$

故

$$-2\left(\cos\frac{\pi}{5}+\mathrm{i}\sin\frac{\pi}{5}\right)=2\left(\cos\frac{6\pi}{5}+\mathrm{i}\sin\frac{6\pi}{5}\right).$$

3. 复数的指数形式

在科学技术中，特别在电学中常用到复数的指数形式.

根据欧拉(Euler)公式：$\cos\theta+\mathrm{i}\sin\theta=\mathrm{e}^{\mathrm{i}\theta}$，可知复数的三角形式可以用指数$\mathrm{e}^{\mathrm{i}\theta}$来表示，其中 $\mathrm{e}=2.71828\cdots$. 在上述公式的两边同乘以复数的模数 r，则有

$$r(\cos\theta+\mathrm{i}\sin\theta)=r\mathrm{e}^{\mathrm{i}\theta}.$$

$r\mathrm{e}^{\mathrm{i}\theta}$称为**复数的指数形式**. 其中幅角 θ 的单位只能是弧度.

例 6 将下列复数化为指数形式.

(1) $\sqrt{3}(\cos120°+\mathrm{i}\sin120°)$；　　(2) $\cos\dfrac{\pi}{3}-\mathrm{i}\sin\dfrac{\pi}{3}$；

(3) $-2+2\mathrm{i}$.

解 (1) $\sqrt{3}(\cos120°+\mathrm{i}\sin120°)=\sqrt{3}\left(\cos\dfrac{2\pi}{3}+\mathrm{i}\sin\dfrac{2\pi}{3}\right)=\sqrt{3}\mathrm{e}^{\mathrm{i}\frac{2\pi}{3}}$；

(2) $\cos\dfrac{\pi}{3}-\mathrm{i}\sin\dfrac{\pi}{3}=\cos\left(-\dfrac{\pi}{3}\right)+\mathrm{i}\sin\left(-\dfrac{\pi}{3}\right)=\mathrm{e}^{-\mathrm{i}\frac{\pi}{3}}$；

(3) $-2+2\mathrm{i}=2\sqrt{2}\left(\cos\dfrac{3\pi}{4}+\mathrm{i}\sin\dfrac{3\pi}{4}\right)=2\sqrt{2}\mathrm{e}^{\mathrm{i}\frac{3\pi}{4}}$.

例 7 将复数$\sqrt{6}\mathrm{e}^{-\mathrm{i}\frac{\pi}{4}}$化成代数形式.

解 $\sqrt{6}\mathrm{e}^{-\mathrm{i}\frac{\pi}{4}}=\sqrt{6}\left[\cos\left(-\dfrac{\pi}{4}\right)+\mathrm{i}\sin\left(-\dfrac{\pi}{4}\right)\right]=\sqrt{6}\left(\dfrac{\sqrt{2}}{2}-\dfrac{\sqrt{2}}{2}\mathrm{i}\right)$

$=\sqrt{3}-\sqrt{3}\mathrm{i}$.

习题 7-1(A 组)

1. 下列复数中，哪些是实数？哪些是虚数？哪些是纯虚数？

$\sqrt{2}+\sqrt{3}$，　$2\mathrm{i}^{2004}$，　$1-\sqrt{3}\mathrm{i}^{-5}$，　$\mathrm{i}+\mathrm{i}^{-63}$.

2. 指出下列复数的实部与虚部.

(1) $1-\sqrt{3}$；　(2) $1-\sqrt{3}\mathrm{i}$；　(3) $(1-\sqrt{3})\mathrm{i}$.

3. m 取何实数时，复数$(m^2+m-2)+(m^2-4m+3)\mathrm{i}$ 是实数？纯虚数？虚数？

4. 求适合下列条件的实数 x 和 y.

(1) $(x+y-2)+(x-3)\mathrm{i}=0$；

(2) $(2x+y)+(3x-y)\mathrm{i}=13+2\mathrm{i}$.

5. 在复平面内描出复数：$-2-2\mathrm{i}$，$1+\sqrt{3}\mathrm{i}$，-3，$2\mathrm{i}$ 所表示的点.

6. 把下列复数表示成三角形式和指数形式.

(1) $-1+\mathrm{i}$；　(2) $\dfrac{\sqrt{3}}{2}-\dfrac{1}{2}\mathrm{i}$；　(3) $-4\mathrm{i}$.

扫一扫，获取参考答案

习题 7-1(B 组)

1. m 取何实数时，复数$\dfrac{m^2+m-6}{m+5}+(m^2+8m+15)\mathrm{i}$是实数？纯虚数？虚数？

2. 求适合下列条件的实数 x 和 y.

(1) $(x-y-2)+(x^2+y^2-2)\mathrm{i}=0$；

(2) $(x^2+y^2)+xy\mathrm{i}$ 与 $13-6\mathrm{i}$ 为共轭复数.

3. 用向量表示复数 $1+\mathrm{i}, 4, -\sqrt{3}\mathrm{i}$ 的共轭复数.

4. 求下列复数的模数和幅角主值 θ.

(1) 5；　(2) $-\sqrt{2}\mathrm{i}$；　(3) $1-\sqrt{3}\mathrm{i}$；　(4) $\sqrt{2}+\sqrt{2}\mathrm{i}$.

5. 下列复数是不是三角形式？如果不是，将它们表示成三角形式.

(1) $\cos\dfrac{\pi}{3}-\mathrm{i}\sin\dfrac{\pi}{3}$；　(2) $-2\left(\cos\dfrac{\pi}{4}+\mathrm{i}\sin\dfrac{\pi}{4}\right)$；

(3) $3\left(\sin\dfrac{2\pi}{5}+\mathrm{i}\cos\dfrac{2\pi}{5}\right)$；　(4) $\sqrt{3}\left(\cos\dfrac{\pi}{6}+\mathrm{i}\sin\dfrac{\pi}{3}\right)$.

扫一扫，获取参考答案

7.2　复数代数形式的运算

一、复数的加法和减法

复数的加法和减法就是实部与实部相加减，虚部与虚部相加减. 即设 $z_1=a+b\mathrm{i}(a,b\in\mathbf{R}), z_2=c+d\mathrm{i}(c,d\in\mathbf{R})$，则

$$z_1+z_2=(a+b\mathrm{i})+(c+d\mathrm{i})=(a+c)+(b+d)\mathrm{i},$$

$$z_1-z_2=(a+b\mathrm{i})-(c+d\mathrm{i})=(a-c)+(b-d)\mathrm{i}.$$

复数的加法运算满足下列的交换律与结合律. 即对任意复数 z_1、z_2、z_3，有

(1) 交换律 $z_1+z_2=z_2+z_1$；

(2) 结合律 $(z_1+z_2)+z_3=z_1+(z_2+z_3)$.

由于复数可以用向量表示，故复数的加减运算相当于向量的加减运算. 设复数 $z_1=a+b\mathrm{i}$ 和 $z_2=c+d\mathrm{i}$ 在复平面内对应的向量分别为$\overrightarrow{OZ_1}$和$\overrightarrow{OZ_2}$，即$\overrightarrow{OZ_1}=(a,b), \overrightarrow{OZ_2}=(c,d)$，则

$$\overrightarrow{OZ_1}+\overrightarrow{OZ_2}=(a+c,b+d), \overrightarrow{OZ_1}-\overrightarrow{OZ_2}=(a-c,b-d).$$

例 1　计算：$(2-3\mathrm{i})+(-5+2\mathrm{i})-(7+11\mathrm{i})$.

解　$(2-3\mathrm{i})+(-5+2\mathrm{i})-(7+11\mathrm{i})$

$=[2+(-5)-7]+[(-3)+2-11]\mathrm{i}=-10-12\mathrm{i}$.

显然，$(a+bi)+(a-bi)=2a$，$(a+bi)-(a-bi)=2bi$.
即两个共轭复数的和是一个实数.当 $b\neq 0$ 时，它们的差是一个纯虚数.

例 2 在复平面内用向量表示下列复数：

(1) $(2-i)+(1+2i)$； (2) $(2-i)-(1+2i)$.

解 (1) 如图 7-5 所示，分别作表示复数 $2-i$ 和 $1+2i$ 的向量 $\overrightarrow{OM}$ 和 $\overrightarrow{ON}$，再以 $\overrightarrow{OM}$ 和 $\overrightarrow{ON}$ 为邻边作平行四边形 $OMLN$，则对角线 $\overrightarrow{OL}=\overrightarrow{OM}+\overrightarrow{ON}$ 就表示复数 $(2-i)+(1+2i)$.

(2) 如图 7-6 所示，分别作表示复数 $2-i$ 和 $1+2i$ 的向量 $\overrightarrow{OM}$ 和 $\overrightarrow{ON}$，再以 $\overrightarrow{OM}$ 为对角线，$\overrightarrow{ON}$ 为一边作平行四边形，则 $\overrightarrow{OL}=\overrightarrow{OM}-\overrightarrow{ON}$ 就表示复数 $(2-i)-(1+2i)$.

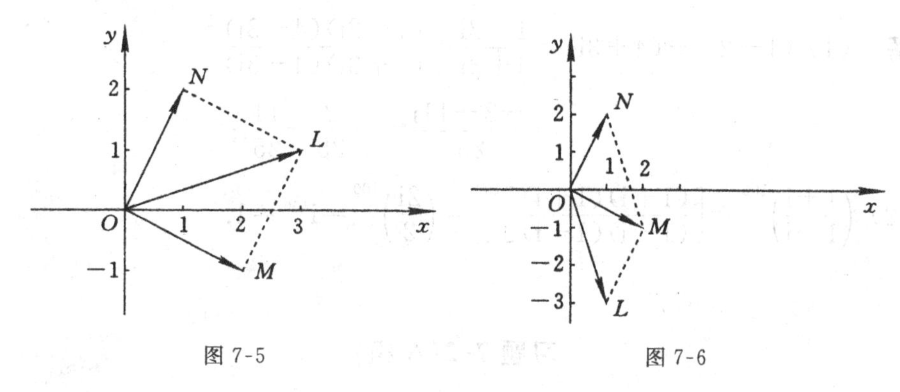

图 7-5 图 7-6

二、复数的乘法和除法

两个复数相乘，可以按照多项式相乘的运算法则来进行，在所得的结果中，把 i^2 换成 -1，并把实部与虚部分别合并.即

设 $z_1=a+bi(a,b\in R)$，$z_2=c+di(c,d\in \mathbf{R})$，则

$z_1\cdot z_2=(a+bi)\cdot(c+di)=ac+adi+bci+bdi^2=(ac-bd)+(ad+bc)i$.

复数的乘法运算满足下列的交换律、结合律和分配律.即对任意复数 z_1、z_2、z_3，有

(1) 交换律 $z_1\cdot z_2=z_2\cdot z_1$；

(2) 结合律 $(z_1\cdot z_2)\cdot z_3=z_1\cdot(z_2\cdot z_3)$；

(3) 分配律 $z_1\cdot(z_2+z_3)=z_1\cdot z_2+z_1\cdot z_3$.

由于复数乘法满足交换律，所以，我们以前学习过的完全平方公式及平方差公式在复数范围内仍然是成立的.例如，可以用平方差公式计算

$(a+bi)(a-bi)=a^2-(bi)^2=a^2-b^2i^2=a^2+b^2$

由此可知，设复数 $z=a+bi(a,b\in \mathbf{R})$，则 $z\cdot\bar{z}=|z|^2=|\bar{z}|^2=a^2+b^2$.

复数的乘方是指相同复数的乘积.即 $z^n=\underbrace{z\cdot z\cdot\cdots\cdot z}_{n个}(n\in\mathbf{N}^*)$.

两个复数相除可以将分子和分母同乘以分母的共轭复数,使分母变为实数.即

$$\frac{z_1}{z_2}=\frac{a+bi}{c+di}=\frac{(a+bi)(c-di)}{(c+di)(c-di)}=\frac{(ac+bd)+(bc-ad)i}{c^2+d^2}=\frac{ac+bd}{c^2+d^2}+\frac{bc-ad}{c^2+d^2}i.$$

例 3 计算:$(2+3i)(2-i)(-4+i)$.

解 $(2+3i)(2-i)(-4+i)=(7+4i)(-4+i)=-32-9i$.

例 4 计算:

(1) $(1-2i)\div(4+3i)$; (2) $\left(\frac{1+i}{1-i}\right)^{100}$.

解 (1) $(1-2i)\div(4+3i)=\frac{1-2i}{4+3i}=\frac{(1-2i)(4-3i)}{(4+3i)(4-3i)}$

$$=\frac{-2-11i}{25}=-\frac{2}{25}-\frac{11}{25}i;$$

(2) $\left(\frac{1+i}{1-i}\right)^{100}=\left[\frac{(1+i)(1+i)}{(1-i)(1+i)}\right]^{100}=\left(\frac{2i}{2}\right)^{100}=i^{100}=1$.

习题 7-2(A 组)

1. 计算:

(1) $(6-3i)+(3i-2)$; (2) $(2-i)-(2+3i)+4i$;

(3) $(-8-7i)(-3i)$; (4) $\left(\frac{\sqrt{3}}{2}i-\frac{1}{2}\right)\left(-\frac{1}{2}+\frac{\sqrt{3}}{2}i\right)$;

(5) $\frac{2i}{2-i}$; (6) $\frac{\sqrt{2}+\sqrt{3}i}{\sqrt{2}-\sqrt{3}i}$.

扫一扫,获取参考答案

习题 7-2(B 组)

1. 计算:

(1) $(1-2i^5)-(2+3i^7)+(3-5i^{11})$;

(2) $(2+i)(1+2i)(4-3i)$;

(3) $\left(\frac{1-i}{1+i}\right)^{10}$;

(4) $\frac{\sqrt{5}+\sqrt{3}i}{\sqrt{5}-\sqrt{3}i}-\frac{\sqrt{3}+\sqrt{5}i}{\sqrt{3}-\sqrt{5}i}$.

扫一扫,获取参考答案

7.3 复数三角形式、指数形式的运算

设复数 z_1,z_2 的三角形式和指数形式分别为

$$z_1=r_1(\cos\theta_1+\mathrm{i}\sin\theta_1),z_2=r_2(\cos\theta_2+\mathrm{i}\sin\theta_2)\text{和 }z_1=r_1e^{\mathrm{i}\theta_1},z_2=r_2e^{\mathrm{i}\theta_2}.$$

则有

$$\begin{aligned}z_1\cdot z_2&=r_1(\cos\theta_1+\mathrm{i}\sin\theta_1)\cdot r_2(\cos\theta_2+\mathrm{i}\sin\theta_2)\\&=r_1\cdot r_2[(\cos\theta_1\cos\theta_2-\sin\theta_1\sin\theta_2)+\mathrm{i}(\sin\theta_1\cos\theta_2+\cos\theta_1\sin\theta_2)]\\&=r_1\cdot r_2[\cos(\theta_1+\theta_2)+\mathrm{i}\sin(\theta_1+\theta_2)].\end{aligned}$$

即

$$\begin{aligned}z_1\cdot z_2&=r_1(\cos\theta_1+\mathrm{i}\sin\theta_1)\cdot r_2(\cos\theta_2+\mathrm{i}\sin\theta_2)\\&=r_1\cdot r_2[\cos(\theta_1+\theta_2)+\mathrm{i}\sin(\theta_1+\theta_2)].\end{aligned}$$

由三角形式相乘的结论可得

$$z_1\cdot z_2=r_1\mathrm{e}^{\mathrm{i}\theta_1}\cdot r_2\mathrm{e}^{\mathrm{i}\theta_2}=r_1\cdot r_2\mathrm{e}^{\mathrm{i}(\theta_1+\theta_2)}.$$

这就是说，**两个复数相乘，积的模等于各复数的模的积，积的辐角等于各复数的辐角的和.**

据此可知，两个复数 z_1,z_2 相乘时，可以先画出分别与 z_1 和 z_2 对应的向量 $\overrightarrow{OZ_1}$ 和 $\overrightarrow{OZ_2}$，若 $\theta_2>0$，把向量 $\overrightarrow{OZ_1}$ 按逆时针方向旋转一个角 θ_2（如果 $\theta_2<0$，就要把 $\overrightarrow{OZ_1}$ 按顺时针方向旋转一个角 $|\theta_2|$），再把它的模变 $r_1\cdot r_2$，所得的向量 $\overrightarrow{OZ}$ 就表示积 $z_1\cdot z_2$ 所对应的向量（如图 7-7）. 这就是**复数乘法的几何意义**.

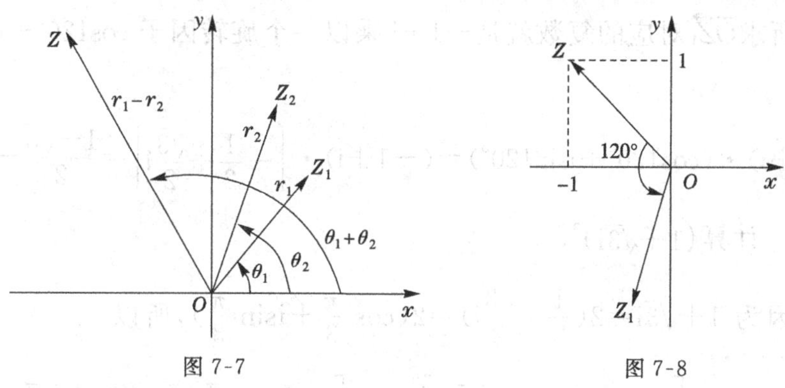

图 7-7　　图 7-8

一般地，两个复数的三角形式相乘的结论可以推广到 n 个复数相乘的情况，即

$$\begin{aligned}&z_1\cdot z_2\cdots z_n=r_1(\cos\theta_1+\mathrm{i}\sin\theta_1)\cdot r_2(\cos\theta_2+\mathrm{i}\sin\theta_2)\cdots r_n(\cos\theta_n+\mathrm{i}\sin\theta_n)\\&=r_1r_2\cdots r_n[\cos(\theta_1+\theta_2+\cdots+\theta_n)+\mathrm{i}\sin(\theta_1+\theta_2+\cdots+\theta_n)].\end{aligned}$$

特别地，当 $r_1=r_2=\cdots=r_n=r,\theta_1=\theta_2=\cdots=\theta_n=\theta$ 时，有

$$[r(\cos\theta+\mathrm{i}\sin\theta)]^n=r^n(\cos n\theta+\mathrm{i}\sin n\theta)(n\in\mathbf{N}^*)$$

这就是说，复数的 $n(n\in\mathbf{N}^*)$ 次幂的模等于这个复数的模的 n 次幂，它的辐角等于这个复数的辐角的 n 倍. 这个定理叫作棣莫佛定理.

上述这些运算用指数形式表示分别为

(1) $z_1\cdot z_2\cdots z_n=r_1\mathrm{e}^{\mathrm{i}\theta_1}\cdot r_2\mathrm{e}^{\mathrm{i}\theta_2}\cdots r_n\mathrm{e}^{\mathrm{i}\theta_n}=r_1\cdot r_2\cdots r_n\mathrm{e}^{\mathrm{i}(\theta_1+\theta_2+\cdots+\theta_n)}$；

(2) $(r\mathrm{e}^{\mathrm{i}\theta})^n=r^n\mathrm{e}^{\mathrm{i}n\theta}$.

由此可以看出，**复数指数形式的乘法**与我们学习过的实数幂的运算是一致的.

例 1　计算 $\sqrt{3}(\cos\dfrac{\pi}{6}+\mathrm{i}\sin\dfrac{\pi}{6})\cdot\sqrt{2}(\cos\dfrac{\pi}{12}+\mathrm{i}\sin\dfrac{\pi}{12})$.

解　
$$\begin{aligned}&\sqrt{3}(\cos\frac{\pi}{6}+\mathrm{i}\sin\frac{\pi}{6})\cdot\sqrt{2}(\cos\frac{\pi}{12}+\mathrm{i}\sin\frac{\pi}{12})\\&=\sqrt{3}\cdot\sqrt{2}\left[\cos(\frac{\pi}{6}+\frac{\pi}{12})+\mathrm{i}\sin(\frac{\pi}{6}+\frac{\pi}{12})\right]\\&=\sqrt{6}(\cos\frac{\pi}{4}+\mathrm{i}\sin\frac{\pi}{4})=\sqrt{3}+\sqrt{3}\mathrm{i}.\end{aligned}$$

注：例 1 中的运算可用指数形式表示如下：

$$\sqrt{3}\mathrm{e}^{\mathrm{i}\frac{\pi}{6}}\cdot\sqrt{2}\mathrm{e}^{\mathrm{i}\frac{\pi}{12}}=\sqrt{3}\cdot\sqrt{2}\mathrm{e}^{\mathrm{i}(\frac{\pi}{6}+\frac{\pi}{12})}=\sqrt{6}\mathrm{e}^{\mathrm{i}\frac{\pi}{4}}=\sqrt{6}\left(\cos\frac{\pi}{4}+\mathrm{i}\sin\frac{\pi}{4}\right)=\sqrt{3}+\sqrt{3}\mathrm{i}.$$

例 2　如图7-8，向量 $\overrightarrow{OZ}$ 与复数 $-1+\mathrm{i}$ 对应，把 $\overrightarrow{OZ}$ 按逆时针方向旋转 $120°$，得到 $\overrightarrow{OZ_1}$. 求向量 $\overrightarrow{OZ_1}$ 对应的复数（用代数形式表示）.

解　所求 $\overrightarrow{OZ_1}$ 对应的复数就是 $-1+\mathrm{i}$ 乘以一个旋转因子 $\cos120°+\mathrm{i}\sin120°$ 的积. 即

$$(-1+\mathrm{i})\cdot(\cos120°+\mathrm{i}\sin120°)=(-1+\mathrm{i})\cdot\left(-\frac{1}{2}+\frac{\sqrt{3}}{2}\mathrm{i}\right)=\frac{1-\sqrt{3}}{2}-\frac{1+\sqrt{3}}{2}\mathrm{i}.$$

例 3　计算 $(1+\sqrt{3}\mathrm{i})^6$.

解　因为 $1+\sqrt{3}\mathrm{i}=2(\dfrac{1}{2}+\dfrac{\sqrt{3}}{2}\mathrm{i})=2(\cos\dfrac{\pi}{3}+\mathrm{i}\sin\dfrac{\pi}{3})$，所以

$$\begin{aligned}(1+\sqrt{3}\mathrm{i})^6&=\left[2(\cos\frac{\pi}{3}+\mathrm{i}\sin\frac{\pi}{3})\right]^6=2^6\left[\cos(6\times\frac{\pi}{3})+\mathrm{i}\sin(6\times\frac{\pi}{3})\right]\\&=64(\cos2\pi+\mathrm{i}\sin2\pi)=64.\end{aligned}$$

设复数 z_1,z_2 的三角形式和指数形式分别为

$z_1=r_1(\cos\theta_1+\mathrm{i}\sin\theta_1)$，$z_2=r_2(\cos\theta_2+\mathrm{i}\sin\theta_2)$ 和 $z_1=r_1\mathrm{e}^{\mathrm{i}\theta_1}$，$z_2=r_2\mathrm{e}^{\mathrm{i}\theta_2}$.

因为 $r_2(\cos\theta_2+\mathrm{i}\sin\theta_2)\cdot\dfrac{r_1}{r_2}[\cos(\theta_1-\theta_2)+\mathrm{i}\sin(\theta_1-\theta_2)]=r_1(\cos\theta_1+\mathrm{i}\sin\theta_1)$，

所以，有

$$\frac{r_1(\cos\theta_1+i\sin\theta_1)}{r_2(\cos\theta_2+i\sin\theta_2)}=\frac{r_1}{r_2}[\cos(\theta_1-\theta_2)+i\sin(\theta_1-\theta_2)].$$

即

$$\frac{z_1}{z_2}=\frac{r_1}{r_2}[\cos(\theta_1-\theta_2)+i\sin(\theta_1-\theta_2)].$$

用指数形式表示为$\frac{z_1}{z_2}=\frac{r_1e^{i\theta_1}}{r_2e^{i\theta_2}}=\frac{r_1}{r_2}e^{i(\theta_1-\theta_2)}$.

这就是说，两个复数相除，商的模等于被除数的模除以除数的模所得的商，商的辐角等于被除数的辐角减去除数的辐角所得的差.

例4 计算 $4(\cos\frac{4\pi}{3}+i\sin\frac{4\pi}{3})\div2(\cos\frac{5\pi}{6}+i\sin\frac{5\pi}{6})$.

解 $4(\cos\frac{4\pi}{3}+i\sin\frac{4\pi}{3})\div2(\cos\frac{5\pi}{6}+i\sin\frac{5\pi}{6})=\frac{4(\cos\frac{4\pi}{3}+i\sin\frac{4\pi}{3})}{2(\cos\frac{5\pi}{6}+i\sin\frac{5\pi}{6})}$

$=2\left[\cos(\frac{4\pi}{3}-\frac{5\pi}{6})+i\sin(\frac{4\pi}{3}-\frac{5\pi}{6})\right]=2(\cos\frac{\pi}{2}+i\sin\frac{\pi}{2})=2i.$

例5 计算下列各题，并将结果用代数形式表示：

(1) $(2e^{i\frac{\pi}{3}})^3$； (2) $4e^{i\frac{\pi}{2}}\div2e^{i\frac{\pi}{3}}$.

解 (1) $(2e^{i\frac{\pi}{3}})^3=2^3e^{i(3\times\frac{\pi}{3})}=8e^{i\pi}=8(\cos\pi+i\sin\pi)=-8$；

(2) $4e^{i\frac{\pi}{2}}\div2e^{i\frac{\pi}{3}}=2e^{i(\frac{\pi}{2}-\frac{\pi}{3})}=2e^{i\frac{\pi}{6}}=2(\cos\frac{\pi}{6}+i\sin\frac{\pi}{6})=\sqrt{3}+i.$

习题 7-3(A 组)

1. 计算：

(1) $8\left(\cos\frac{\pi}{3}+i\sin\frac{\pi}{3}\right)\cdot3\left(\cos\frac{\pi}{6}+i\sin\frac{\pi}{6}\right)$；

(2) $[2(\cos10°+i\sin10°)]^3$；

(3) $12\left(\cos\frac{\pi}{3}+i\sin\frac{\pi}{3}\right)\div4\left(\cos\frac{\pi}{6}+i\sin\frac{\pi}{6}\right)$；

(4) $(\sqrt{2}+\sqrt{2}i)^4$.

2. 计算下列各题，并将结果用代数形式表示：

(1) $3e^{i\frac{\pi}{12}}\cdot2e^{i\frac{\pi}{4}}$； (2) $8e^{i\frac{\pi}{2}}\div e^{i\frac{\pi}{6}}$； (3) $(\sqrt{2}e^{i\frac{\pi}{4}})^4$.

扫一扫，获取参考答案

习题 7-3(B 组)

1. 计算下列各题，并将结果用代数形式表示：

(1) $\dfrac{\sqrt{3}(\cos150°+\mathrm{i}\sin150°)\cdot 2(\cos75°+\mathrm{i}\sin75°)}{\sqrt{2}(\sin45°+\mathrm{i}\cos45°)}$；

(2) $(1-\mathrm{i})\left[-\dfrac{1}{2}+\dfrac{\sqrt{3}}{2}\mathrm{i}\right]^6$.

2. 将复数 $\sqrt{3}-\mathrm{i}$ 对应的向量按顺时针方向旋转 15°，得到向量 $\overrightarrow{OZ}$，求向量 $\overrightarrow{OZ}$ 对应的复数 z.

扫一扫，获取参考答案

复习题 7

1. 判断题：

(1) 复数就是虚数.

(2) 原点是复平面内直角坐标系的实轴与虚轴的公共点.

(3) 在实数 a 与 b 相等的条件下，$(a-b)+(a+b)\mathrm{i}$ 是纯虚数.

(4) 凡复数都不能比较大小.

(5) $\mathrm{i}+1$ 的共轭复数是 $\mathrm{i}-1$.

(6) 如果 z_1+z_2 是一个实数，则 z_1 与 z_2 是共轭复数.

2. 选择题：

(1) 若 $a\in\mathbf{R}$，则复数 $(a^2-3a+2)+(a^2+4a-5)\mathrm{i}$ 为纯虚数的条件是（　　）.

A. $a=1$ 或 $a=2$　　B. $a=1$

C. $a=2$　　D. $a=1$ 或 $a=-5$

(2) 当 $n\in\mathbf{N}^*$ 时，$\left(\dfrac{1+\mathrm{i}}{1-\mathrm{i}}\right)^{2n}+\left(\dfrac{1-\mathrm{i}}{1+\mathrm{i}}\right)^{2n}$ 的值是（　　）.

A. 0　　B. 2　　C. -2　　D. 2 或 -2

(3) 设复数 $3+\mathrm{i}$ 与 $2+3\mathrm{i}$ 对应的点分别是 P、Q，则向量 $\overrightarrow{PQ}$ 对应的复数是（　　）.

A. $5+4\mathrm{i}$　　B. $1-2\mathrm{i}$　　C. $-1+2\mathrm{i}$　　D. $1+2\mathrm{i}$

(4) 下列每组数中两个都是实数的是（　　）.

A. $z+\bar{z}$ 与 $z-\bar{z}$　　B. $z+\bar{z}$ 与 $z\cdot\bar{z}$

C. $z-\bar{z}$ 与 $\dfrac{z}{\bar{z}}$　　D. $z\cdot\bar{z}$ 与 $\dfrac{z}{\bar{z}}$

(5) 设 $\omega=-\frac{1}{2}+\frac{\sqrt{3}}{2}i$,则 ω^3 的值为( ).

A. 1　　B. -1　　C. $-\frac{1}{2}+\frac{\sqrt{3}}{2}i$　　D. $-\frac{1}{2}-\frac{\sqrt{3}}{2}i$

3. 已知 $(2-i)^2(x-yi)+(3y-2xi)=11-7i$,求实数 x 和 y.

4. 计算:

(1) $(1-i)+(2-i^3)+(3-i^5)+(4-i^7)$;

(2) $(a+bi)(a-bi)(-a+bi)(-a-bi)$.

5. 计算下列各题,并将结果用代数形式表示:

(1) $3[\cos(-120°)+i\sin(-120°)]\cdot 2(\cos 60°+i\sin 60°)$;

(2) $\left[\sqrt{2}(\cos 15°+i\sin 15°)\right]^4$;

(3) $4e^{i\frac{\pi}{3}}\div 2e^{i\frac{5\pi}{6}}$;

(4) $\frac{(1+i)^4}{1+2i}+\frac{(1-i)^4}{1-2i}$.

扫一扫,获取参考答案

虚数与实数一样"实在"

历史上,人类对虚数的认识与对零、负数、无理数的认识一样,经历了一个漫长的时间. 众所周知,在实数范围内负数的偶次方根不存在. 公元 1545 年,意大利人卡尔丹(Cardan)讨论这样一个问题:把 10 分成两部分,使它们的积为 40,它找到的答案是 $5+\sqrt{-15}$ 或 $5-\sqrt{-15}$.

$$(5+\sqrt{-15})+(5-\sqrt{-15})=10$$

$$(5+\sqrt{-15})\cdot(5-\sqrt{-15})=40$$

卡尔丹没有因为 $\sqrt{-15}$ 违反最基本的原则而予以否定,第一个大胆使用负数平方根的概念. 虽然写出了负数的平方根,但他对这样做是否合理却极度犹豫. 他不得不声明,这个表达式是虚构的、想象的,并称它为"虚数". 在此之后的数学家也发现了虚数对于解方程的重要性,虚数也越来越多地被使用. 不过每当使用它时,总是提出种种借口,以示对它的保留. 就连 18 世纪大名鼎鼎的数学大师欧拉,在使用虚数时还加上这样一个评论:"一切形如 $\sqrt{-1}$、$\sqrt{-2}$ 的数学式都是不可能有的,是想象的数,因为它们所表示的是负数的平方根,对于这类数,我们只能断言,它们纯属虚构."

然而虚数的出现，却为无理数解脱了非难．因为尽管无理数与有理数相比，似乎不那么“理直气壮”，但在虚数面前，毕竟同有理数一样，是实实在在的数，因此它才能同有理数一道被称为实数，以示和虚数的区别．但是虚数也顽强得很，它就如同实数在镜子里的映像一样，同实数形影不离．

从卡尔丹开始，在足足200年的时间里，虚数一直披着一层神秘的面纱．最先揭去这块面纱的是18世纪两位业余数学家：挪威的测绘员威赛尔（C. Wessel，1745—1818）和巴黎的一位会计师阿尔干（K. Argand，1768—1822），他们借助于17世纪法国数学家笛卡尔建立的平面坐标系，为虚数给定了一个几何解释．通过德国著名数学家高斯1831年的工作，这一解释逐步为人们所接受．这就是说，每一个复数 $a+bi$，都可以用 xOy 平面上坐标为 (a,b) 的点来表示，或者由一个原点 $(0,0)$ 引到点 (a,b) 的向量来表示．

由于两个复数的和

$$(a+bi)+(c+di)=(a+c)+(b+d)i$$

在几何上是由表示两个相加项的向量作为平行四边形的对角线来表示的．这就使得物理学上的许多向量，力、速度、加速度等等，都可以借助于复数来进行计算了．至于复数的乘法，一个简单的几何事实是：一个复数乘以 i（或 $-i$）相当于表示此复数的向量逆（或顺）时针旋转 $90°$．复数乘法具有的这种鲜明的几何意义和计算的简捷性，更使它成为物理学和其他自然科学的重要工具．“虚数不虚”，这才是正确的结论．

人们取 imaginary（想象的、假想的）一词的字头“i”作为虚数单位（最初由欧拉引用），$i=\sqrt{-1}$，$i^2=-1$．于是，一切纯虚数都具有形式 bi，而复数则具有形式 $a+bi$（a，b 均为实数）．其实，虚数与实数一样“实在”．

第7章单元自测

1. 求适合下列方程的 x 与 y $(x,y\in \mathbf{R})$ 的值：

(1) $(3x+2y)+(5x-y)i=17-2i$；

(2) $2x^2-5x+2+(y^2+y-2)i=0$．

2. 设复数 $z=a+bi$ 和复平面内的点 $Z(a,b)$ 对应，a，b 必须满足什么条件，才能使点 Z 位于：

(1) 实轴上？

(2) 右半平面（不包括原点和虚轴）？

3. 对任何 $z\in C$，求证：$z\cdot \bar{z}=|z|^2=|\bar{z}|^2$．

4. 求证复平面内分别和复数 $z_1=1+2\mathrm{i}$，$z_2=\sqrt{2}+\sqrt{3}\mathrm{i}$，$z_3=\sqrt{3}+\sqrt{2}\mathrm{i}$，$z_4=-2+\mathrm{i}$ 对应的四点 Z_1,Z_2,Z_3,Z_4 共圆.

5. 计算：

(1) $\left(\frac{\sqrt{2}}{2}-\frac{\sqrt{2}}{2}\mathrm{i}\right)^2$；　(2) $\frac{1-2\mathrm{i}}{3+4\mathrm{i}}$；　(3) $[3(\cos 10°-\mathrm{i}\sin 10°)]^6$.

6. 设 $\omega=-\frac{1}{2}+\frac{\sqrt{3}}{2}\mathrm{i}$，求证：$1+\omega+\omega^2=0$.

7. 将复数 $z=-2+2i$ 代为三角形式和指数形式.

8. 计算下列各题，并将结果用代数形式表示：

(1)$8(\cos 120°-\mathrm{i}\sin 120°)\cdot 2(\cos 60°+\mathrm{i}\sin 60°)$；　(2)$8\mathrm{e}^{\mathrm{i}\frac{\pi}{3}}\div 2\mathrm{e}^{\mathrm{i}\frac{5\pi}{6}}$.

扫一扫，获取参考答案

9. 方程 $z^2+az+b=0$ $(a,b\in\mathbf{R})$有一个根为 $2+\sqrt{3}\mathrm{i}$，求 a,b 的值.

10. 已知复数$(k^2-6k+5)+(k-2)\mathrm{i}$ 在复平面内对应的点在第Ⅱ象限，求实数 k 的取值范围.

第 8 章

*空间图形

在平面几何中,我们研究了一些平面图形的概念、性质和它们的应用.但在日常生活和生产实际中还会遇到一些几何图形,这些图形上的点、线不完全在同一个平面内,这样的图形称为空间图形(或立体图形).例如,桌子、书、粉笔、螺母、车刀等物体的几何形状都是空间图形.本章将在平面几何知识的基础上研究空间图形的一些概念和性质.

8.1 平面的表示法和基本性质

一、平面及其表示法

我们知道,点没有大小,直线可以无限延长,没有宽度和厚度.同样,平面是无限伸展的,它没有厚度.日常所见的平面图形,如黑板面、玻璃面、墙面、桌面、纸面等,都给我们以平面的形象,都可以看作平面的一部分.

我们无法在纸上,把一个无限延展的平面画出来,通常用平面的一部分来代表平面,例如,通常用平行四边形来表示平面,如图 8-1 所示,不过要把它想象成无限延展的.当平面水平放置时,通常把平行四边形的锐角画成 45°,横边长度画成等于邻边的两倍.当一个平面的一部分被另一个平面遮住时,应把被遮部分的线段画成虚线或不画,如图 8-2 所示.

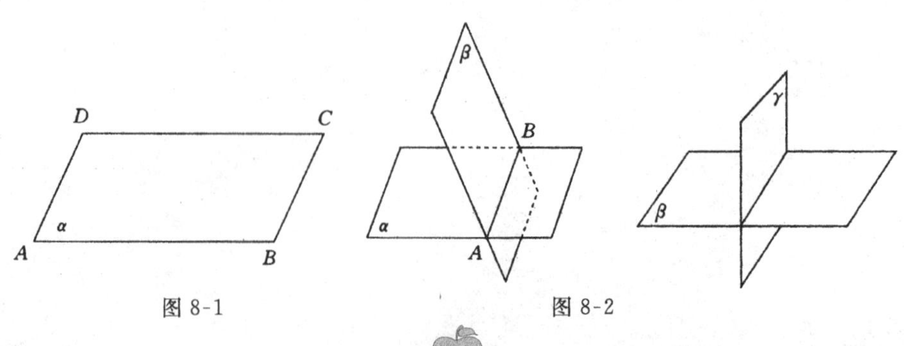

图 8-1　　图 8-2

平面常用一个希腊字母α,β,γ等来表示,如平面α,平面β,平面γ等,也可以用表示平行四边形的两个相对顶点的字母来表示,如平面AC(如图 8-1 所示).

二、平面的基本性质

在生产与生活中,人们经过长期的观察与实践,总结出关于平面的三个基本性质.我们把它们当作公理,作为进一步推理的基础.

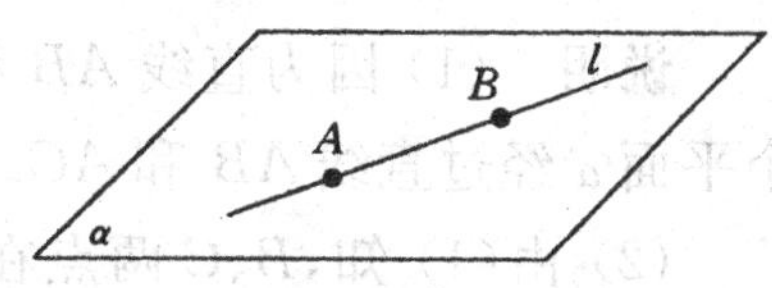

图 8-3

公理 1 如果一条直线上的两点在一个平面内,那么这条直线上的所有点都在这个平面内.

如图 8-3 所示,直线l上有两点A和B在平面α内,则l上所有的点都在平面α内.这时我们称直线l在平面α内,或者称平面α经过直线l.即

若A、$B\in l$,且A、$B\in\alpha$,则$l\subseteq\alpha$.

公理 2 如果两个平面有一个公共点,那么它们相交于过这一点的一条直线.

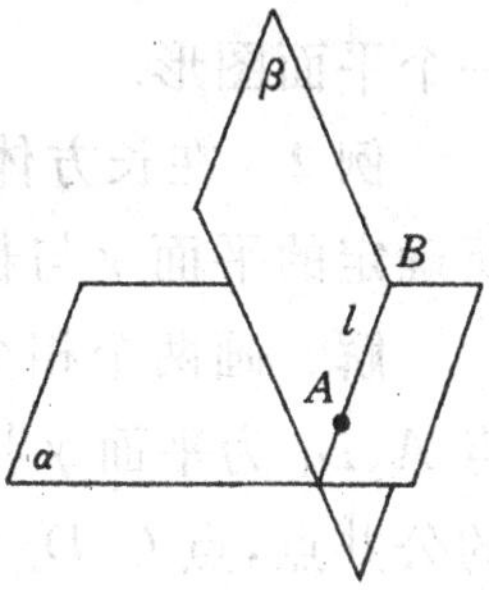

如图 8-4 所示,若$A\in\alpha$,$A\in\beta$,则$\alpha\cap\beta=l$,$A\in l$.

图 8-4

例如,教室内相邻的墙面,在墙角处交于一个点,它们就交于过这个点的一条直线.

如果两个平面α和β有一条公共直线l,就称平面α和β相交,交线为l,记作$\alpha\cap\beta=l$.

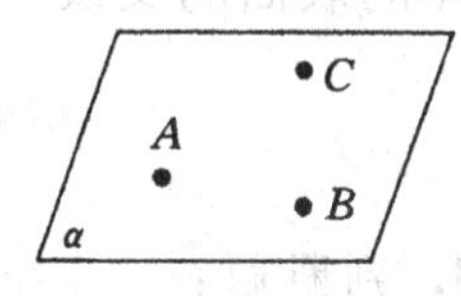

图 8-5

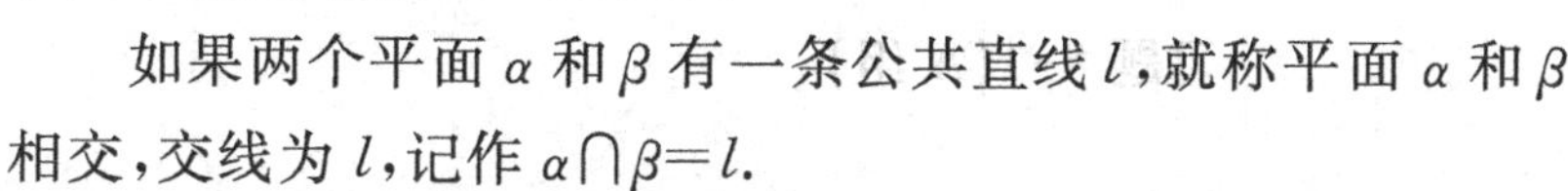

公理 3 不在同一条直线上的三点,可以确定一个平面.如图 8-5 所示.

例如,一扇门用两个合页和一把锁就可以固定了.

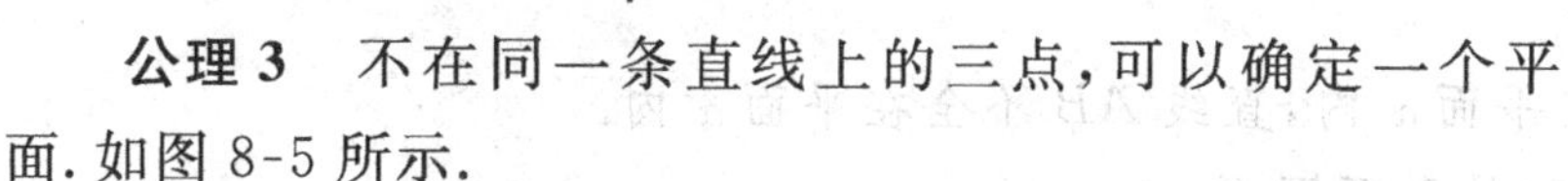

推论 1 一条直线和这条直线外一点可以确定一个平面.如图 8-6 所示.

推论 2 两条相交直线可以确定一个平面.如图 8-7 所示.

推论 3 两条平行直线可以确定一个平面.如图 8-8 所示.

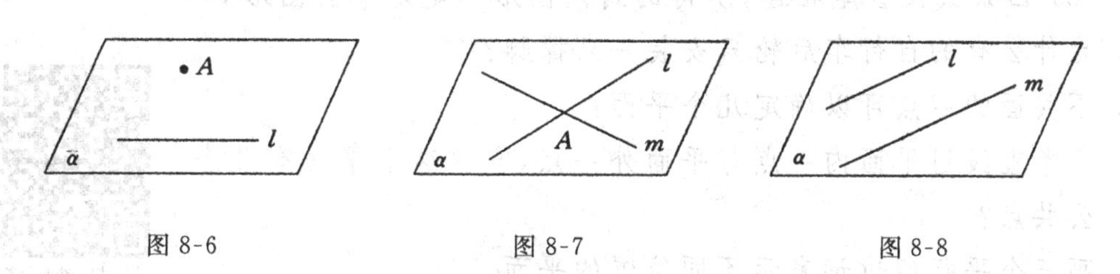

图 8-6　　图 8-7　　图 8-8

例 1 如图 8-9 所示，说明△ABC 是一个平面图形.

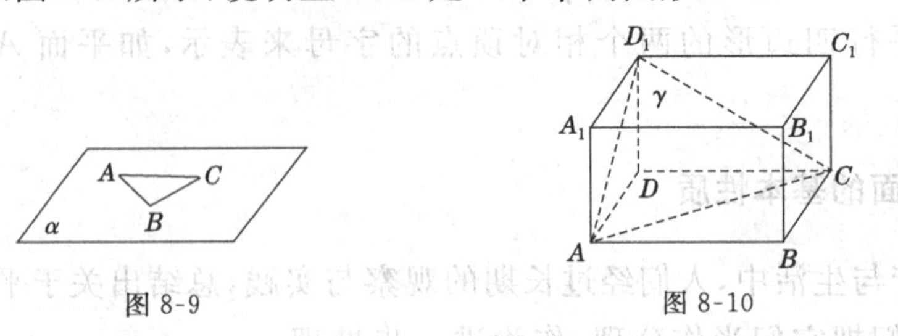

图 8-9　　图 8-10

说明 (1) 因为直线 AB 和 AC 是两条相交直线，由推论 2 知，有且只有一个平面 α 经过直线 AB 和 AC. 也即直线 AB 和 AC 上的所有点都在平面 α 内；

(2) 由(1) 知，B、C 两点在平面 α 内，根据公理 1，线段 BC 上的所有点都在平面 α 内.

综合(1)、(2)知，△ABC 的三条边上的所有点都在平面 α 内，故△ABC 是一个平面图形.

例 2 在长方体 $ABCD-A_1B_1C_1D_1$（如图 8-10）中，画出由 A、C、D_1 三点所确定的平面 γ 与长方体的表面的交线.

解 画两个相交平面的交线，关键是找出这两个平面的两个公共点. 由于点 A、D_1 为平面 γ 与平面 ADD_1A_1 的公共点，点 A、C 为平面 γ 与平面 $ABCD$ 的公共点，点 C、D_1 为平面 γ 与平面 CC_1D_1D 的公共点，分别将这三个点两两联结，得到的直线 AD_1、AC、CD_1 就是由 A、C、D_1 三点所确定的平面 γ 与长方体的表面的交线（如图 8-10）.

习题 8-1(A 组)

1. 判断题：

(1) 线段 AB 在平面 α 内，直线 AB 不全在平面 α 内.

(2) 三角形、梯形是平面图形.

(3) 三点可以确定一个平面.

(4) 两个平面相交，有时只有一个公共点，有时交线是一条线段.

(5) 三条直线相交于一点，最多确定一个平面.

(6) 四条线段首尾相连，所得的封闭图形一定是平面图形.

2. 为什么有的自行车后轮只安装一只撑脚？

3. 不共面的四点可以确定几个平面？

4. 一条直线过平面内一点与平面外一点，它和这个平面有几个公共点？

5. 画三个平行四边形表示不同位置的平面.

扫一扫，获取参考答案

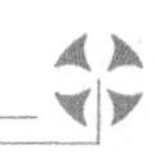

扫一扫，获取参考答案

习题 8-1(B 组)

1. 怎样检查一张桌子的四条腿的下端是否在同一平面内？
2. 一条直线与两条平行直线相交，求证这三条直线在同一个平面内.

8.2 空间两条直线的关系

我们知道，在同一个平面内的两条直线（本章所说“两条直线或两个平面”均指不重合的两条直线或两个平面）的位置关系只有两种：平行或相交.

在空间中，两条直线还有另外一种位置关系，观察如图 8-11 所示六角螺母的棱 AB 和 CD 所在的直线，可以看出，它们不在同一个平面内，既不平行又不相交.

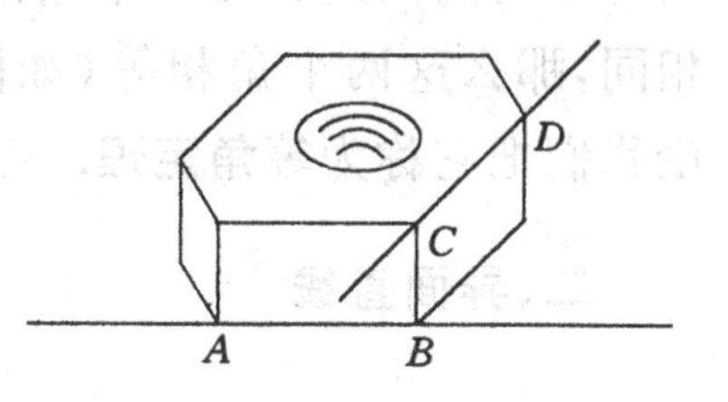

图 8-11

定义 不同在任何一个平面内的两条直线称为**异面直线**.

因此，空间两条直线的位置关系有三种：

(1) 相交——在同一个平面内，只有一个公共点；

(2) 平行——在同一个平面内，没有公共点；

(3) 异面——不在同一个平面内，没有公共点.

一、平行直线

在平面几何里，我们曾经学过：“在同一个平面内，如果两条直线都和第三条直线平行，那么这两条直线也互相平行.”在空间中，同样有这样的性质.

公理 4 平行于同一条直线的两条直线互相平行.

如图 8-12 所示，三棱镜的三条棱，如果 $AA_1 /\!/ BB_1$，$CC_1 /\!/ BB_1$，必有 $AA_1 /\!/ CC_1$.

例 1 已知四边形 $ABCD$ 是空间四边形（四个顶点不共面的四边形），E,F,G,H 分别是 AB、BC、CD、DA 的中点（如图 8-13 所示），连结 EF,FG,GH,HE，求证：四边形 $EFGH$ 是一个平行四边形.

证明 因为 EH 是 $\triangle ABD$ 的中位线，所以 $EH \underline{/\!/} \frac{1}{2}BD$. 同理 $FG \underline{/\!/} \frac{1}{2}BD$.

由公理 4 可知，$EH \underline{/\!/} FG$.

故四边形 $EFGH$ 是一个平行四边形.

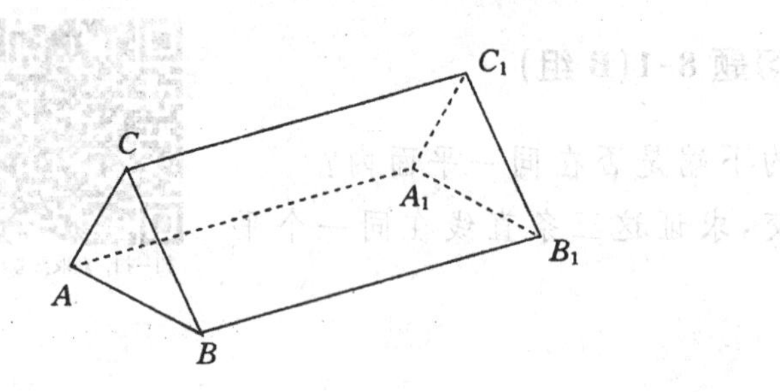

图 8-12

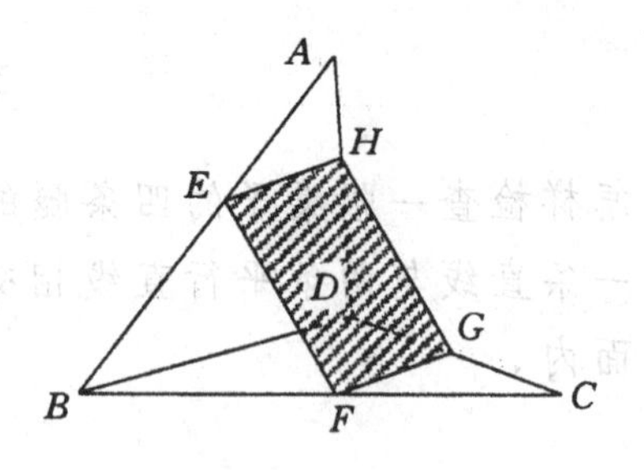

图 8-13

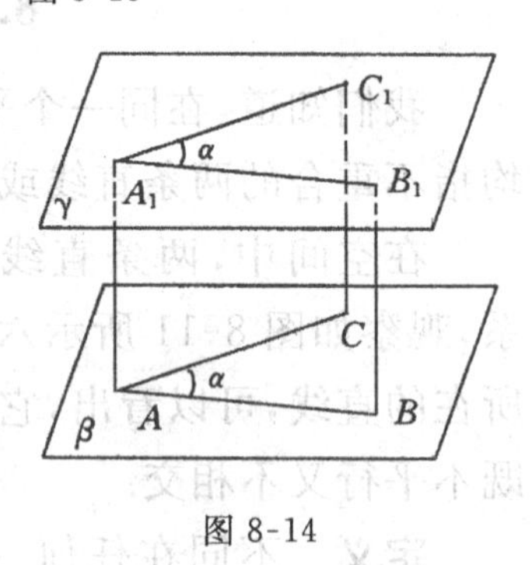

图 8-14

在平面几何中，我们知道，对应边互相平行的两个角相等或者互补. 在空间图形中有下面的结论：如果一个角的两边和另一个角的两边分别平行且方向相同，那么这两个角相等（如图 8-14 所示）. 这个结论我们把它称为**等角定理**.

二、异面直线

1. 异面直线的画法

画异面直线时，可以画成如图 8-15 所示那样，以突出它们不共面的特点.

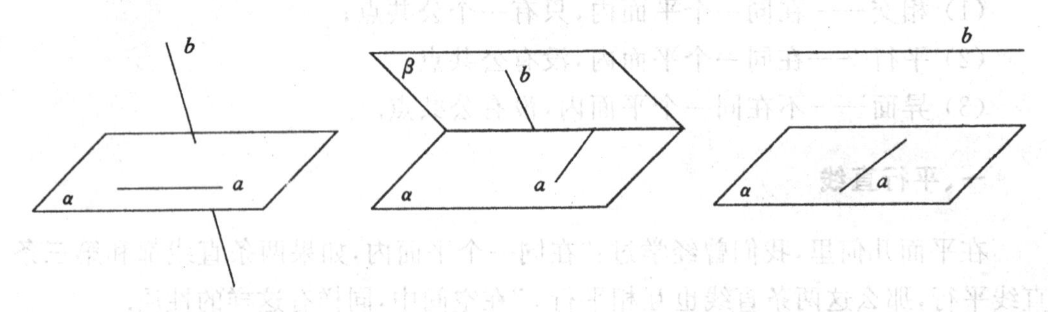

图 8-15

2. 异面直线所成的角

定义 设 a,b 是异面直线，经过空间任一点 O，分别引直线 $a' \parallel a, b' \parallel b$，则 a' 和 b' 所成的锐角或直角称为**异面直线 a,b 所成的角**. 如图 8-16 所示.

异面直线所成的角 θ 的范围为 $\left(0,\frac{\pi}{2}\right]$. 特别地，当 $\theta=\frac{\pi}{2}$ 时，称两条异面直线互相垂直，记为：$a \perp b$.

3. 异面直线的距离

定义 和两条异面直线都垂直相交的直线称为两条异面直线的**公垂线**，

公垂线在这两条异面直线间的线段的长度，称为两条**异面直线的距离**. 如图8-17所示，线段 $A'B'$ 的长为异面直线 $A'D'$ 与 BB' 的距离.

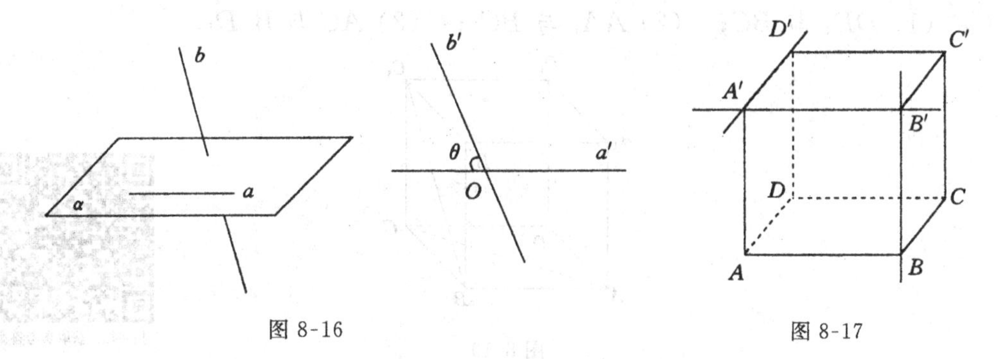

图 8-16　　　　　　　　　　图 8-17

例 2　如图 8-18 所示，设正方体 $ABCD-A_1B_1C_1D_1$ 的棱长为 a.

(1) 图中哪些棱所在的直线与直线 BA_1 成异面直线？

(2) 求直线 BA_1 与 CC_1 所成的角的大小；

(3) 求异面直线 BC 与 AA_1 的距离.

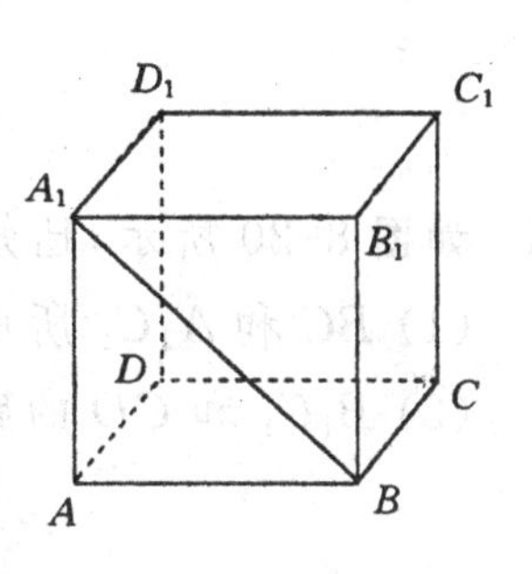

图 8-18

解　(1) 直线 $CD,C_1D_1,CC_1,DD_1,AD,B_1C_1$ 都与直线 BA_1 成异面直线.

(2) 因为 $CC_1 \parallel BB_1$，所以 BA_1 和 BB_1 所成的锐角就是 BA_1 和 CC_1 所成的角.

又因为 $\angle A_1BB_1=45°$，所以 BA_1 和 CC_1 所成的角是 $45°$.

(3) 因为 $AB \perp AA_1$，$AB \perp BC$，且 $AB \cap AA_1=A$，$AB \cap BC=B$，所以线段 AB 是异面直线 BC 与 AA_1 的公垂线段.

又因为 $AB=a$，所以 BC 与 AA_1 的距离是 a.

习题 8-2(A 组)

1. 回答下面的问题：

(1) 没有公共点的两条直线是平行直线吗？

(2) 分别在两个平面内的两条直线一定是异面直线吗？

(3) 垂直于同一条直线的两条直线互相平行吗？

2. 举出互相垂直的异面直线和异面直线的公垂线的实例.

3. 画两个相交平面，在这两个平面内各画一条直线使它们成为：

(1) 平行直线；(2) 相交直线；(3) 异面直线.

4. 在如图 8-19 所示的正方体中，指出下列各题中两直线的位置关系及它们所成的角：

(1) DD_1 与 BC； (2) AA_1 与 BC_1； (3) AC 与 B_1D_1.

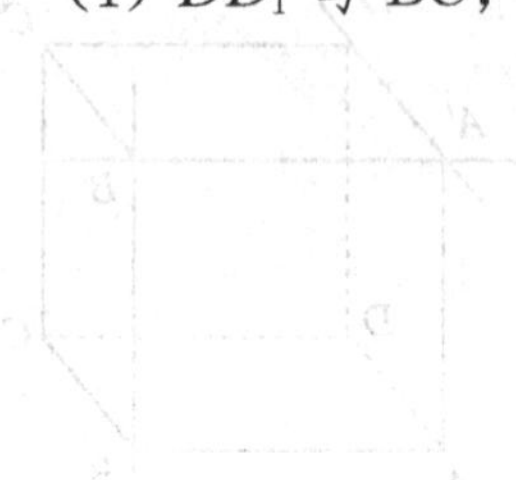

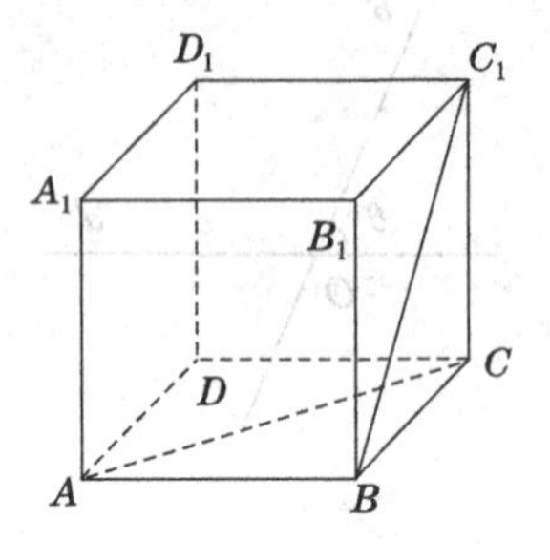

图 8-19

习题 8-2（B 组）

1. 如图 8-20 所示，已知长方体的长和宽都是 4cm，高是 2cm，求：

(1) BC 和 A_1C_1 所成的角是多少度？

(2) B_1C_1 和 CD 的距离是多少？

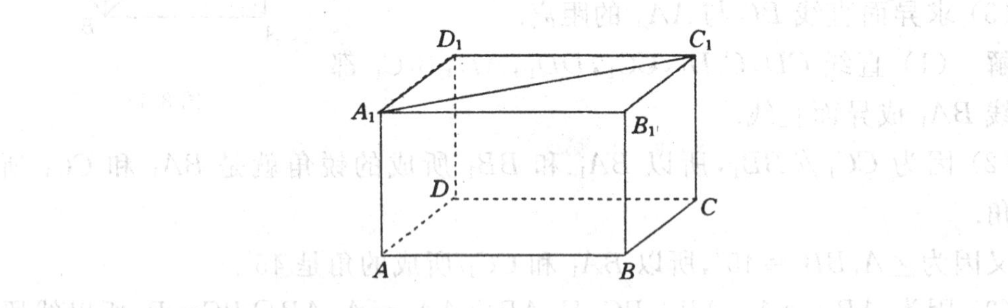

图 8-20

2. 已知四边形 $ABCD$ 是空间四边形，E,F,G,H 分别是 AB,BC,CD,DA 的中点（如图 8-21 所示）.

(1) 若 $BD=AC$，求证：四边形 $EFGH$ 是菱形.

(2) 若 $BD\perp AC$，求证：四边形 $EFGH$ 是矩形.

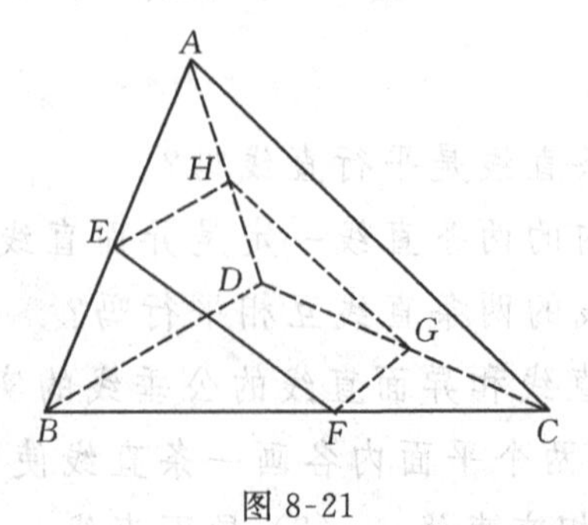

图 8-21

8.3 直线与平面的位置关系

我们观察教室的墙面和地面，它们的相交线在地面上，两墙面的相交线和地面只相交于一点.如果一条直线和一个平面只有一个公共点，那么称这条直线和这个平面相交.墙面和天花板的相交线和地面没有交点.如果一条直线和一个平面没有公共点，我们称这条直线和这个平面平行.直线和平面相交或平行的情况统称为直线在平面外.

由上可知，一条直线和一个平面的位置关系有以下三种：

(1) 直线在平面内——有无数个公共点(如图 8-22 所示)；

(2) 直线和平面相交——只有一个公共点(如图 8-23 所示)；

(3) 直线和平面平行——没有公共点(如图 8-24 所示).

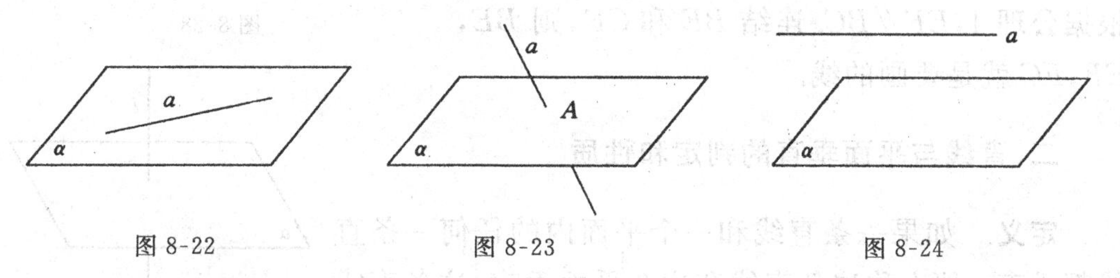

图 8-22　　图 8-23　　图 8-24

一、直线与平面平行的判定和性质

直线和平面平行的判定定理　如果平面外的一条直线平行于这个平面内的一条直线，那么这条直线就和这个平面平行.

也就是说，如图 8-25 所示，如果 $a/\!/b$，b 在平面 α 内，a 在平面 α 外.那么 $a/\!/\alpha$.

例 1　已知:空间四边形 $ABCD$ 中，E，F 分别是 AB，AD 的中点，如图 8-26 所示.

求证:$EF/\!/$平面 BCD.

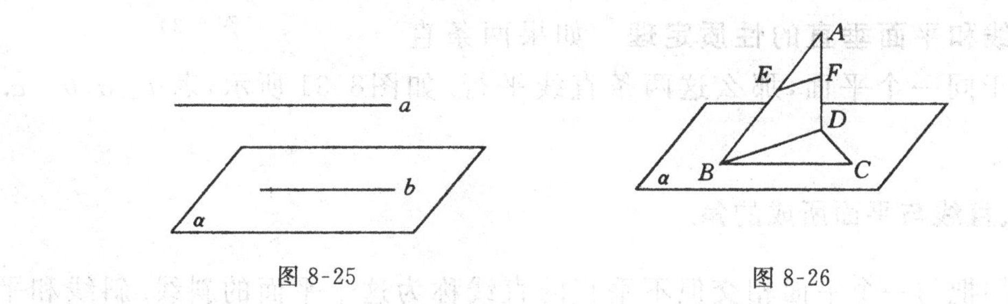

图 8-25　　图 8-26

证明　连结 BD，

$$\left.\begin{array}{l}AE=EB\\AF=FD\end{array}\right\}\Rightarrow EF/\!/BD\text{，又 }BD\subseteq\text{平面 }BCD\text{，}$$

EF 不在平面 BCD 内，所以 $EF /\!/$ 平面 BCD.

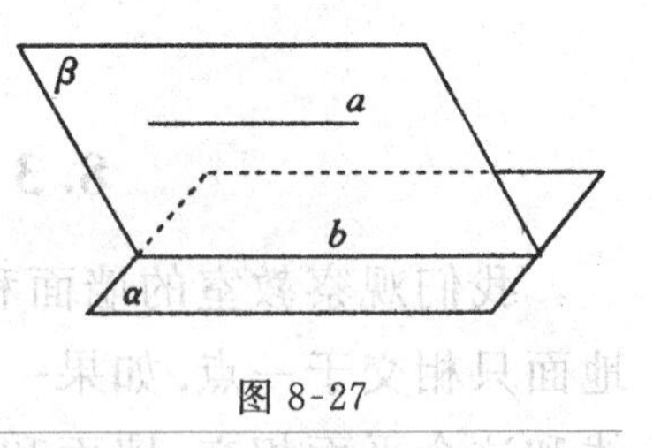

图 8-27

直线和平面平行的性质定理　如果一条直线和一个平面平行，经过这条直线的平面和这个平面相交，那么这条直线就和交线平行.

也就是说，如图 8-27 所示，若 $a /\!/ \alpha$，$a \subseteq \beta$，$\alpha \cap \beta = b$. 则 $a /\!/ b$.

例 2　如图 8-28 所示的木块，线段 BC 和平面 A_1C_1 平行，要经过平面 A_1C_1 内一点 P 和直线 BC 把木块锯开，应怎样画线？

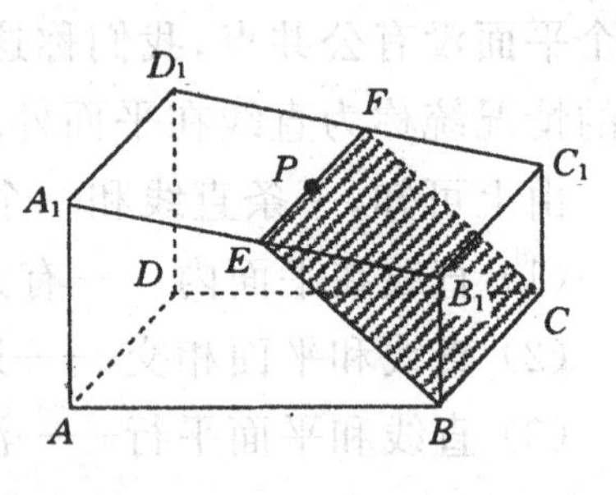

图 8-28

解　因为 $BC /\!/$ 面 A_1C_1，经过 BC 的面 BC_1 和面 A_1C_1 交于 B_1C_1，所以 $BC /\!/ B_1C_1$.

在平面 A_1C_1 内，过 P 点作线段 $EF /\!/ B_1C_1$，根据公理 4，$EF /\!/ BC$. 连结 BE 和 CF，则 BE，EF，FC 就是要画的线.

二、直线与平面垂直的判定和性质

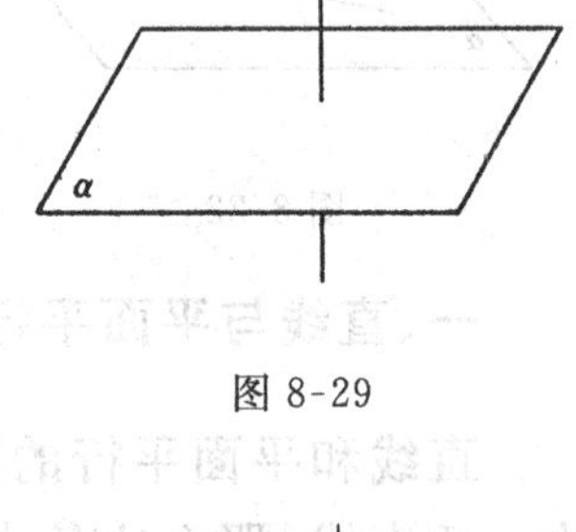

图 8-29

定义　如果一条直线和一个平面内的任何一条直线都垂直，那么称这条直线和这个平面垂直. 这条直线称为这个平面的垂线，这个平面称为这条直线的垂面，线面的交点称为垂足（如图8-29 所示）. 直线 l 和平面 α 相互垂直，记作 $l \perp \alpha$.

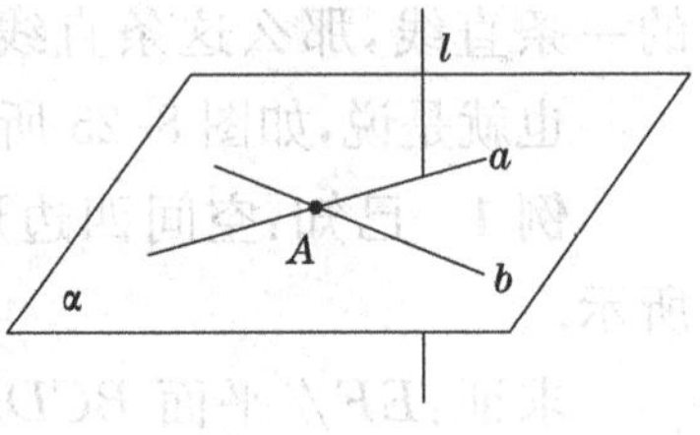

直线和平面垂直的判定定理　如果一条直线和一个平面内的两条相交直线都垂直，那么这条直线垂直于这个平面. 如图 8-30 所示，若 $a \subseteq \alpha$，$b \subseteq \alpha$，$a \cap b = A$，$l \perp a$，$l \perp b$. 则 $l \perp \alpha$.

图 8-30

直线和平面垂直的性质定理　如果两条直线垂直于同一个平面，那么这两条直线平行. 如图8-31 所示，若 $a \perp \alpha$，$b \perp \alpha$. 则 $a /\!/ b$.

三、直线与平面所成的角

我们把与一个平面相交但不垂直的直线称为这个平面的斜线. 斜线和平面的交点称为斜足. 过斜线上任一点向平面引垂线，垂足与斜足的连线称为斜线在平面内的射影. 如图 8-32 所示，对于平面 α，直线 AB 是垂线，垂足 B 是点 A 的射影；直线 AC 是斜线，C 是斜足，直线 BC 是斜线 AC 的射影.

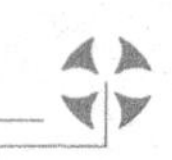

定义 平面的一条斜线和它在平面内的射影所成的锐角，称为斜线和平面所成的角. 如图 8-32 所示的角 θ.

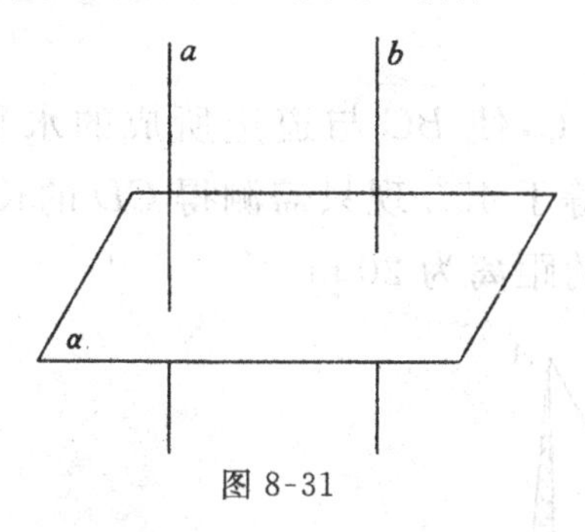

图 8-31

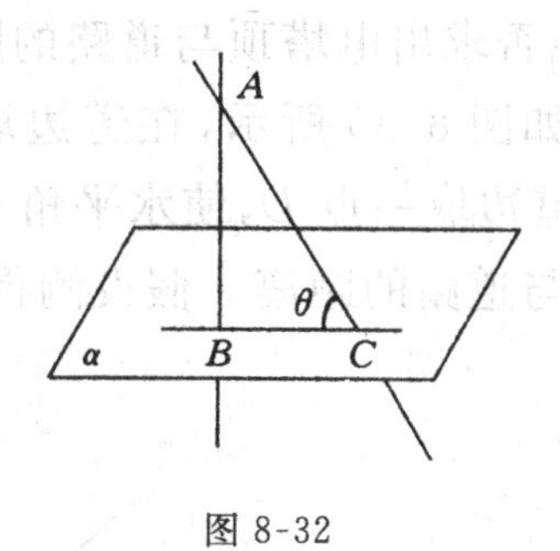

图 8-32

一条直线垂直于平面，则称它们所成的角是直角；

一条直线和平面平行，或在平面内，则称它们所成的角是 $0°$.

所以，直线与平面所成的角的范围是 $0°\leqslant\theta\leqslant 90°$.

例 3 过平面 α 外一点 P，向 α 引垂线 PB 和斜线 PA. 已知 $PA=8$，$AB=4\sqrt{3}$. 求斜线 PA 与平面 α 所成的角(如图 8-33 所示).

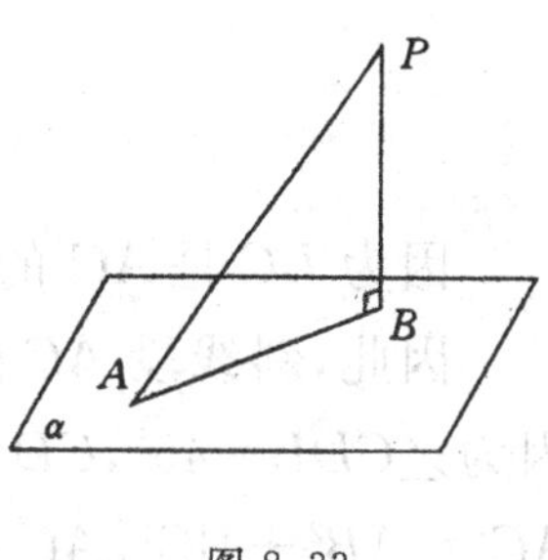

图 8-33

解 在 $\mathrm{Rt}\triangle PAB$ 中，

$\cos\angle PAB=\dfrac{AB}{PA}=\dfrac{4\sqrt{3}}{8}=\dfrac{\sqrt{3}}{2}$，

所以 $\angle PAB=30°$.

因此，斜线 PA 与平面所成的角为 $30°$.

*四、三垂线定理与逆定理

三垂线定理 平面内的一条直线，如果和这个平面的一条斜线在这个平面内的射影垂直，那么它也和这条斜线垂直.

如图 8-34 所示，已知：$PB\perp\alpha$，AB 是 PA 在平面 α 内的射影，$l\subseteq\alpha$，若 $l\perp AB$，则 $l\perp PA$.

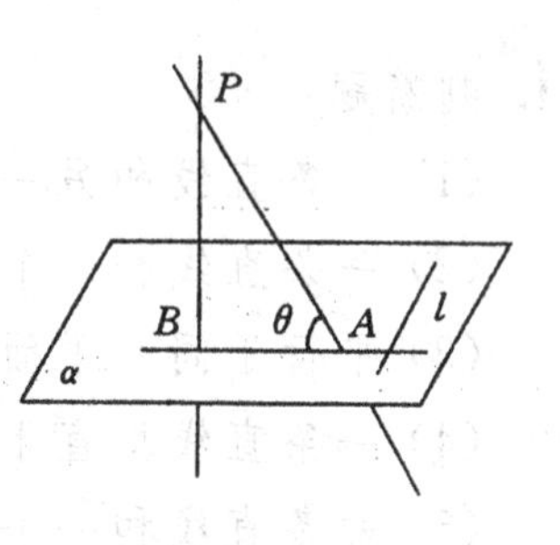

图 8-34

证明 因为 $PB\perp\alpha$，所以 $PB\perp l$(垂直的定义).

又因为 $l\perp AB$，且 $PB\cap AB=B$，所以 $l\perp$ 平面 PAB(垂直的判定定理)，

故 $l\perp PA$(垂直的定义).

类似地，可以证明：

三垂线定理的逆定理 平面内的一条直线，如果和这个平面的一条斜线

垂直，那么它也和这条斜线在平面内的射影垂直.

例 4 道路旁有一条河，彼岸有电塔 AB，高 15 m. 只有测角器和皮尺作测量工具，能否求出电塔顶与道路的距离？

解 如图 8-35 所示，在道边取一点 C，使 BC 与道边所成的水平角等于 $90°$. 再在道边取一点 D，使水平角 CDB 等于 $45°$. 现只需测得 CD 的长，即可求出电塔顶与道路的距离. 假设测得 CD 的距离为 20 m.

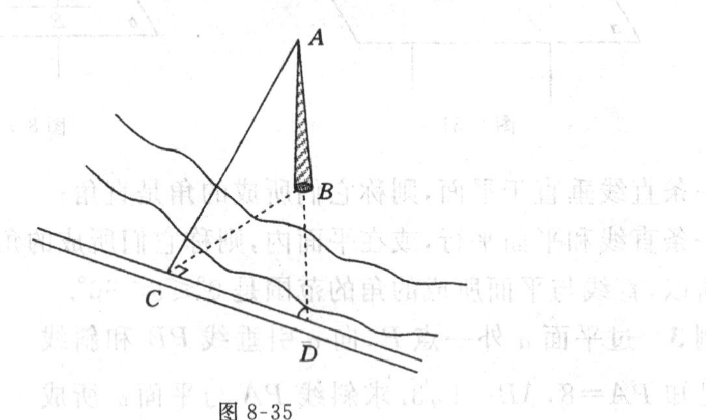

图 8-35

因为 BC 是 AC 的射影，且 $CD \perp BC$，所以 $CD \perp AC$.

因此，斜线段 AC 的长度就是电塔顶与道路的距离.

因为 $\angle CDB = 45°$，$CD \perp BC$，$CD = 20$ m，所以 $BC = 20$ m，由 $Rt\triangle ABC$ 可知，$AC^2 = AB^2 + BC^2$，$AC = 25$ m.

答：电塔顶与道路的距离是 25 m.

习题 8-3（A 组）

1. 判断题：

（1）一条直线和另一条直线平行，它就和经过另一条直线的任何平面平行；

（2）一条直线和一个平面平行，它就和这个平面内的任何直线平行；

（3）平行于同一平面的两条直线互相平行；

（4）一条直线垂直于平面内的两条直线，这条直线垂直于这个平面；

（5）两条直线和一个平面所成的角相等，它们就平行.

2. 画两个相交平面，在一个平面内画一条直线和另一平面平行.

3. 安装日光灯时，怎样才能使灯管和天棚、地板平行？

4. 在一个工件上同时钻很多孔时，常用多头钻，多头钻杆都是互相平行的. 在工作时，只要调整工件表面和一个钻杆垂直，工件表面就和其他钻杆都垂直. 为什么？

扫一扫，获取参考答案

习题 8-3(B 组)

1. 有一方木料如图 8-36 所示，上底面上有一点 E，要经过点 E 在上底面上画一条直线和 C、E 的连线垂直，应怎样画？

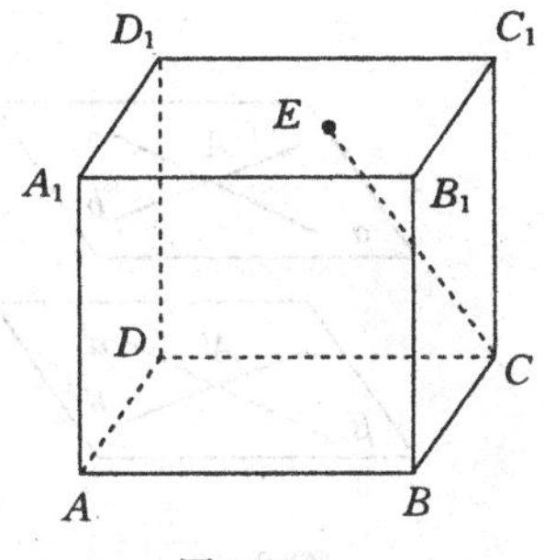

图 8-36

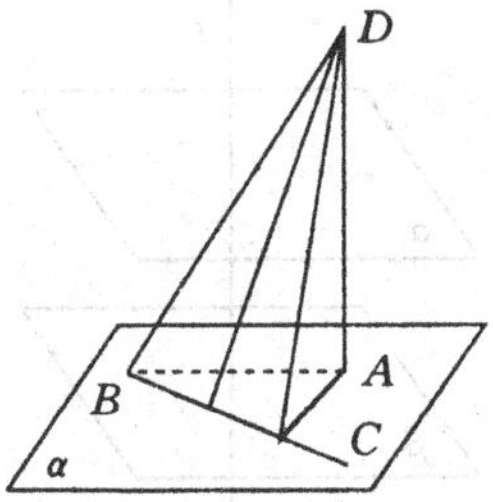

图 8-37

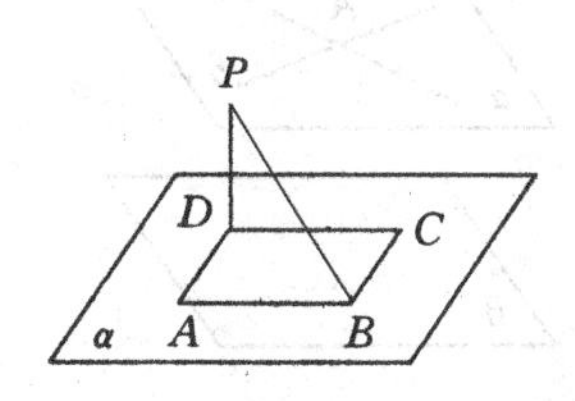

图 8-38

2. 如图 8-37 所示，已知等腰三角形 ABC 的腰 $AB=AC=5$ cm，底边 $BC=6$ cm，自顶点 A 作三角形所在平面 α 的垂线 AD，$AD=8$ cm. 求点 D 到 BC 的距离.
3. 如图 8-38 所示，线段 DP 垂直正方形 $ABCD$ 所在的平面，$AB=10$ cm，$DP=5$ cm，求证：$PB\perp AC$，并求线段 PB 的长.

扫一扫，获取参考答案

8.4 平面与平面的位置关系

如果两个平面没有公共点，则称这两个平面互相平行.

空间两个不重合的平面，它们的位置关系有两种：

(1) 两个平面平行——没有公共点；

(2) 两个平面相交——有一条公共直线.

画两个互相平行的平面时，要使表示两个平面的平行四边形的对应边分别平行(如图 8-39 所示).

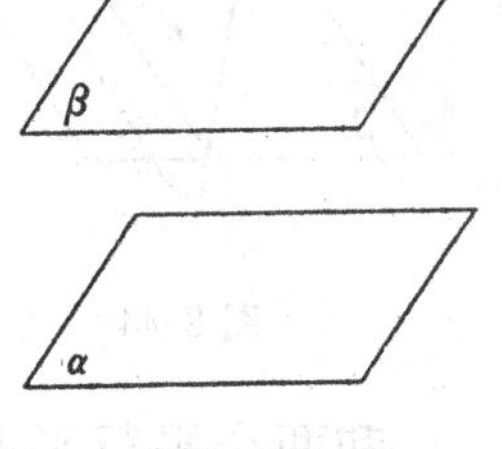

图 8-39

画两个相交平面时，要使表示两个平面的平行四边形有一条公共直线(如图 8-40 所示).

平面 α 和平面 β 平行，记作 $\alpha /\!/ \beta$.

一、两平面平行的判定和性质

两平面平行的判定定理 如果一个平面内有两条相交直线都平行于另一个平面，那么这两个平面互

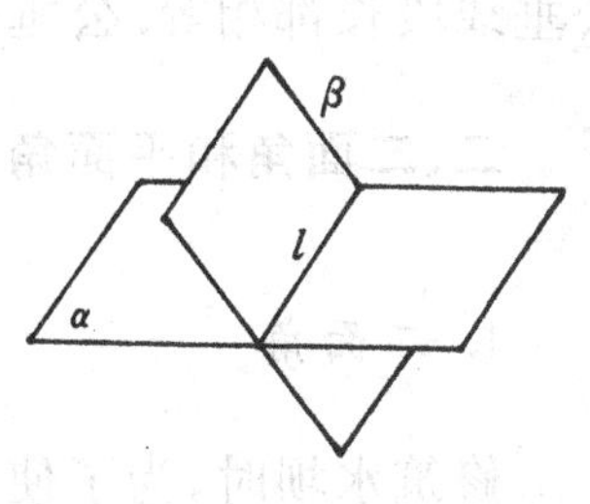

图 8-40

相平行（如图 8-41 所示）.

推论 1　垂直于同一条直线的两个平面互相平行（如图 8-42 所示）.

推论 2　如果一个平面内的两条相交直线，分别与另一个平面内的两条相交直线平行，那么这两个平面互相平行（如图 8-43 所示）.

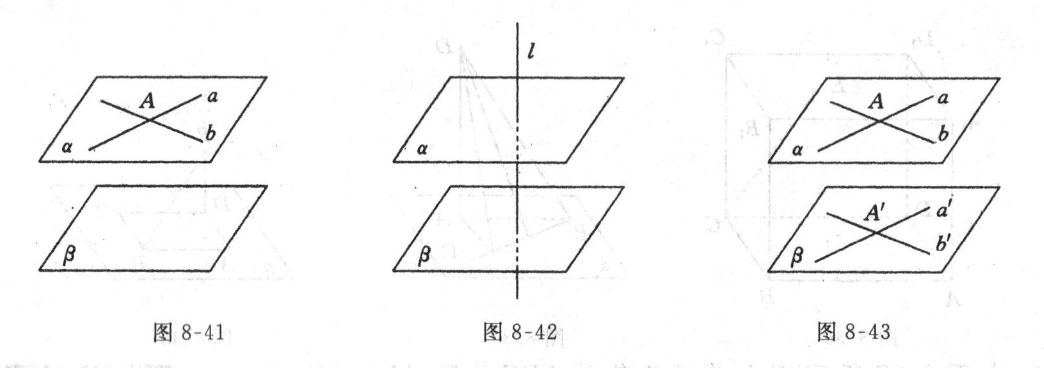

图 8-41　　图 8-42　　图 8-43

两平面平行的性质定理　如果两个平行平面同时和第三个平面相交，那么它们的交线互相平行（如图 8-44 所示）.

推论 1　一条直线垂直于两个平行平面中的一个平面，它也垂直于另一个平面（如图 8-45 所示）.

推论 2　夹在两个平行平面间的平行线段长相等（如图 8-46 所示）.

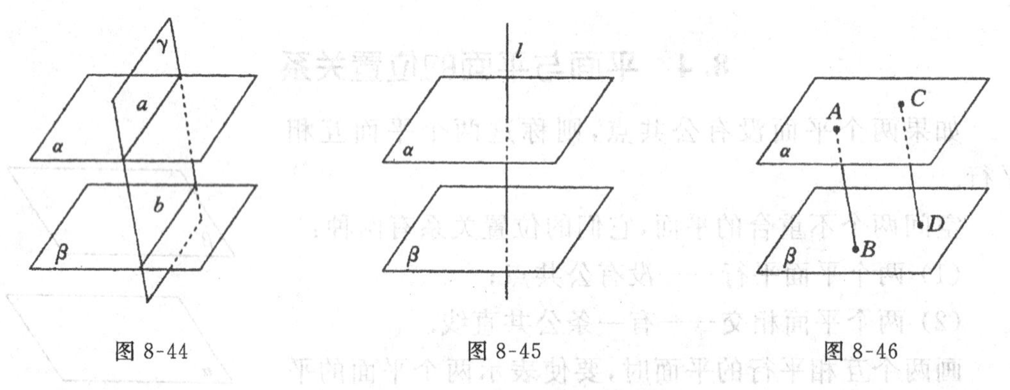

图 8-44　　图 8-45　　图 8-46

和两个平行平面同时垂直的直线，称为这两个平行平面的公垂线. 它夹在这两个平行平面间的线段，称为这两个平行平面的公垂线段. 两个平行平面的公垂线段长都相等. 公垂线段的长度称为两个平行平面间的距离.

二、二面角和平面角

1. 二面角

修筑水坝时，为了使水坝经久耐用，必须考虑到水坝面和水平面所成的角

度；车刀刀口的两个面要根据用途的不同组成一定的角度. 这些事实说明有必要研究两个平面相交所成的角.

一个平面内的一条直线，把这个平面分成两部分，其中的每一部分都称为半平面.

定义 从一条直线出发的两个半平面所组成的图形称为二面角. 这条直线称为二面角的棱. 这两个半平面称为二面角的面.

如图 8-47 所示，是一个以 AB 为棱，α、β 为面的二面角，记为二面角 α-AB-β. 如果棱用 l 表示，则记作二面角 α-l-β.

2. 二面角的平面角

以二面角的棱上任意一点为端点，分别在二面角的两个半平面内作垂直于棱的两条射线，这两条射线所组成的角称为二面角的平面角.

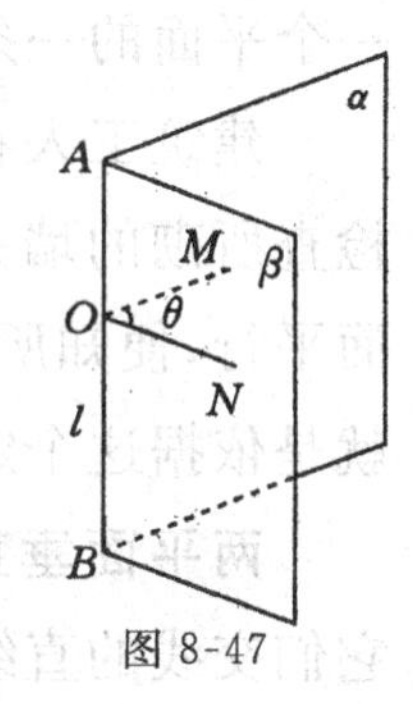

图 8-47

如图 8-47 所示，在二面角 α-AB-β 的棱上任取一点 O，分别在平面 α 和 β 内作射线 $OM \perp AB$，$ON \perp AB$，则 $\angle MON=\theta$ 就是这个二面角的平面角. 平面角 θ 的大小就是二面角 α-AB-β 的大小.

平面角是直角的二面角称为直二面角.

例 1 如图 8-48 所示，山坡的倾斜度（坡面 α 与水平面 β 所成二面角的度数）是 60°，山坡上有一条直道 CD，它和坡脚的水平线 AB 的夹角是 30°，沿这条路上山，行走 100 m 后升高多少 m？

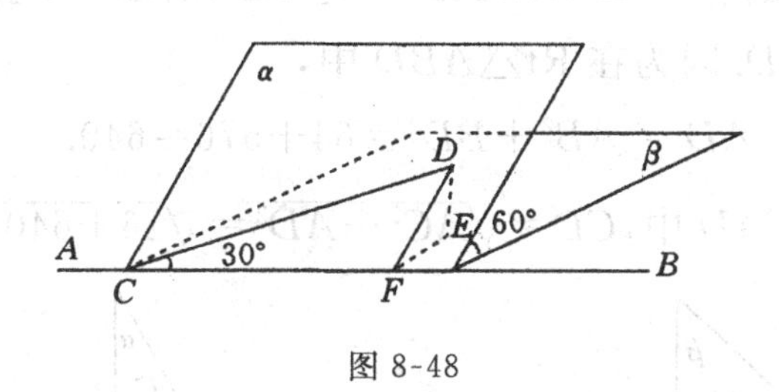

图 8-48

解 设 DE 垂直于过 BC 的水平平面，垂足为 E，则线段 DE 的长度就是所求的高度. 在平面 α 内，过点 D 作 $DF \perp BC$，垂足是 F，连结 EF.

因为 $DE \perp$ 平面 β，$DF \perp BC$，所以 $EF \perp BC$.（三垂线定理的逆定理）

所以 $\angle DFE$ 就是坡面 α 和水平面 β 所成的二面角的平面角.

即 $\angle DFE=60^\circ$. 于是

$$DE=DF\sin60^\circ=CD\sin30^\circ\sin60^\circ=100\sin30^\circ\sin60^\circ\approx43.3(\text{m}).$$

答 沿这条路前进 100 m，升高约 43.3 m.

三、两平面垂直的判定和性质

两个平面相交，如果所成的二面角是直二面角，则称这两个平面互相垂直.

如图 8-49 所示，画两个互相垂直平面，把直立平面的竖边画成和水平平面的横边垂直. 平面 α 和 β 垂直，记作 $\alpha\perp\beta$.

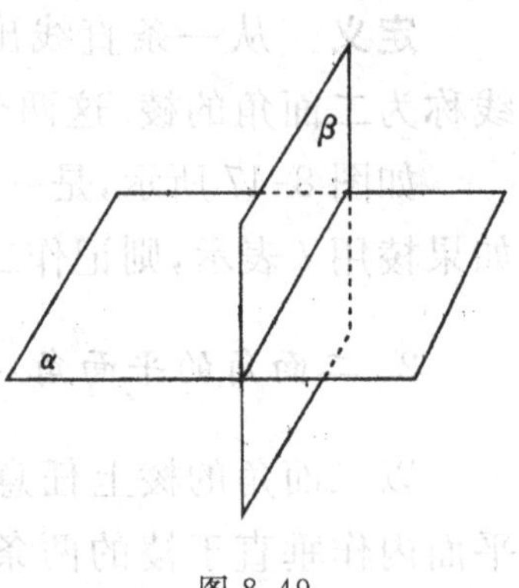

图 8-49

两平面垂直的判定定理　如果一个平面经过另一个平面的一条垂线，那么这两个平面互相垂直.

建筑工人在砌墙时，常用一端系有重物的线来检查所砌的墙是否和地面垂直，如果下垂的线与墙面平行，便知所砌的墙和地面垂直. 这种检查的方法就是依据这个定理.

两平面垂直的性质定理　如果两个平面垂直，那么在一个平面内垂直于它们交线的直线垂直于另一个平面（如图 8-50 所示）.

例 2　如图 8-51 所示，在两个互相垂直的平面 α 和 β 的交线上，有两个已知点 A 和 B，AC 和 BD 分别是这两个平面内垂直于 AB 的线段，已知 $AC=6$ cm，$AB=8$ cm，$BD=24$ cm，求 CD 的长.

解　因为 $\alpha\perp\beta$，$\alpha\cap\beta=AB$，$AC\subseteq\alpha$，$AC\perp AB$，所以 $AC\perp\beta$.
连结 AD，则 $AC\perp AD$. 因为在 Rt$\triangle ABD$ 中，

$$AD^2=AB^2+BD^2=64+576=640.$$

所以在直角三角形 CAD 中，$CD=\sqrt{AC^2+AD^2}=\sqrt{36+640}=26$(cm).

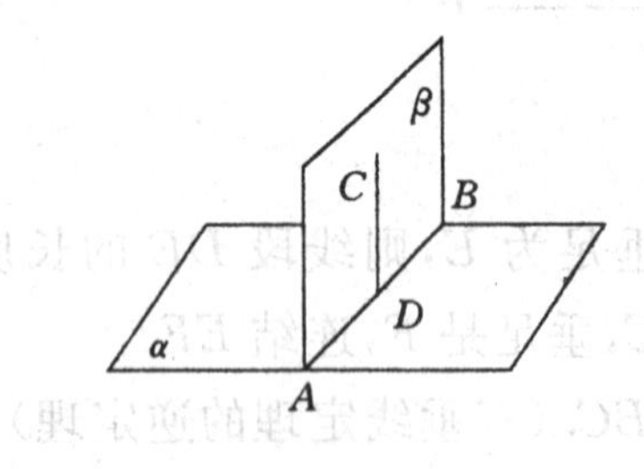

图 8-50

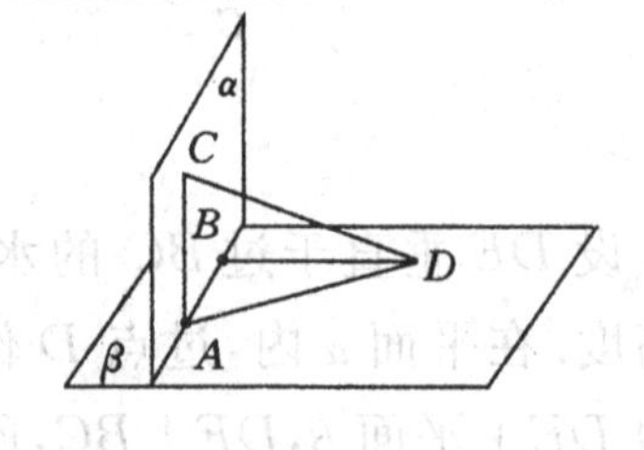

图 8-51

推论　如果两个平面互相垂直，那么经过第一个平面内的一点且垂直于第二个平面的直线，必在第一个平面内.

习题 8-4(A 组)

1. (1) 画两个互相平行的平面,画一个平面与两个平行平面相交;

   (2) 画互相垂直的两个平面,画两两垂直的三个平面.

2. 下面说法是否正确:

   (1) 如果一个平面内的两条直线分别平行于另一个平面内的两条直线,那么这两个平面平行;

   (2) 如果一个平面内的任何一条直线都平行于另一个平面,那么这两个平面平行;

   (3) 如果两个平面互相平行,那么分别在这两个平面内的直线都互相平行;

   (4) 如果两个平面互相平行,那么在其中一个平面内的任何直线都平行于另一个平面.

扫一扫,获取参考答案

3. 拿一张正三角形的纸片 ABC,以它的高 AD 为折痕,折成一个二面角,指出这个二面角的棱、面、平面角.

习题 8-4(B 组)

1. 两个平行平面的距离等于 12 cm,一条直线和它们相交成 60°角,求这条直线上夹在这两个平面间的线段的长.

2. 如图 8-52 所示,在 30°二面角的一个面内有一点 P,它到另一个面的距离 PA 长为 10 cm,求它到棱的距离 PB.

3. 在一个斜坡上,沿着与坡脚的水平线成 45°角的直道上行 40 m 后升高了 14.14 m,求坡面的倾斜角.

4. 如图 8-53 所示,以等腰直角三角形 ABC 斜边 BC 上的高 AD 为折痕,使 $\triangle ABD$ 和 $\triangle ACD$ 折成直二面角,求证:$BD\perp CD$,$\angle BAC=60°$.

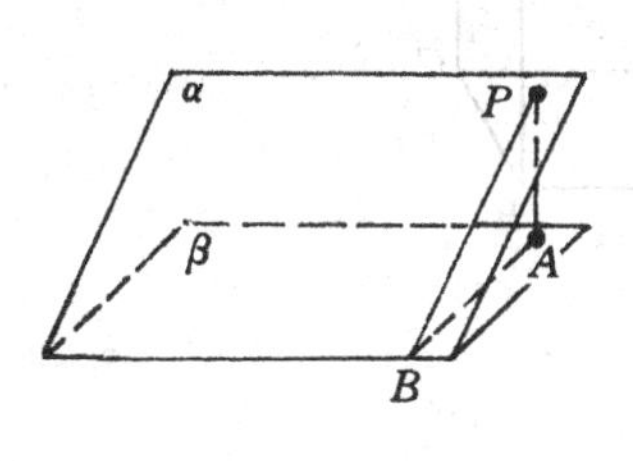

图 8-52

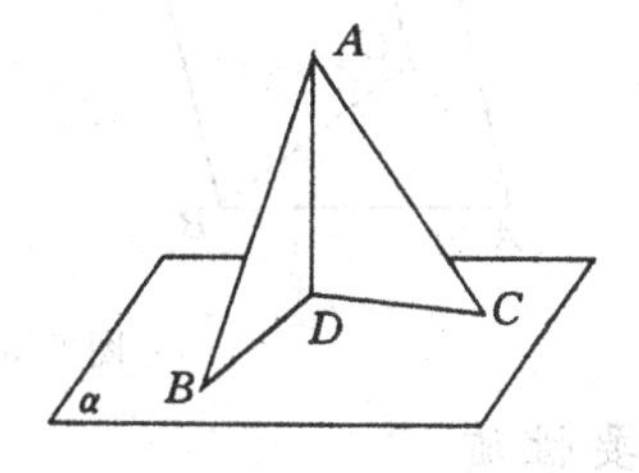

图 8-53

扫一扫,获取参考答案

8.5 多面体

由几个多边形围成的封闭的几何体称为多面体.围成多面体的各个多边形称为多面体的面.两个相邻的面的交线称为多面体的棱.棱与棱的交点称为多面体的顶点.不在同一个面内的两个顶点的连线称为多面体的对角线.

多面体至少具有四个面，若按多面体的面数分类，分别为四面体、五面体、六面体等等.如图 8-54 所示.

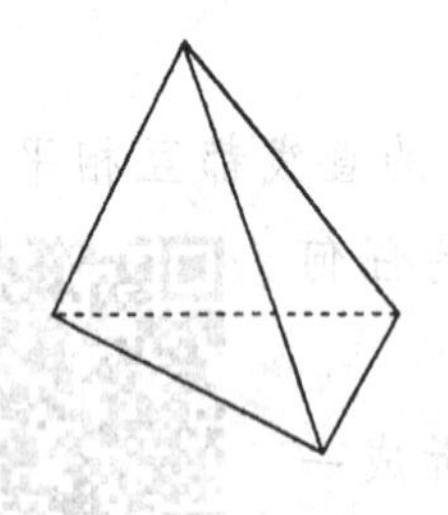
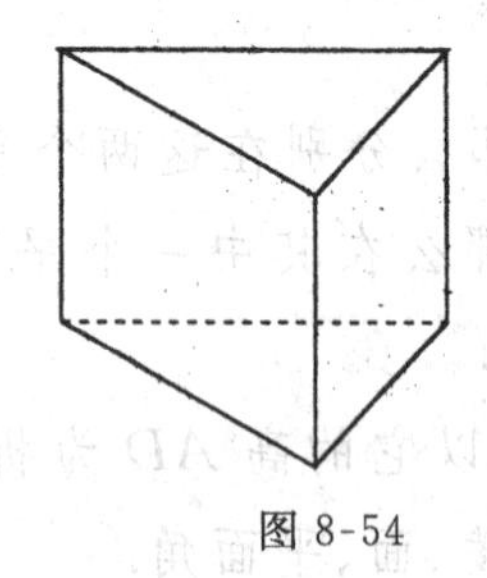
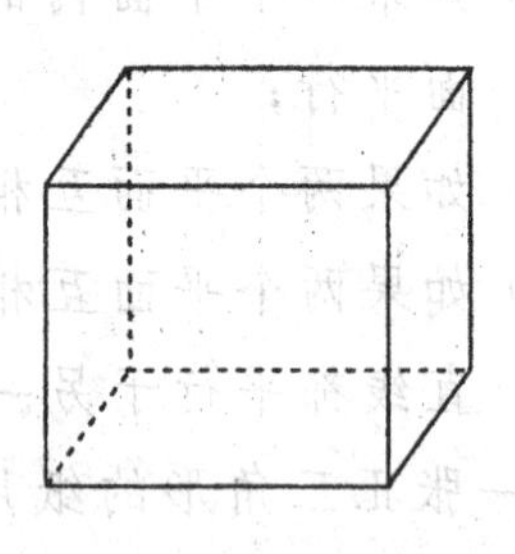

图 8-54

一、正棱柱

1. 棱柱

有两个面互相平行，其余各面都是四边形，并且每条侧棱互相平行的多面体称为**棱柱**.互相平行的两个面称为棱柱的底面，两底面的距离称为棱柱的高.底面是三角形的称为**三棱柱**、底面是四边形的称为**四棱柱**.侧棱不垂直底面的棱柱称为**斜棱柱**，侧棱和底面垂直的棱柱称为**直棱柱**(如图8-55 所示).

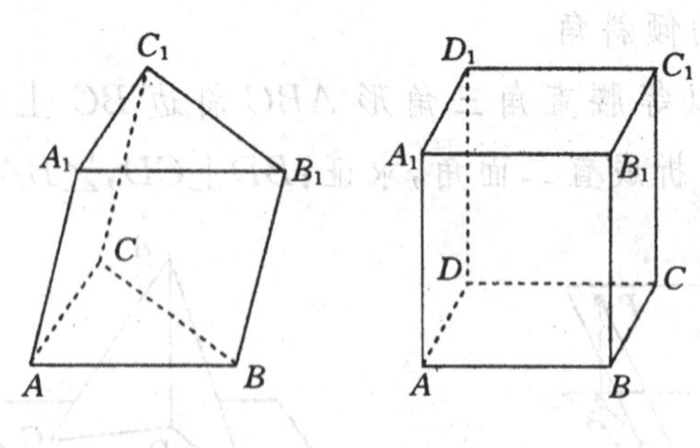

图 8-55

2. 棱柱的主要性质

(1) 侧棱互相平行且相等；
(2) 侧面都是平行四边形；
(3) 两个底面是全等的多边形.

3. 正棱柱

底面是正多边形的直棱柱称为**正棱柱**.正棱柱的侧面是全等的矩形.底面是矩形的直棱柱称为长方体,长方体的对角线长的平方等于长、宽、高的平方和.棱长都相等的长方体称为正方体.

4. 正棱柱的侧面积公式

$$\boxed{S_{\text{正棱柱侧}}=CH} \tag{8-1}$$

其中 C 表示正棱柱的底面周长,H 表示正棱柱的高.

5. 棱柱的体积公式

$$\boxed{V=SH} \tag{8-2}$$

其中 S 表示棱柱的底面积,H 表示棱柱的高.

例1 如图 8-56 所示,正三棱柱的底面边长是 4 cm,过 BC 的一个平面与底面成 30°的二面角,交侧棱 AA_1 于 D.

(1) 求截面△BCD 的面积.

(2) 若 D 为 AA_1 的中点,求该棱柱的体积.

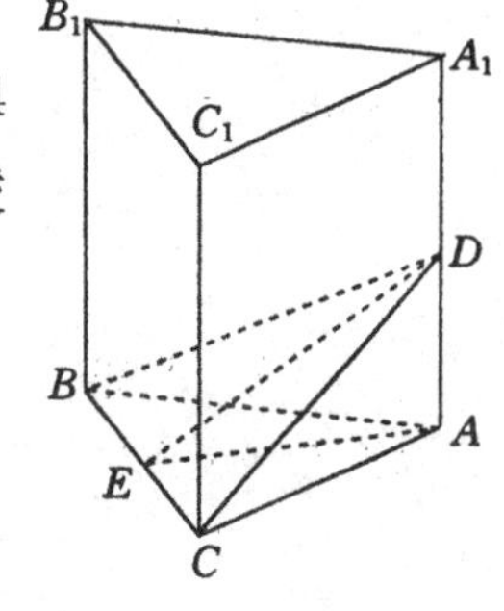

图 8-56

解 (1) 取 BC 的中点为 E,连结 DE、AE,

因为三棱柱 $ABC\text{-}A_1B_1C_1$ 为正三棱柱,所以△BDC 为等腰三角形,△BAC 为等边三角形.

因此,$DE\perp BC$,$AE\perp BC$,所以∠DEA 是截面与底面所成二面角的平面角.

又 $BC=AC=4$ cm,所以 $AE=AC\cos30°=4\times\frac{\sqrt{3}}{2}=2\sqrt{3}$ cm.

因为 $DA\perp$平面 ABC,所以 $DA\perp AE$,即△DAE 为直角三角形.

所以 $DE=\frac{AE}{\cos\angle DEA}=\frac{2\sqrt{3}}{\cos30°}=4$ cm.

所以 $S_{\triangle BCD}=\frac{1}{2}BC\cdot DE=\frac{1}{2}\times4\times4=8\ \text{cm}^2$.

故截面△BCD 的面积为 8 cm².

(2) 在 Rt△DAE 中,$DA=\frac{1}{2}DE=\frac{1}{2}\times4=2$ cm.因为 D 为 AA_1 的中点,所以 $AA_1=4$ cm.

故 $V=S_{底} H=\frac{1}{2}BC \cdot AE \cdot AA_1=\frac{1}{2}\times 4\times 2\sqrt{3}\times 4=16\sqrt{3}\ \text{cm}^3$.

即该棱柱的体积为 $16\sqrt{3}\ \text{cm}^3$.

二、正棱锥

1. 棱锥

有一个面是多边形，其余各面都是有一个公共顶点的三角形的多面体称为**棱锥**. 这个多边形称为棱锥的**底面**，其余各面称为棱锥的**侧面**，相邻侧面的公共边称为棱锥的**侧棱**，各侧面的公共点称为棱锥的**顶点**，顶点到底面的距离称为棱锥的**高**. 如图 8-57 所示.

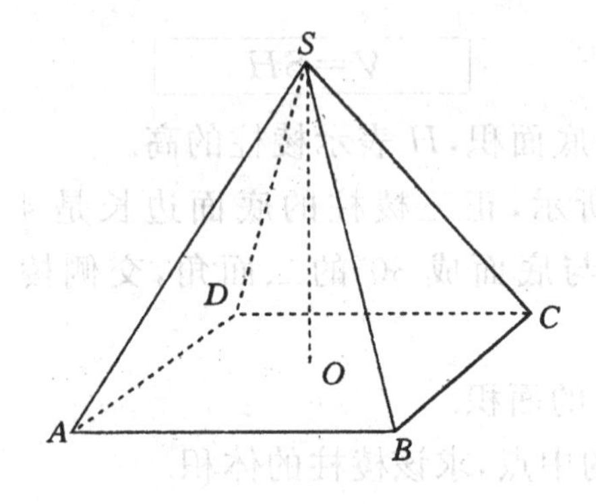

图 8-57

棱锥的底面可以是三角形、四边形、五边形……我们把这样的棱锥分别称为三棱锥（四面体）、四棱锥、五棱锥……如图8-58 所示.

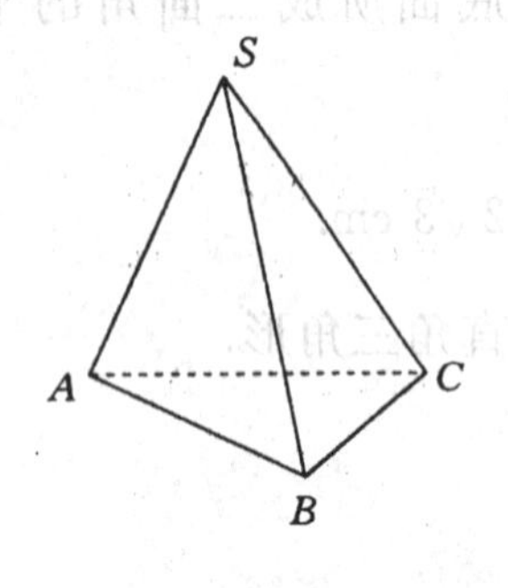

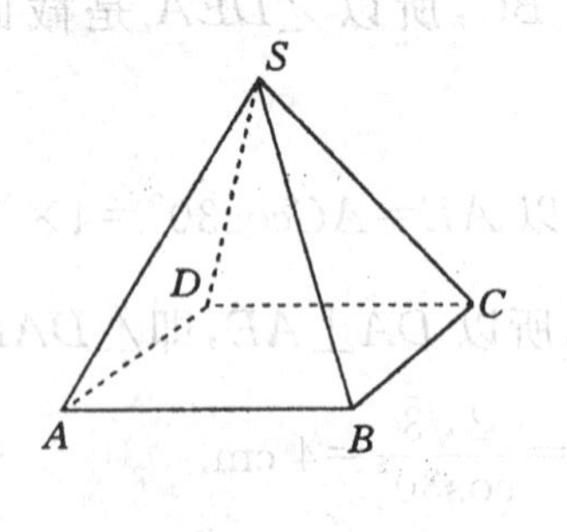

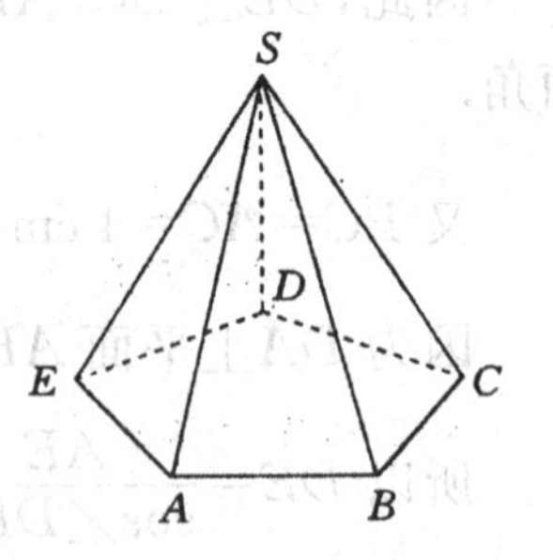

图 8-58

2. 正棱锥

如果一个棱锥的底面是正多边形，且顶点在底面的射影是底面的中心，这样的棱锥称为**正棱锥**. 正棱锥各侧面都是全等的等腰三角形，其侧面底边上的高称为正棱锥的**斜高**.

3. 正棱锥的主要性质

(1) 各侧棱相等;

(2) 各斜高相等;

(3) 各侧棱与底面所成的角都相等;

(4) 各侧面与底面所成的角都相等.

4. 正棱锥的侧面积公式

$$S_{正棱锥侧}=\frac{1}{2}Ch \quad (8\text{-}3)$$

其中 C 表示正棱锥的底面周长,h 表示正棱锥的斜高.

5. 棱锥的体积公式

$$V=\frac{1}{3}SH \quad (8\text{-}4)$$

其中 S 表示棱锥的底面积,H 表示棱锥的高.

例 2 设计一个正四棱锥形的冷水塔塔顶,高是 0.85 m,底的边长是 1.5 m,制造这种塔顶需要多少 m^2 铁板(精确到 0.01)?

解 如图 8-59 所示,过塔顶 S 作 SO 垂直底面,垂足为 O,则 O 为底面的中心.过 O 作 OE 垂直底边 AB,连结 SE,则 SE 是正四棱锥的斜高.

在 Rt△SOE 中,有 $SE=\sqrt{\left(\frac{1.5}{2}\right)^2+0.85^2}\approx1.13$(m).

所以 $S_{正棱锥侧}=\frac{1}{2}Ch=\frac{1}{2}(1.5\times4)\times1.13\approx3.39$ (m^2).

答 制造这种塔顶需要铁板约 3.39 m^2.

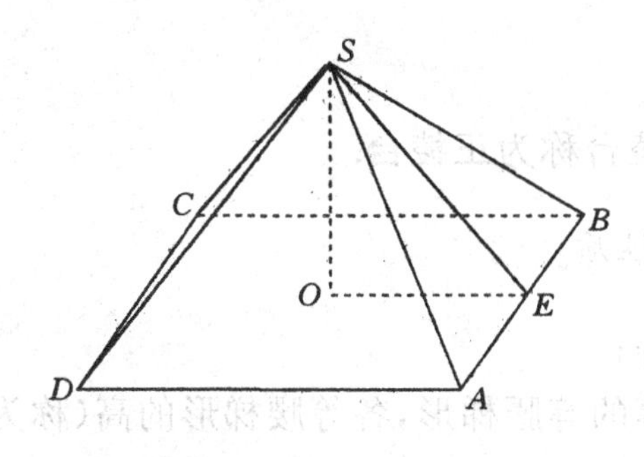

图 8-59

例 3 一个三棱锥的三条侧棱互相垂直，三个侧面的面积分别为 6 m²，4 m² 和 3 m². 求它的体积.

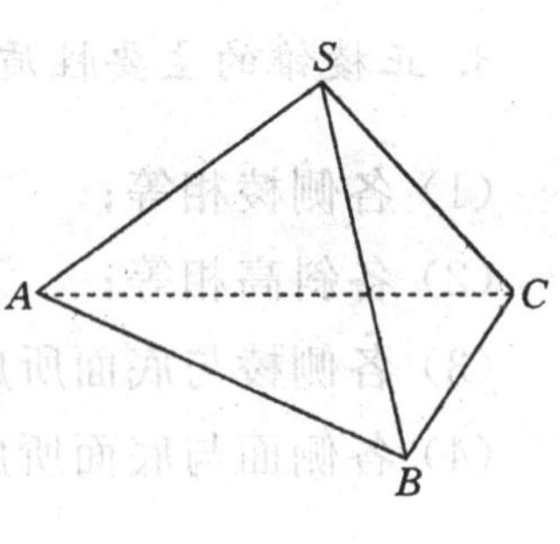

解 如图 8-60 所示，根据已知条件，三条侧棱互相垂直，可设

$\frac{1}{2}SA \cdot SB = 6\ \text{m}^2$，$\frac{1}{2}SA \cdot SC = 4\ \text{m}^2$，$\frac{1}{2}SC \cdot SB = 3\ \text{m}^2$，

则 $SA \cdot SB \cdot SC = 24\ \text{m}^3$.

图 8-60

因为 $SA \perp SC$，$SB \perp SC$，所以 $SC \perp$ 平面 SAB，即 SC 为三棱锥 $C\text{-}SAB$ 的高.

由棱锥的体积公式得

$$V = \frac{1}{3}S_{\triangle SAB} \cdot SC = \frac{1}{3} \times \frac{1}{2}SA \cdot SB \cdot SC$$

$$= \frac{1}{6} \times 24 = 4\ \text{m}^3.$$

即该三棱锥的体积为 4 m³.

三、正棱台

1. 棱台

用一个平行于棱锥底面的平面去截棱锥，底面和截面之间的部分称为**棱台**. 原棱锥的底面和截面分别称为棱台的**下底面**和**上底面**，其他各面称为棱台的**侧面**，相邻侧面的公共边称为棱台的**侧棱**，上、下底面之间的距离称为棱台的**高**. 如图 8-61 所示.

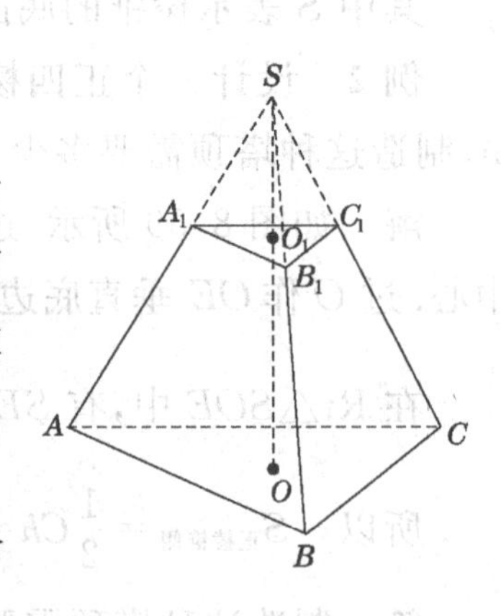

图 8-61

由三棱锥、四棱锥、五棱锥……截得的棱台，分别称为三棱台、四棱台、五棱台……

2. 正棱台

由正棱锥截得的棱台称为**正棱台**.

3. 正棱台的主要性质

(1) 各条侧棱相等；

(2) 各侧面是全等的等腰梯形，各等腰梯形的高(称为斜高)相等；

(3)上下底面及平行于底面的截面都是相似的正多边形；

(4) 各侧棱和底面所成的角相等；

(5) 各侧面和底面所成的角相等；

(6) 两底面中心连线垂直于底面，称为正棱台的高.

4. 正棱台的侧面积公式

$$S_{正棱台侧}=\frac{1}{2}(C+C')h \tag{8-5}$$

其中C'和C分别为正棱台上底和下底的周长，h为正棱台的斜高.

5. 棱台的体积公式

$$V=\frac{1}{3}H(S+\sqrt{SS'}+S') \tag{8-6}$$

其中S'和S分别为棱台上下底面的面积，H为棱台的高.

例 4 已知正六棱台的上、下底面的边长分别是 2 cm 和 5 cm，侧棱和下底面成$30°$角. 求它的体积.

解 如图 8-62 所示，设正六棱台$A_1B_1C_1D_1E_1F_1$-$ABCDEF$的上下底面的中心分别为O_1和O. 连结O_1B_1，OB，过B_1作$B_1M\perp OB$，则B_1M为该棱台的高，$\angle B_1BO$为侧棱与底面所成的角，即$\angle B_1BO=30°$.

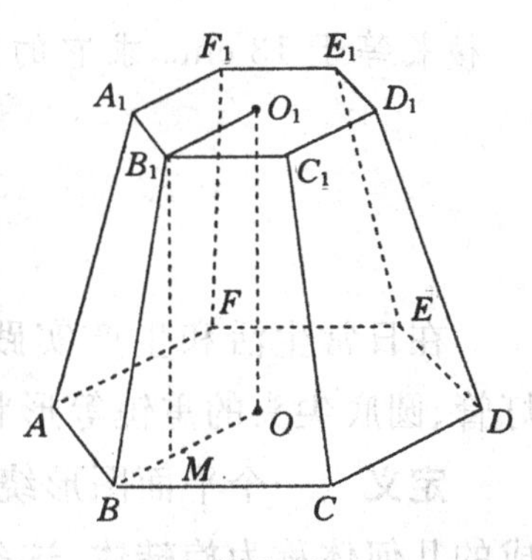

图 8-62

在直角三角形B_1MB中，

$$B_1M=BM\tan30°=(5-2)\tan30°=3\times\frac{\sqrt{3}}{3}$$
$$=\sqrt{3}(\text{cm}).$$

上底面的面积为

$$S_1=6\times\frac{1}{2}\times2^2\times\sin60°=6\sqrt{3}(\text{cm}^2);$$

下底面的面积为

$$S=6\times\frac{1}{2}\times5^2\times\sin60°=\frac{75}{2}\sqrt{3}(\text{cm}^2).$$

所以$V_{棱台}=\frac{1}{3}B_1M(S_1+\sqrt{S_1S}+S)=\frac{1}{3}\times\sqrt{3}\left(6\sqrt{3}+15\sqrt{3}+\frac{75}{2}\sqrt{3}\right)$

$$=58.5(\text{cm}^2).$$

故正六棱台的体积是 58.5 cm³.

习题 8-5(A 组)

扫一扫，获取参考答案

1. 已知正四棱柱的全面积等于 $40\ cm^2$，侧面积等于 $32\ cm^2$，求它的高.
2. 已知正六棱锥的底面边长为 6 cm，高为 15 cm. 求它的体积.
3. 一个正三棱锥的侧面都是直角三角形，底面边长是 2 cm，求它的侧面积和体积.

习题 8-5(B 组)

1. 已知长方体形的铜块的长、宽、高分别是 2 cm，4 cm，8 cm，将它熔化后能铸成多少个边长为 1 cm 的正方体的铜块?
2. 一座仓库的屋顶呈正四棱锥形，其四棱锥的底面的边长是 6 m，侧棱长是 5 m. 如果要在屋顶上铺一层油毡纸，需要油毡纸多少 m^2?
3. 一个正三棱台的两个底面的边长分别等于 8 cm 和 18 cm，侧棱长等于 13 cm. 求它的侧面积和体积.

扫一扫，获取参考答案

8.6 旋转体

在日常生活和生产实践中，我们还常会遇到如粉笔、日光灯管、圆底尖头的重锤等形状的几何体. 对这类几何体，给出下面的定义：

定义 一个平面图形绕着与它在同一平面内的一条定直线旋转一周所形成的几何体称为**旋转体**. 这条定直线称为**旋转体的轴**.

一、圆柱、圆锥、圆台

1. 圆柱、圆锥、圆台的定义

分别以矩形、直角三角形、直角梯形的一边、一条直角边、垂直于底边的腰为旋转轴，其他各边旋转一周所形成的几何体分别称为**圆柱**、**圆锥**、**圆台**.

如图 8-63 所示，(1)、(2)、(3)分别是圆柱、圆锥和圆台. 旋转轴称为它们的**轴**，原矩形、直角三角形、直角梯形在轴上的边的长度称为它们的**高**，垂直于轴的边旋转而成的圆面称为它们的底面，不垂直于轴的边旋转而成的曲面称为它们的**侧面**，这条边称为侧面的**母线**.

圆台也可以看作用平行于圆锥底面的平面截这个圆锥而得.

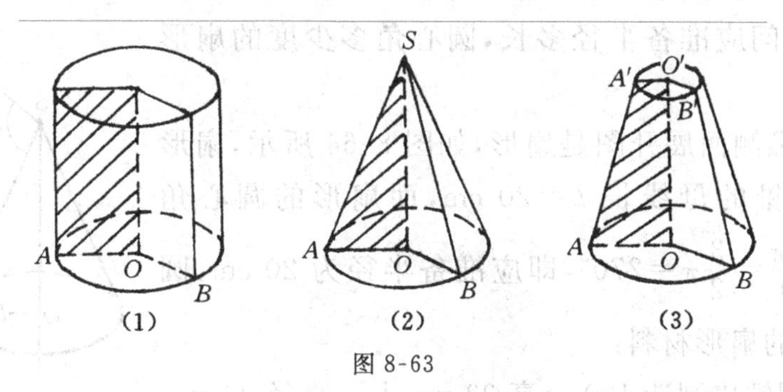

图 8-63

2. 圆柱、圆锥、圆台的主要性质

(1)平行于底面的截面都是圆.
(2)过轴的截面(轴截面)分别是全等的矩形、等腰三角形、等腰梯形.

3. 圆柱、圆锥、圆台的侧面积公式

$$S_{圆柱侧}=CL=2\pi RL \tag{8-7}$$

其中 R 为底面半径,C 为底面周长,L 为母线长;

$$S_{圆锥侧}=\frac{1}{2}CL=\pi RL \tag{8-8}$$

其中 C 为底面周长,L 为母线长;

$$S_{圆台侧}=\frac{1}{2}(C'+C)L=\pi(R'+R)L \tag{8-9}$$

其中 R' 和 R 分别为上、下底面的半径,C' 与 C 分别为上、下底面的周长,L 为母线长.

4. 圆柱、圆锥、圆台的体积公式

$$V_{圆柱}=\pi R^2 h \tag{8-10}$$

$$V_{圆锥}=\frac{1}{3}\pi R^2 h \tag{8-11}$$

$$V_{圆台}=\frac{1}{3}\pi h(R'^2+R'R+R^2) \tag{8-12}$$

其中 R 是圆柱、圆锥、圆台的底面或下底面的半径,R' 是圆台上底面的半径,h 是它们的高.

例 1 要做一个底面直径 30 cm，母线长 20 cm 的圆锥形灯罩，问应准备半径多长，圆心角多少度的扇形材料？

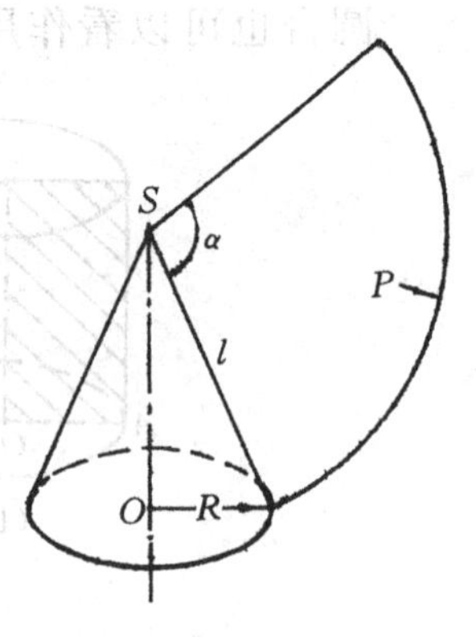

图 8-64

解 圆锥侧面展开图是扇形，如图 8-64 所示，扇形的半径为圆锥的母线长 $l=20$ cm，而扇形的圆心角 $\alpha=\dfrac{2\pi R}{l}=\dfrac{30\pi}{20}=\dfrac{3}{2}\pi=270^\circ$，即应准备半径为 20 cm，圆心角为 270°的扇形材料.

例 2 用铁皮制造 100 个高 33 cm、上口直径 30 cm、下口直径 20 cm 的圆台形的无盖水桶. 求所需铁皮的面积(精确到 1 m^2).

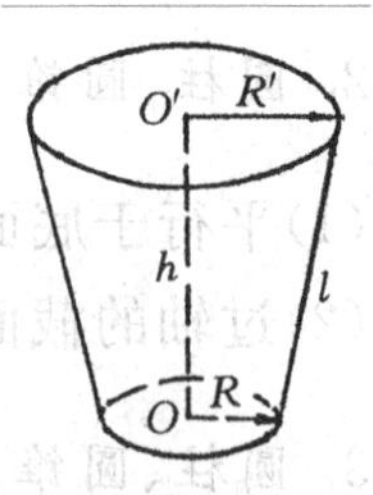

图 8-65

解 如图 8-65 所示，设桶的上口半径为 R'，下口半径为 R，高为 h，母线为 l. 根据题意有

$$R'=15,\ R=10,\ h=33,$$

于是 $l=\sqrt{h^2+(R'-R)^2}=\sqrt{33^2+(15-10)^2}\approx 33.4$.

因为一个水桶所需铁皮的面积为

$$S_{圆台底}+S_{圆台侧}=\pi R^2+\pi(R'+R)l=100\pi+\pi(15+10)\times 33.4\approx 2937.$$

所以 100 个水桶所需铁皮的面积约为

$$2937\times 100=293700(\mathrm{cm}^2)\approx 29(\mathrm{m}^2).$$

即制造 100 个水桶所需铁皮约为 29 m^2.

例 3 如图 8-66 所示，圆锥的母线与底面所成的角为 30°，它的侧面积为 $6\sqrt{3}\pi\ \mathrm{cm}^2$. 求这个圆锥的体积.

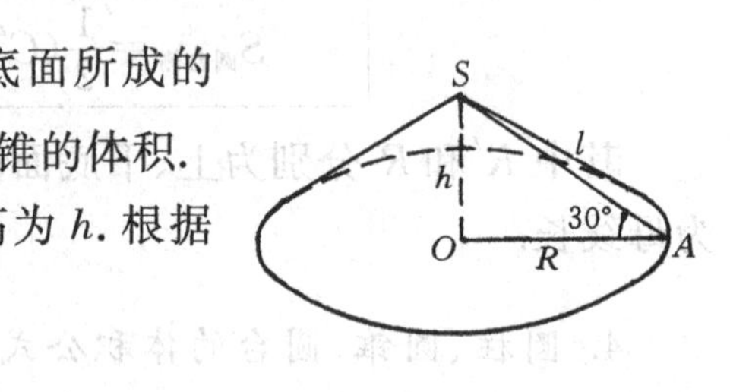

图 8-66

解 设圆锥的底半径为 R，母线为 l，高为 h. 根据题意，有$\angle SAO=30^\circ$

因为在 Rt$\triangle SOA$ 中，

$$R=l\cos 30^\circ=\frac{\sqrt{3}}{2}l,\quad h=l\sin 30^\circ=\frac{1}{2}l,$$

所以
$$S_{圆锥侧}=\pi Rl=\pi\cdot\frac{\sqrt{3}}{2}l\cdot l=\frac{\sqrt{3}}{2}\pi l^2.$$

由题意，得方程

$$\frac{\sqrt{3}}{2}\pi l^2=6\sqrt{3}\pi,$$

$$l=2\sqrt{3}.$$

因此
$$R=\frac{\sqrt{3}}{2}\times 2\sqrt{3}=3,$$
$$h=\frac{1}{2}\times 2\sqrt{3}=\sqrt{3},$$

于是 $V_{圆锥}=\frac{1}{3}\pi R^2 h=\frac{1}{3}\pi\times 3^2\times\sqrt{3}=3\sqrt{3}\pi.$

即所求圆锥的体积为 $3\sqrt{3}\pi\ \mathrm{cm}^3$.

二、球

1. 球的定义

半圆以它的直径为旋转轴，旋转一周所成的曲面称为**球面**.球面所围成的几何体称为**球体**(简称球).半圆的圆心称为**球心**.球心到球面上任一点的直线段称为球的**半径**.连接球面上任意两点的直线段称为球的**弦**.过球心的弦称为球的**直径**.如图 8-67 所示.

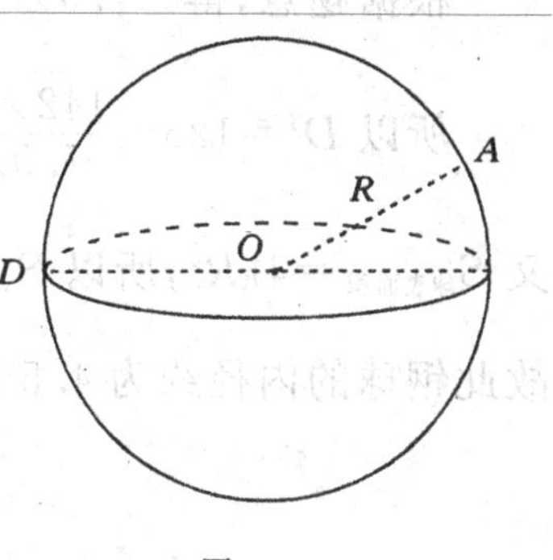

图 8-67

用一个平面去截一个球，截面是圆.

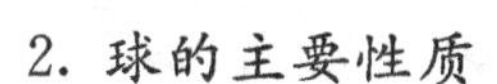

2. 球的主要性质

(1) 同一个球的半径相等，直径相等；

(2) 球心和截面圆心的连线垂直于截面；

(3) 球心到截面的距离 d 与球的半径 R 及所截圆面的半径 r 有如下关系：$r=\sqrt{R^2-d^2}$(如图 8-68 所示).

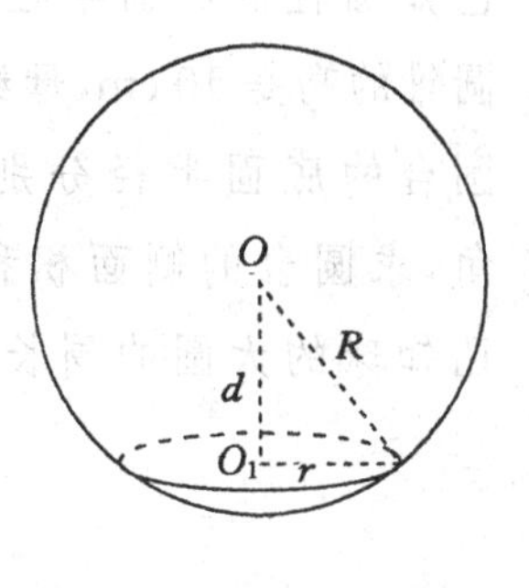

图 8-68

当 $d=0$ 时，截面经过球心，$r=R$.这时球面被截得的圆最大，这个圆称为球的**大圆**.不经过球心的截面所截得的圆称为球的**小圆**.

3. 球的表面积公式

$$\boxed{S_{表}=4\pi R^2} \qquad (8-13)$$

其中 R 为球的半径.

4. 球的体积公式

$$\boxed{V=\frac{4}{3}\pi R^3} \qquad (8\text{-}14)$$

其中 R 为球的半径.

例 4 有一空心钢球，质量为 142 g，外径为 5 cm，求钢球的内径(钢的密度是 $7.9\times10^3\ \text{kg/m}^3$)及钢球的表面积(精确到 0.1).

解 设空心钢球的内径为 D cm，则该钢球的体积为：

$$V=\frac{4}{3}\pi\times\left(\frac{5}{2}\right)^3-\frac{4}{3}\pi\left(\frac{D}{2}\right)^3=\frac{\pi}{6}(125-D^3).$$

根据题意，得 $7.9\times\frac{\pi}{6}(125-D^3)=142$,

所以 $D^3=125-\frac{142\times6}{7.9\pi}\approx90.7$，即 $D\approx4.5$(cm).

又 $S_{球表面积}=4\pi R^2$，所以 $S_{表}=4\pi\times\left(\frac{5}{2}\right)^2\approx78.5(\text{cm}^2)$.

故此钢球的内径约为 4.5 cm，钢球的表面积约为 $78.5\ \text{cm}^2$.

习题 8-6(A 组)

1. 已知圆柱的底面半径是 20 cm，高是 30 cm，求轴截面的对角线长.

2. 圆锥的高是 10 cm，母线和底面成 60°角，求母线长和底面半径.

3. 圆台的底面半径分别为 10 cm 和 20 cm，母线与底面成 45°角，求圆台的侧面积和体积.

4. 已知球的大圆的周长为 8π cm，求这个球的表面积和体积.

扫一扫，获取参考答案

习题 8-6(B 组)

1. 已知圆柱轴截面面积为 $8\ \text{cm}^2$，垂直于轴的截面面积为 $4\pi\ \text{cm}^2$. 求它的侧面积和体积.

2. 如图 8-69 所示，圆锥的顶点与底面圆心的连线和母线的夹角是 30°，底面圆内一条长 3 cm 的弦 AB 所对的圆心角是 120°，求这个圆锥的体积.

3. 一个用帆布搭成的帐篷，上部是高为 1.4 m 的圆锥，下部是高为 2.2 m 的圆柱，圆锥和圆柱的底面直径都是 4.5 m，问做 25 个这样的帐篷所需帐布多少平方米(精确到 $1\ \text{m}^2$)?

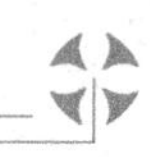

4. 如图 8-70 所示,圆台的下底面周长是上底面周长的 3 倍,过轴的截面的面积为 392 cm^2,母线与底面所成的角为 45°,求这个圆台的高、母线和两底面半径的长.

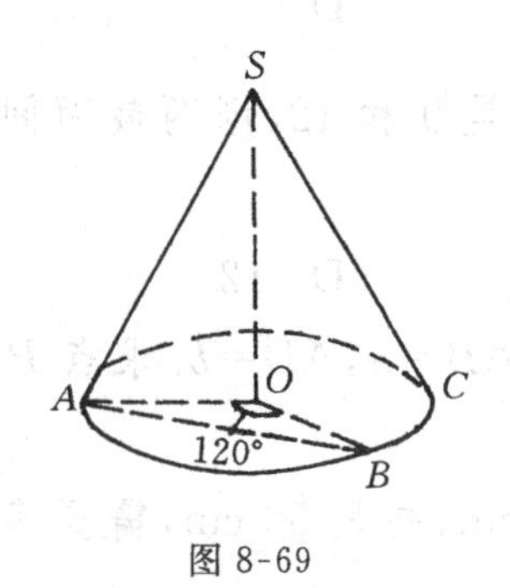

图 8-69

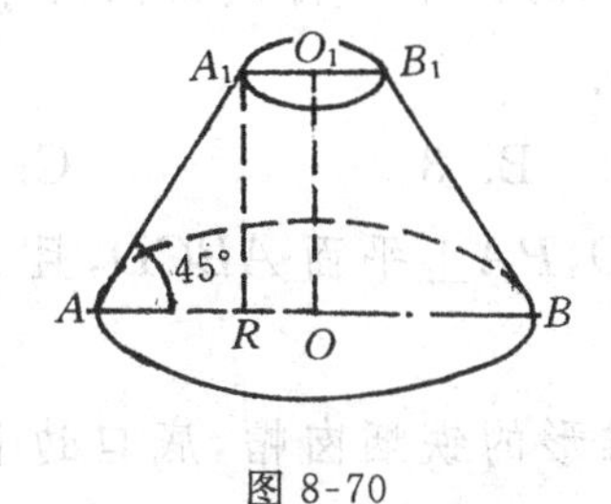

图 8-70

扫一扫,获取参考答案

复习题 8

1. 判断题:

(1) 在空间中,两组对边分别相等的四边形一定是平行四边形;

(2) 在空间中,一组对边平行且相等的四边形一定是平行四边形;

(3) 一条直线垂直于一平面,过垂足且垂直于已知直线的直线一定在这个平面内;

(4) 过直线外一点可以作无数条直线和这条直线垂直,并且这些直线在同一平面内;

(5) 过已知平面的斜线的平面一定不会垂直于这个平面;

(6) 侧棱都相等的棱锥是正棱锥;

(7) 若一个二面角的两个半平面分别垂直于另一个二面角的两个半平面,则这两个二面角相等或互补;

(8) 棱台的两条侧棱可能是异面直线;

(9) 圆锥轴截面是正三角形,则侧面积是底面积的 2 倍.

2. 选择题:

(1) 由距离平面 α 为 4 cm 的一点 P 向平面引斜线段 PA,使斜线段与平面成 30°的角,则斜线段 PA 在平面 α 上的射影长为(　　).

A. $\dfrac{3}{\sqrt{2}}$ cm　　B. $3\sqrt{2}$ cm　　C. $4\sqrt{3}$ cm　　D. $\sqrt{3}$ cm

(2) 对角线长为$\sqrt{3}$的正方体的侧面对角线长是(　　).

A. $\sqrt{2}$　　B. $3\sqrt{2}$　　C. $\sqrt{6}$　　D. $\dfrac{\sqrt{6}}{2}$

(3) 正三棱台上、下底面的边长为2和6，侧面和底面成60°的二面角，则棱台的高等于（ ）.

A. 3　　B. 2　　C. $\frac{3}{2}$　　D. 4

(4) 半径为15的球的两个平行截面圆的半径分别是9和12，则两截面间的距离为（ ）.

A. 21　　B. 3　　C. 21或3　　D. 12

3. 已知长方形$ABCD$，$PA\perp$平面$ABCD$，且$PA=c$，$AB=a$，$AD=b$. 求点P到BD的距离.

4. 要做一个正六棱锥形的铁烟囱帽，底口边长是40 cm，高是50 cm，需要多少cm^2铁皮？

5. 正四棱台的上、下底面的边长分别为a，b，侧面积等于两底面积的和，它的高是多少？

6. 将一根长为3 m，直径为0.8 m的圆木料锯成一根截面是最大正方形的方木料，求此方木料的体积.

7. 将一个长方体沿相邻三个面的对角线截去一个三棱锥，这个三棱锥的体积是长方体体积的几分之几？

8. 在二面角为60°的一个面内有一点M，M到另一个面的距离等于12 cm，过M点作M所在平面的垂线，求此垂线夹在二面角间的线段长.

9. 一个圆锥的母线长为8 cm，母线与底面所成的角是30°，求它的体积.

10. 圆台母线长l，母线与下底面交角为α，并且母线垂直于连结在它的上底面的端点和它的相对母线在下底面端点的直线，求它的侧面积.

11. 在半径是13 cm的球面上有A，B，C三点，$AB=6$ cm，$BC=8$ cm，$CA=10$ cm，求经过这三点的截面与球心的距离.

12. 在球心的同一侧有相距9 cm的两个平行截面，它们的面积各为$49\pi\ cm^2$和$400\pi\ cm^2$，求它的表面积和体积.

扫一扫，获取参考答案

球体积计算有妙方

球体积计算在数学史上是一个很重要的问题，尤其在古代，这个问题解决得如何，从某种意义上讲，标志着某个国家、某个民族的数学水平的高低. 我们中华民族在这方面的杰出成就，是足可引以为豪的.

早在公元前1世纪，我国球体积计算是通过实测来完成的.其结果引出球体积计算公式：$V=\frac{9}{16}D^3$，其中：V——球体积；D——球直径.直到《九章算术》成书的年代还保留着上述公式，这是我国球体积计算的第一阶段：实测.

公元3世纪，刘徽在注《九章算术》时，对这个公式提出了异议.为了说明刘徽的观点，我们先引入以下几个模型，如图8-71所示.

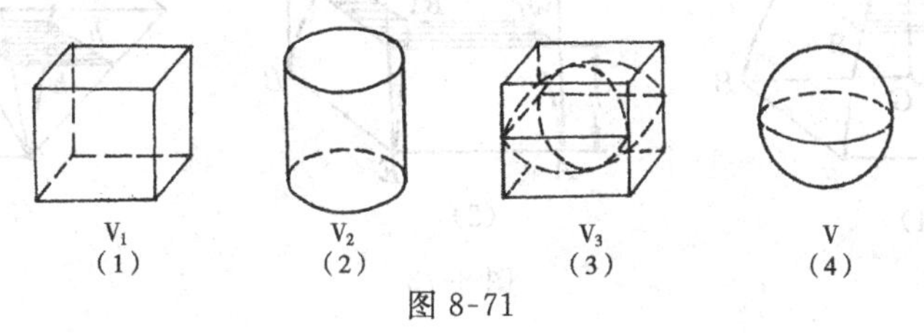

图8-71

V_1——正方体且边长为D；V_2——V_1的内切圆柱；V_3——V_1的两个内切圆柱的相贯体；V——直径等于D的球；V_3是刘徽专门引入的，并命名为"牟合方盖"，即两个相同的方伞上下而合为一体.刘徽分析$V=\frac{9}{16}D^3$的公式不准确，并指出了计算球体积的一条有效途径，那就是设法求出"牟合方盖"的体积.

可惜的是，刘徽当时还没有找到求"牟合方盖"体积的办法.他说："我们来观察立方体之内，合盖之外这块立体体积吧.它从上而下地逐渐瘦削，在数量上是不够清楚的.由于它方圆混杂，各处截面宽度极不规则，事实上没有规范的模型可与之比较.若不看重图形特点而妄作判断，恐怕有违正理.岂敢不留阙疑，待能言者来讲解吧."由此，刘徽这种不迷信前贤、实事求是的治学精神可见一斑.这是我国球体积计算的第二阶段：改进.

到了公元6世纪，我国球体积计算进入严密推导的第三阶段.著名数学家祖冲之的儿子祖暅发现了祖暅原理，并巧妙地运用这个原理解决了刘徽遗留下的问题.得出球的体积公式：$V=\frac{\pi}{6}D^3$(其中V为体积，D为直径).

祖暅把问题解决的关键放在"牟合方盖"体积计算上，但在实际计算中又不是把精力放在计算牟合方盖本身，而是把要点放在求一个立方体与其内切牟合方盖的差的部分(我们不妨称它为"方盖差")，再把"方盖差"自然分成八个相等的小立方体，每一个称它为"小方盖差"，如图8-72(2)所示.

祖暅便把问题转化和简化为从八分之一的立方体和所含的八分之一的牟合方盖的差(即一个"小方盖差")入手.

祖暅通过推算得出小方盖差和倒立的正四棱锥的体积相等.正四棱锥的体积是可以求的，它等于同底立方体的体积的三分之一，从而得到牟合方盖的体积,最终得到球的体积计算公式.祖暅比较高明的地方在于吸取了刘徽的教训,不再直接去钻牟合方盖体积的那个牛角尖,而改为研究方盖差的体积,从而获得了成功.

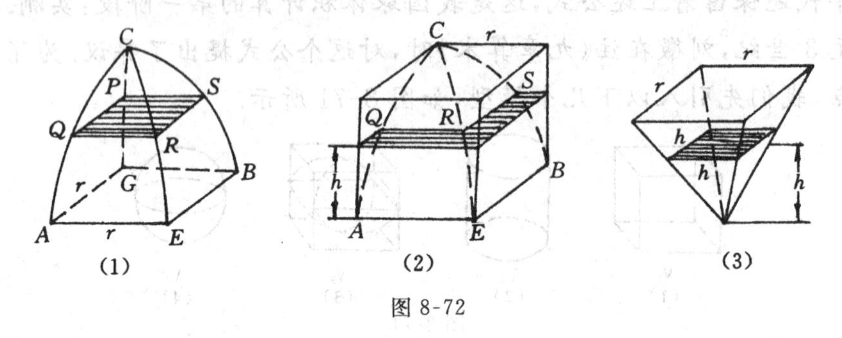

图 8-72

从《九章算术》以来的300多年中,有关球体积的计算经过许多人的不懈努力,最后获得彻底解决,这在我国数学史上是一件辉煌的大事.它说明我国人民不仅能从理论上独立解决实践中提出的数学问题,而且在解决问题的方法上也有自己独创的特色.

第8章单元自测

1. 选择题

(1)空间两条直线为异面直线是指(　　).

A. 它们没有公共点　　B. 它们位于某两个不同的平面内

C. 它们既不平行也不相交　　D. 它们不在某个平面内

(2) 直线 l 与平面 α 斜交,则(　　).

A. 不存在与 l 垂直且在 α 平面内的直线

B. 只有一条与 l 垂直的直线在 α 平面内

C. 有无数条与 l 垂直的直线在 α 平面内

D. 至多有两条与 l 垂直的直线在 α 平面内

(3) 若两条直线与同一个平面所成的角相等,则此两直线是(　　).

A. 平行直线　　B. 相交直线　　C. 或平行或相交　　D. 可共面可异面

(4) 二面角是指(　　).

A. 从一条直线出发的两个半平面所夹的角

B. 从一条直线出发的两个半平面所组成的图形

C. 两个相交平面所组成的图形

D. 过两个相交平面交线上一点分别在两个平面内作交线的垂线,这两条垂线的夹角

(5) 在正方体 $ABCD\text{-}A'B'C'D'$ 中,各个面上与 AD' 成 $60°$ 角的对角线的条数有(　　).

A. 10　　B. 8　　C. 6　　D. 4

(6) 侧面积相等的两个圆锥，它们的底面积之比为1:4，则它们的母线长之比为(　　).

A. 4:1　　B. 2:1　　C. 1:2　　D. 1:4

2. 填空题

(1) ________三点确定一个平面；两条________或________直线确定一个平面.

(2) 没有交点的两条直线可能是________直线或________直线.

(3) 平面上一点与平面外一点的连线和这个平面内不经过该点的直线必定是________直线.

(4) 圆柱的轴截面是面积为S的正方形，则此圆柱的体积是________.

(5) Rt$\triangle ABC$在平面α内，M在平面α外，M到Rt$\triangle ABC$的三个顶点的距离均为5 cm，斜边AC长为6 cm. 则点M到平面α的距离是________.

3. AB是圆的直径，C为圆周上一点，$PC\perp$平面ABC，

(1) 求证：平面$PBC\perp$平面PAC；

(2) 若$BC=15$，$AC=20$，$PC=16$，求P到直径AB的距离.

4. 正四棱锥底面边长为a，侧面积是底面积的2倍，求其体积.

5. 若球的体积缩小为原来的一半，求其大圆的面积缩小为原来的多少？

6. 正三棱台上、下底边长分别为2和6，侧面与底面成60°的二面角，求此棱台的高.

扫一扫，获取参考答案

第 9 章

直　线

在科技、生产及生活中，我们经常遇到直线及相关计算问题．本章我们将先在平面直角坐标系内建立直线方程，然后用代数的方法来讨论直线的图形特点及其性质，并结合实例了解直线方程在实际中的应用．

9.1　直线和直线方程

一、一次函数的图像和直线方程

我们知道，一次函数 $y=kx+b\ (k\neq 0)$ 的图像是一条直线 l，不难看出函数与直线之间具有如下关系：

(1)以满足函数 $y=kx+b$ 的每一组 x，y 的值为坐标的点都在直线 l 上．

(2)在直线 l 上的任何点，它的坐标 x，y 都满足函数 $y=kx+b$．

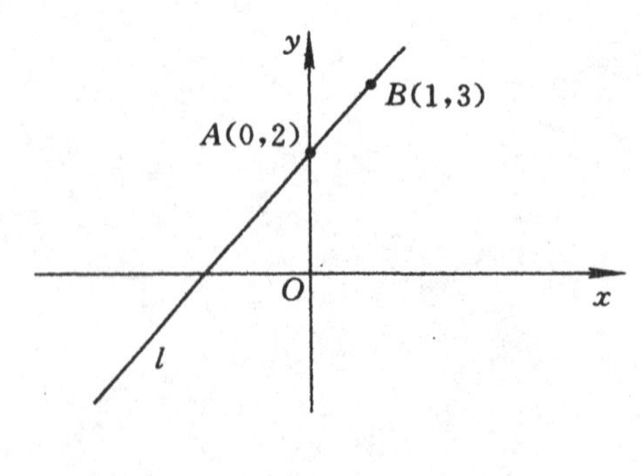

图 9-1

例如，函数 $y=x+2$ 的图像是通过点 $A(0,2)$ 和点 $B(1,3)$ 的直线 l，因为 $x=0$，$y=2$ 满足函数 $y=x+2$，所以点 $A(0,2)$ 在直线 l 上；又点 $B(1,3)$ 在直

线 l 上，显然，它的坐标 $x=1,y=3$ 满足函数 $y=x+2$，如图 9-1 所示. 由于 $y=x+2$ 也可看成是含有 x,y 的二元一次方程 $x-y+2=0$，因此，这个方程和直线 l 具有如下关系：以方程 $x-y+2=0$ 的解为坐标的点都在直线 l 上；直线 l 上任何点的坐标 x,y 都是这个方程的解.

一般地，方程 $F(x,y)=0$ 与直线 l 之间具有如下关系：

(1) 以方程 $F(x,y)=0$ 的解为坐标的点都在直线 l 上；

(2) 直线 l 上任何点的坐标 x,y 都是这个方程的解.

于是，我们把这个方程 $F(x,y)=0$ 称为这条直线 l 的方程，这条直线 l 称为这个方程的图像. 根据上述关系，若已知直线 l 的方程，则可求出直线 l 上的任意一点坐标，反之，也可验证某一点是否在直线 l 上.

例 1 已知直线 l 方程为：$x-y+2=0$

(1)求直线上横坐标为 $x=2$ 的点的纵坐标及纵坐标 $y=\frac{1}{2}$ 的点的横坐标；

(2)求直线 l 与 y 轴交点的坐标；

(3)判断点 $M_1(-1,1)$ 和 $M_2(2,1)$ 是否在直线 l 上？

解 (1)把 $x=2$ 代入方程 $x-y+2=0$，有

$$2-y+2=0,$$

得

$$y=4.$$

把 $y=\frac{1}{2}$ 代入方程式 $x-y+2=0$，有

$$x-\frac{1}{2}+2=0,$$

得

$$x=-\frac{3}{2}.$$

即横坐标 $x=2$ 点的纵坐标为 $y=4$，纵坐标 $y=\frac{1}{2}$ 的点的横坐标为 $x=-\frac{3}{2}$.

(2)把直线 l 与 y 轴交点的横坐标 $x=0$ 代入方程 $x-y+2=0$ 得

$$y=2,$$

即直线 l 与 y 轴交点坐标为(0,2).

(3)把 $x=-1$，$y=1$ 代入方程 $x-y+2=0$ 的左边，得

$$1-1+2=0，即\ 0=0,$$

故点 M_1 在直线 l 上.

把 $x=2,y=1$ 代入方程 $x-y+2=0$ 的左边，得

$$2-1+2=3\neq 0,$$

故点 M_2 不在直线 l 上.

二、直线的倾斜角、斜率

直线 l 的向上方向与 x 轴的正方向所成的最小的正角称为直线 l 的**倾斜角**，常用 α 表示.

如图 9-2 所示，角 α_1，α_2 分别是直线 l_1，l_2 的倾斜角.

当直线与 x 轴平行或重合时，规定它的倾斜角为 $0°$，于是倾斜角 α 的取值范围是

$$0° \leqslant \alpha < 180°(\text{或 } 0 \leqslant \alpha < \pi).$$

由此可知，任意一条直线 l 都能确定唯一的倾斜角 α.

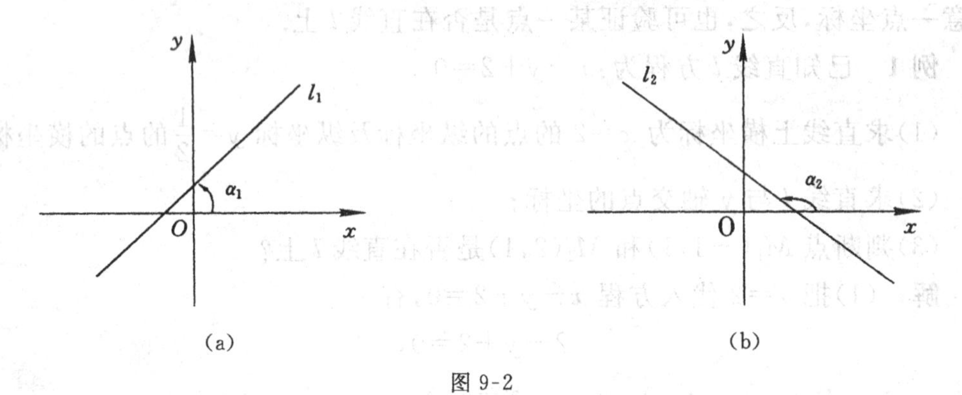

图 9-2

定义 倾斜角不等于 $90°$ 的直线，其倾斜角的正切值称为这条**直线的斜率**，通常用 k 表示. 即

$$\boxed{k = \tan\alpha} \tag{9-1}$$

它的取值分四种情形：

(1) 当 $\alpha = 0°$ 时，$k = 0$；

(2) 当 α 为锐角时，$k > 0$；

(3) 当 α 为钝角时，$k < 0$；

(4) 当 $\alpha = 90°$ 时，k 不存在.

直线的倾斜角和直线的斜率均可用来表示平面内直线关于 x 轴的倾斜程度. 斜率的大小可由直线上两点的坐标来确定.

设过两点 $P_1(x_1, y_1)$，$P_2(x_2, y_2)$ 的直线的倾斜角为 α，且 $\alpha \neq 90°$（即 $x_1 \neq x_2$），现在来求经过这两点 P_1，P_2 的直线的斜率，如图 9-3 所示.

从 P_1，P_2 两点分别向 x 轴作垂线 P_1M_1，P_2M_2，再作 $P_1Q \perp P_2M_2$，设直线 P_1P_2 的倾斜角为锐角，由图 9-3 知

$$k = \tan\alpha = \tan\angle P_2P_1Q = \left|\frac{QP_2}{P_1Q}\right| = \frac{|M_2P_2| - |M_2Q|}{|OM_2| - |OM_1|} = \frac{y_2 - y_1}{x_2 - x_1}.$$

当 α 为钝角时，可以证明，上述结论也成立.

于是，我们得到经过点 $P_1(x_1,y_1)$，$P_2(x_2,y_2)$ 两点的直线斜率公式为

$$k=\frac{y_2-y_1}{x_2-x_1}\quad(x_1\neq x_2)\tag{9-2}$$

当 $x_1=x_2$ 时，直线垂直于 x 轴，斜率不存在.

不难看出，如果已知直线的斜率 $k=\tan\alpha$，那么可由公式(9-1)求出这条直线的倾斜角 α，其中 $0°\leqslant\alpha<180°$.

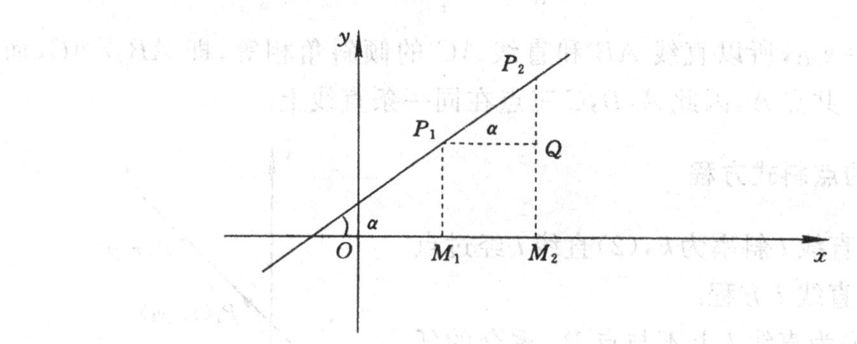

图 9-3

例 2 已知直线上两点 $A(-2,0)$，$B(-5,3)$，求此直线的斜率和倾斜角.

解 设直线斜率为 k_{AB}，由公式(9-2)得

$$k_{AB}=\tan\alpha=\frac{3-0}{-5-(-2)}=-1,$$

即

$$\tan\alpha=-1.$$

故 $\alpha=\frac{3\pi}{4}$，即这条直线的斜率是 -1，倾斜角是 $\frac{3\pi}{4}$.

例 3 已知三角形的三个顶点为 $A(3,4)$，$B(-2,-1)$，$C(4,1)$，求此三角形的三条边所在直线的斜率和倾斜角.

解 设三角形三条边 AB，BC，CA 的倾斜角分别为 α_1，α_2，α_3，如图 9-4 所示，则由公式(9-2)得

$$k_{AB}=\tan\alpha_1=\frac{4+1}{3+2}=1,$$

$$\alpha_1=45°,$$

$$k_{BC}=\tan\alpha_2=\frac{1+1}{4+2}=\frac{1}{3},$$

$$\alpha_2\approx18°26',$$

$$k_{CA}=\tan\alpha_3=\frac{4-1}{3-4}=-3,$$

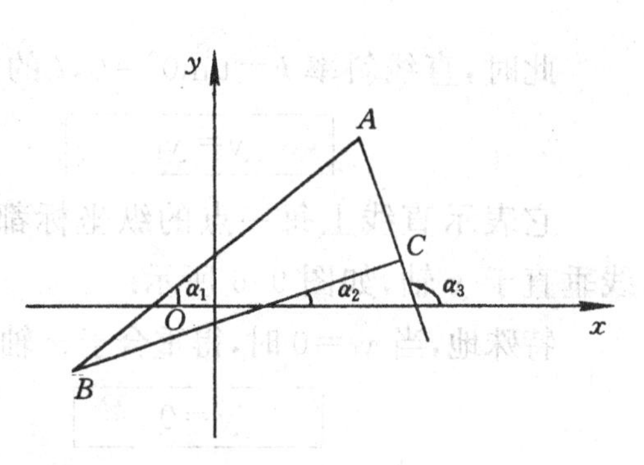

图 9-4

$$\alpha_3 = 180° - \arctan 3$$
$$= 180° - 71°34' = 108°26'.$$

例 4 证明：$A(1,1)$，$B(5,4)$，$C(9,7)$三点在同一直线上.

解 根据公式(9-2)得：

$$k_{AB} = \frac{4-1}{5-1} = \frac{3}{4},$$
$$k_{AC} = \frac{7-1}{9-1} = \frac{3}{4},$$

因为 $k_{AB} = k_{AC}$，所以直线 AB 和直线 AC 的倾斜角相等，即 $AB \parallel AC$，而 AB 与 AC 有公共点 A，因此 A，B，C 三点在同一条直线上.

三、直线的点斜式方程

已知：(1)直线 l 斜率为 k，(2)直线 l 经过点 $P_1(x_1, y_1)$，求直线 l 方程.

设 $P(x,y)$为直线 l 上不与点 P_1 重合的任一点，如图 9-5 所示.

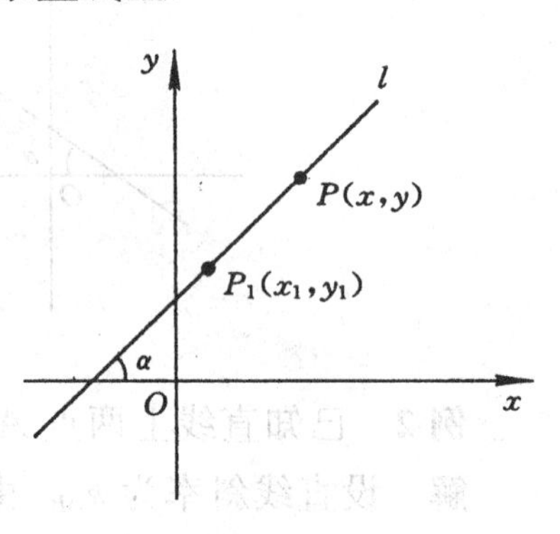

图 9-5

则直线 P_1P 的斜率等于直线 l 的斜率 k，由公式(9-2)得：

$$k = \frac{y - y_1}{x - x_1} \quad (x \neq x_1),$$

即

$$\boxed{y - y_1 = k(x - x_1)} \qquad (9\text{-}3)$$

上述公式是由直线上的一个定点 $P_1(x_1, y_1)$ 和直线的斜率 k 所确定，故称之为直线的**点斜式方程**. 下面讨论几种特殊情形.

1. 直线倾斜角 $\alpha = 0°$

此时，直线斜率 $k = \tan 0° = 0$，l 的方程为：

$$\boxed{y = y_1} \qquad (9\text{-}4)$$

它表示直线上每一点的纵坐标都等于 y_1，即直线垂直于 y 轴，如图 9-6 所示.

特殊地，当 $y_1 = 0$ 时，得重合于 x 轴的直线方程为

$$\boxed{y = 0} \qquad (9\text{-}5)$$

上式又称为 x 轴方程.

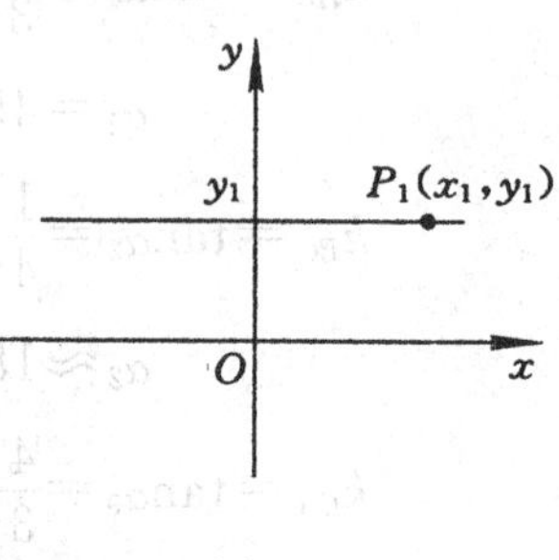

图 9-6

2. 直线倾斜角 $\alpha=90°$

此时，直线垂直于 x 轴，直线斜率 k 不存在，因此直线 l 的方程不能用点斜式表示，但由于 l 上每一点横坐标都等于 x_1，且横坐标等于 x_1 的点都在直线 l 上，如图9-7所示. 所以 l 的方程为：

$$\boxed{x=x_1} \qquad (9\text{-}6)$$

特殊地，当 $x_1=0$ 时，得重合于 y 轴直线方程为

$$\boxed{x=0} \qquad (9\text{-}7)$$

上式又称为 y 轴方程.

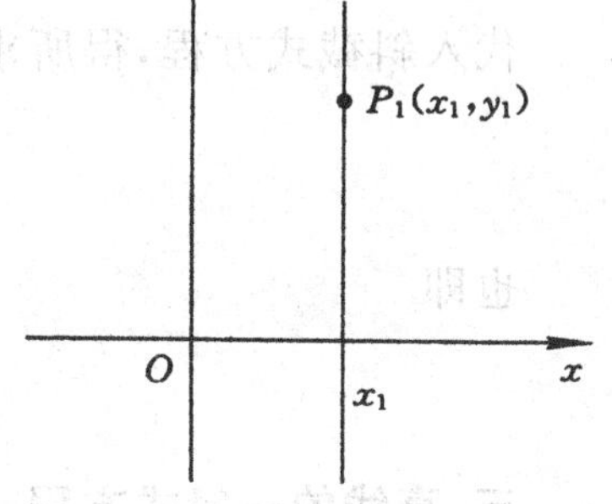

图 9-7

方程(9-4)、(9-6)统称为垂直于坐标轴的直线方程，方程(9-5)、(9-7)统称为坐标轴方程.

例 5 一条直线经过点$(-\sqrt{3},3)$，且倾斜角为 60°，求这条直线方程.

解 依条件，有

$$x_1=-\sqrt{3},\ y_1=3,\ k=\tan60°=\sqrt{3},$$

代入点斜式方程(9-3)，得所求直线方程为

$$y-3=\sqrt{3}(x+\sqrt{3}),$$

也即

$$\sqrt{3}x-y+6=0.$$

四、直线的斜截式方程

若直线 l 与 x 轴、y 轴分别交于点 $A(a,0)$，$B(0,b)$，则 a 称为直线 l 的横截距，b 称为直线 l 的纵截距. 如图 9-8 所示.

已知：(1)直线 l 的斜率为 k；(2)直线 l 的纵截距为 b，求直线 l 的方程.

因为直线 l 的纵截距为 b，即直线 l 过点 $B(0,b)$，

又知其斜率为 k，由点斜式方程得

$$y-b=k(x-0),$$

即

$$\boxed{y=kx+b} \qquad (9\text{-}8)$$

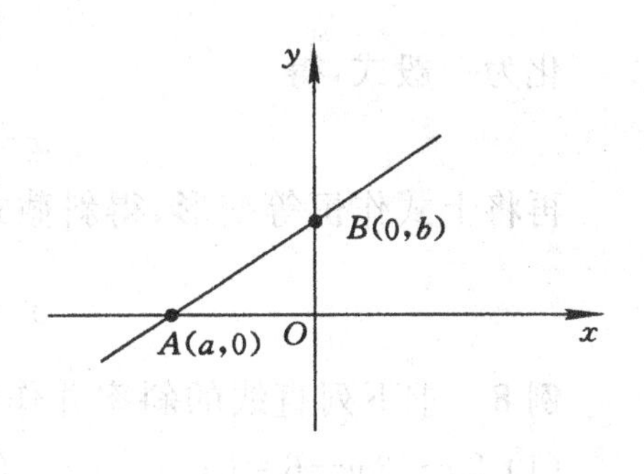

图 9-8

它是由直线 l 的斜率 k 和它的纵截距 b 所确定的，故方程(9-8)称为直线 l 的**斜截式方程**.

例6 求与 y 轴相交于点$(0,-3)$，且倾斜角为$\frac{\pi}{6}$的直线方程.

解 依题意有 $k=\tan\frac{\pi}{6}=\frac{\sqrt{3}}{3}$，$b=-3$，

代入斜截式方程，得所求直线方程为

$$y=\frac{\sqrt{3}}{3}x-3,$$

也即

$$\sqrt{3}x-3y-9=0.$$

五、直线的一般式方程

前面我们讨论了直线方程的两种常见形式，它们都是关于 x 和 y 的二元一次方程. 这些方程可写成：

$$\boxed{Ax+By+C=0\quad(A,B\text{不全为零})}\qquad(9\text{-}9)$$

我们把方程(9-9)称为**直线的一般式方程**.

以后，为方便起见，我们把“一条直线，它的方程是 $Ax+By+C=0$”简称为“直线 $Ax+By+C=0$”.

例7 已知直线过点$(2,3)$，斜率为$-\frac{1}{2}$，求直线的点斜式方程、一般式方程和斜截式方程.

解 经过点 $A(2,3)$且斜率等于$-\frac{1}{2}$的直线的点斜式方程为

$$y-3=-\frac{1}{2}(x-2),$$

化为一般式，得

$$x+2y-8=0,$$

再将上式作恒等变形，得斜截式方程

$$y=-\frac{1}{2}x+4.$$

例8 求下列直线的斜率并作图：

(1) $2x-3y-6=0$；　　(2) $3x+2y=0$.

解 (1) 将原方程化为斜截式方程，得

$$y=\frac{2}{3}x-2,$$

于是直线的斜率为 $k=\frac{2}{3}$.

要画出这条直线，只需找出该直线与坐标轴的两个交点 $A(3,0)$，$B(0,-2)$，再连线即可，如图 9-9 所示.

(2) 将原方程移项整理，得

$$y=-\frac{3}{2}x,$$

于是直线的斜率 $k=-\frac{3}{2}$.

因为当 $x=0$ 时，$y=0$，故直线过原点，当 $x=2$ 时，$y=-3$，即直线过 $A(2,-3)$点，过 O、A 两点所得直线，即为方程 $3x+2y=0$ 的图像. 如图9-10 所示.

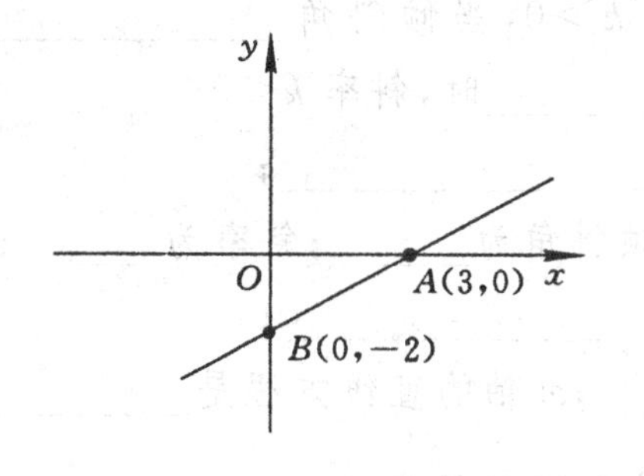

图 9-9

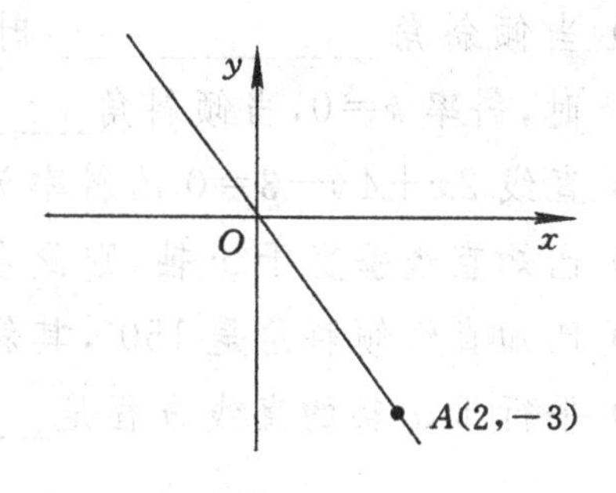

图 9-10

由平面几何知道，两点决定一条直线，因此如果知道两不同点的坐标，应能根据有关知识求出该直线方程.

例 9 已知直线 l 的横截距和纵截距分别为 a 和 $b(a\neq0,b\neq0)$，求直线 l 的方程.

解 由题意知，所求直线 l 过点$(a,0)$和$(0,b)$，设该直线斜率为 k，则

$$k=\frac{b-0}{0-a}=-\frac{b}{a},$$

故所求直线方程为

$$y-b=-\frac{b}{a}(x-0),$$

整理得

$$bx+ay-ab=0.$$

此即为所求直线方程.有时也写成

$$\frac{x}{a}+\frac{y}{b}=1,$$

称之为截距式方程.

习题 9-1(A 组)

1. 判断题：

(1) 直线的倾斜角取值范围是 $\alpha\in[0°,180°]$；

(2) 任何直线都有倾斜角；

(3) 任何直线都有斜率.

2. 填空题：

(1) 直线 l 的向上的方向与 x 轴的__________称为直线 l 的倾斜角；

(2) 直线倾斜角 α 的取值范围是__________；

(3) 当倾斜角__________时，斜率 $k>0$，当倾斜角__________时，斜率 $k=0$，当倾斜角__________时，斜率 $k<0$；

(4) 直线 $2x+4y-3=0$ 的斜率为__________；

(5) 已知直线垂直于 x 轴，则此直线的倾斜角为______；斜率为______；

(6) 已知直线倾斜角是 150°，其斜率是__________；

(7) 平行于 x 轴的直线方程是________；x 轴的直线方程是________；

(8) 倾斜角为 $\frac{\pi}{2}$，且与 y 轴的距离为 3 的直线方程为__________.

3. 判断点 $A(3,5)$ 和 $B(2,0)$ 是否在直线 $3x-4y+11=0$ 上，并画图.

4. 指出下列直线的特点，并作图：

(1) $x=0$；(2) $x-5=0$；(3) $y+2=0$；　(4) $y=2$；　(5) $y=-x$.

5. 求过点 $(2,-2)$、$(4,2)$ 的直线的斜率和倾斜角.

6. 根据下列条件，求直线方程：

(1) 经过点 $A(-2,2)$，斜率是 -2；

(2) 在 y 轴上截距是 3，倾斜角是 $\frac{2\pi}{3}$；

(3) 过点 $A(2,0)$，$B(0,-3)$；

(4) 过点 $P(-2,3)$ 且与 x 轴平行；

(5) 过点 $P(1,-1)$ 且与 y 轴平行.

扫一扫，获取参考答案

习题 9-1(B组)

1. 设直线 $y=kx+b$ 过 $A(1,2)$ 和 $B(2,3)$ 两点，求 k 和 b 的值.

2. 求过点(1,3)且在两坐标轴上有相等截距的直线方程.

3. 已知三角形的三个顶点为 $A(0,4)$，$B(-2,-1)$，$C(3,0)$，求：

(1) 三条边所在的直线的斜率和倾斜角；

(2) 三条边所在的直线的方程；

(3) 三条中线所在的直线的方程.

9.2 平面内的直线位置

一、两直线交点

设直线 l_1 和 l_2 的方程分别为

$$l_1: A_1x+B_1y+C_1=0$$
$$l_2: A_2x+B_2y+C_2=0$$

如果 l_1 和 l_2 相交，那么交点既是 l_1 上的点，也是 l_2 上的点，所以交点的坐标是这两条直线的方程的公共解；反之，以直线 l_1 和 l_2 的方程的公共解为坐标的点，既在 l_1 上，也在 l_2 上，也就是直线 l_1 和 l_2 的交点. 因此，求两条直线 l_1 和 l_2 的交点坐标，就是求直线 l_1 和 l_2 的方程所组成的方程组

$$\begin{cases}A_1x+B_1y+C_1=0\\A_2x+B_2y+C_2=0\end{cases}$$

的解.

例 1 求下列两直线的交点：

$$l_1: x+y-1=0,$$
$$l_2: 3x+2y-5=0.$$

解 解方程组

$$\begin{cases}x+y-1=0,\\3x+2y-5=0,\end{cases}$$

得
$$\begin{cases}x=3,\\y=-2,\end{cases}$$

所以 l_1 和 l_2 交点是 $M(3,-2)$，如图 9-11 所示.

例 2　求下列两直线的交点：

$$l_1: 3x+2y-6=0,$$

$$l_2: 6x+4y-12=0.$$

解　由方程组

$$\begin{cases}3x+2y-6=0,\\6x+4y-12=0,\end{cases}$$

容易看出，第二个方程两边除以 2，便成为第一个方程，所以两个方程是同解方程，即原方程组有无穷多组解，这表明两个方程对应的直线 l_1 和 l_2 重合，如图 9-12 所示.

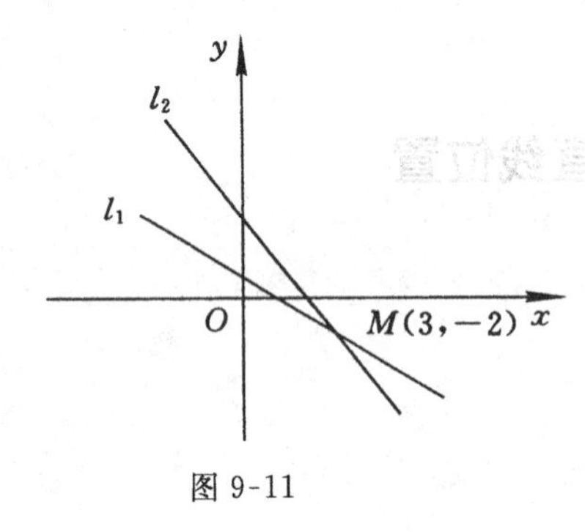

图 9-11

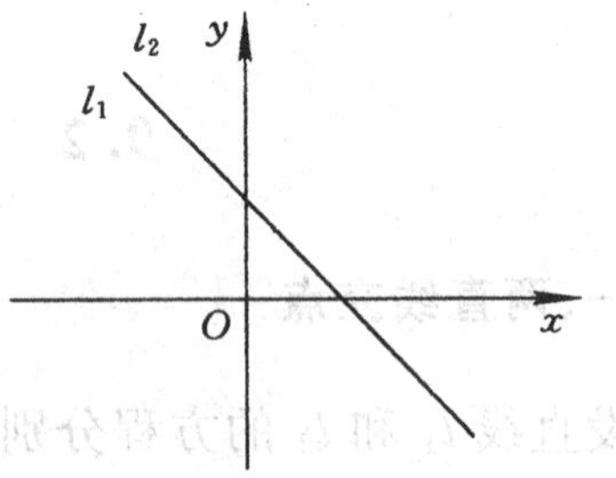

图 9-12

例 3　求下列两直线的交点：

$$l_1: 3x+2y-6=0,$$

$$l_2: 6x+4y+4=0.$$

解　将方程组

$$\begin{cases}3x+2y-6=0,\\6x+4y+4=0\end{cases}$$

的第二个方程两边除以 2 后，得

$$\begin{cases}3x+2y=6,\\3x+2y=-2.\end{cases}$$

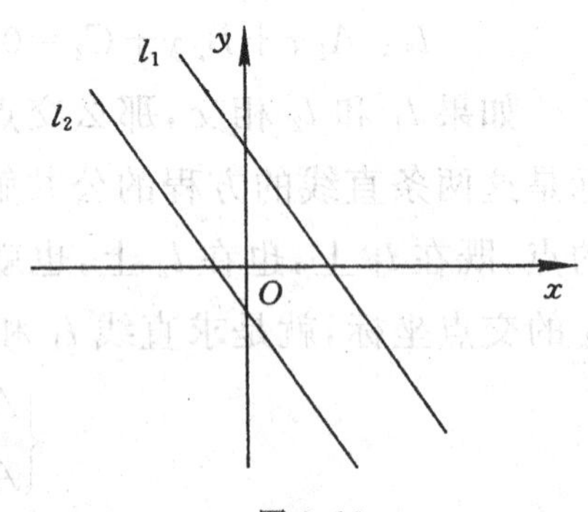

图 9-13

显然，该方程组无解. 因此，直线 l_1 和 l_2 没有交点，即 $l_1 /\!/ l_2$，如图 9-13 所示.

由上面三例可以看出，设两条直线的方程为：

$$l_1: A_1x+B_1y+C_1=0,$$

$$l_2: A_2x+B_2y+C_2=0.$$

(1)当$\dfrac{A_1}{A_2}\neq\dfrac{B_1}{B_2}$时，直线 l_1 和 l_2 相交，有一个交点；

(2)当$\dfrac{A_1}{A_2}=\dfrac{B_1}{B_2}\neq\dfrac{C_1}{C_2}$时，直线 l_1 和 l_2 平行，没有交点；

(3) 当$\frac{A_1}{A_2}=\frac{B_1}{B_2}=\frac{C_1}{C_2}$时，直线 l_1 和 l_2 重合，有无穷多个交点.

在经济和管理工作中有时也要遇到求两条直线交点的问题.

例 4 某工厂日产某种商品的总成本 y(元)与该种商品日产量 x(件)之间的函数关系为成本函数 $y=10x+4000$(元)，而该商品出厂价格为每件 20(元)，试问该工厂至少应日产该商品多少才不会亏本？

解 由已知条件，日产该商品的总产值(元)为

$$y=20x,$$

而总成本为

$$y=10x+4000.$$

它们的图像都是直线. 如图 9-14 所示.

设它们的交点为 $A(x_1, y_1)$. 显然，当 $0\leqslant x<x_1$ 时，成本大于产值，这时厂方亏本；而当 $x>x_1$ 时，产值大于成本，这时厂方盈利. 所以交点 A 就是厂方盈亏的转折点.

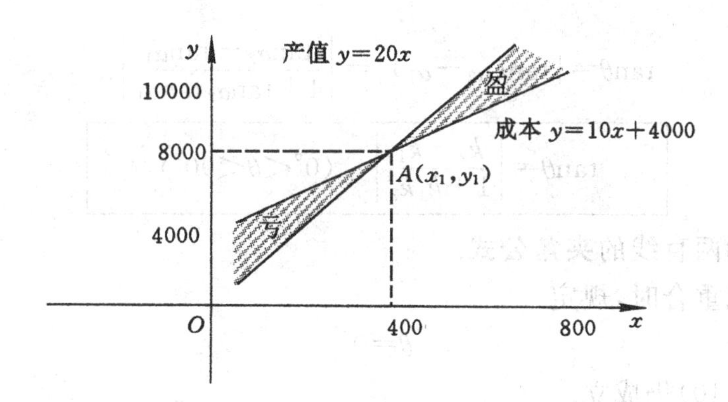

图 9-14

由方程组

$$\begin{cases} y=20x, \\ y=10x+4000, \end{cases}$$

解得 $\begin{cases} x_1=400, \\ y_1=8000, \end{cases}$

即当工厂日产该商品至少 400 件时，日产值为 8000 元才不会亏本.

二、两直线夹角

两直线相交构成四个角. 我们把其中不大于直角的角称为**两直线的夹角**. 下面我们研究怎样根据两条直线的斜率，求它们的夹角.

设夹角为 θ 的两条直线的方程是：

$$l_1:\ y=k_1x+b_1,$$

$$l_2:\ y=k_2x+b_2,$$

它们的倾斜角分别为 α_1,α_2.

那么，$k_1=\tan\alpha_1$，$k_2=\tan\alpha_2$.

下面讨论 $0°<\theta<90°$ 的情形：

如图 9-15(1)所示，当 $0°<\alpha_2-\alpha_1<90°$ 时，

$$\theta=\alpha_2-\alpha_1,$$

有
$$\tan\theta=\tan(\alpha_2-\alpha_1)>0.$$

如图 9-15(2)所示，当 $\alpha_2-\alpha_1>90°$ 时，

$$\theta=180°-(\alpha_2-\alpha_1),$$

有

$$\tan\theta=\tan[180°-(\alpha_2-\alpha_1)]=-\tan(\alpha_2-\alpha_1)>0.$$

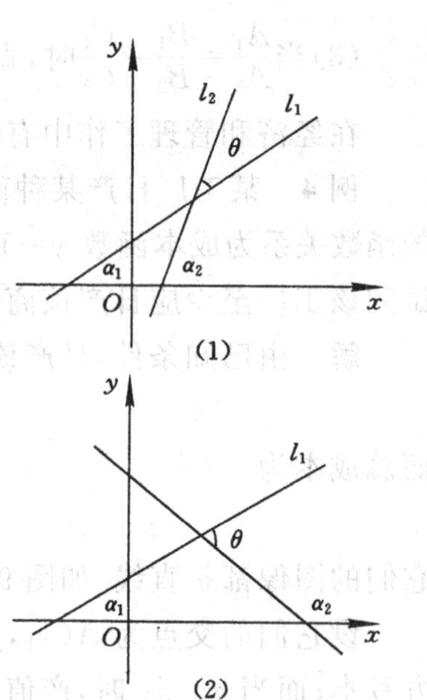

图 9-15

因而在这两种情况下，不管 $\alpha_2-\alpha_1$ 是锐角还是钝角，都有

$$\tan\theta=|\tan(\alpha_2-\alpha_1)|=\left|\frac{\tan\alpha_2-\tan\alpha_1}{1+\tan\alpha_2\tan\alpha_1}\right|.$$

即

$$\boxed{\tan\theta=\left|\frac{k_2-k_1}{1+k_1k_2}\right|\quad(0°<\theta<90°)}\qquad(9\text{-}10)$$

上式称为两直线的**夹角公式**.

两条直线重合时，规定

$$\theta=0°$$

这时，公式(9-10)仍成立.

如果两条直线中有一条直线的斜率不存在，不妨设 l_2 的斜率 k_2 不存在，容易证明 l_1 和 l_2 的夹角

$$\theta=|90°-\alpha_1|.$$

例 5 求直线 $l_1:3x-7y+1=0$ 与 $l_2:5x-2y+3=0$ 的夹角.

解 由题知两条直线的斜率分别为 $k_1=\frac{3}{7}$，$k_2=\frac{5}{2}$，将它们代入公式(9-10)得

$$\tan\theta=\left|\frac{k_2-k_1}{1+k_1k_2}\right|=\left|\frac{\frac{5}{2}-\frac{3}{7}}{1+\frac{3}{7}\cdot\frac{5}{2}}\right|=1,$$

所以
$$\theta=\arctan1=\frac{\pi}{4}.$$

三、两直线平行

设两条直线 l_1 和 l_2 都不垂直于 x 轴，它们的倾斜角分别为 α_1，α_2，斜率分别为 k_1，k_2，下面我们来讨论两条直线互相平行时，两条直线斜率之间的关系.

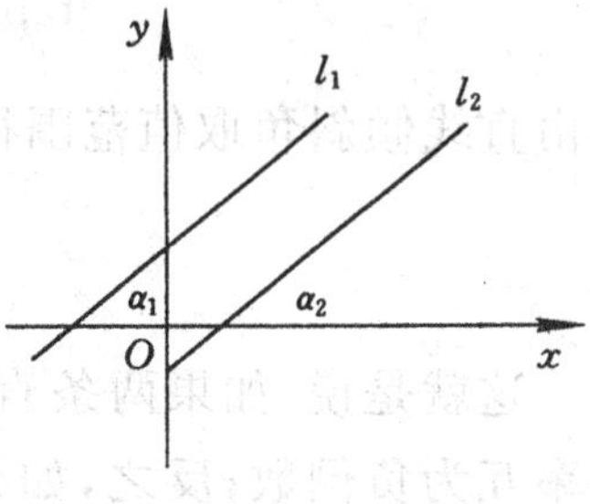

如果 $l_1 /\!/ l_2$，那么，$\alpha_1=\alpha_2$，如图 9-16 所示.

从而 $\tan\alpha_1=\tan\alpha_2$，

即 $k_1=k_2$，

反之，如果 $k_1=k_2$，

则 $\tan\alpha_1=\tan\alpha_2$，

图 9-16

根据倾斜角的取值范围，得

$$\alpha_1=\alpha_2,$$

即

$$l_1 /\!/ l_2.$$

这就是说，如果两条直线互相平行，那么这两条直线的斜率相等；反之，如果两条直线的斜率相等，那么这两条直线互相平行. 即

$$\boxed{l_1 /\!/ l_2 \Leftrightarrow k_1=k_2} \tag{9-11}$$

例 6 求经过点$(-2,3)$且与直线 $3x-5y+6=0$ 平行的直线方程.

解 已知直线的斜率是$\frac{3}{5}$，因为所求直线与已知直线平行，因此它的斜率也等于$\frac{3}{5}$，代入点斜式方程，得所求直线方程为

$$y-3=\frac{3}{5}(x+2),$$

即

$$3x-5y+21=0.$$

四、两直线垂直

设两条直线 l_1 和 l_2 的斜率都存在，如果 $l_1\perp l_2$，那么由图 9-17 可知 $\alpha_2=\alpha_1+90°$，从而，

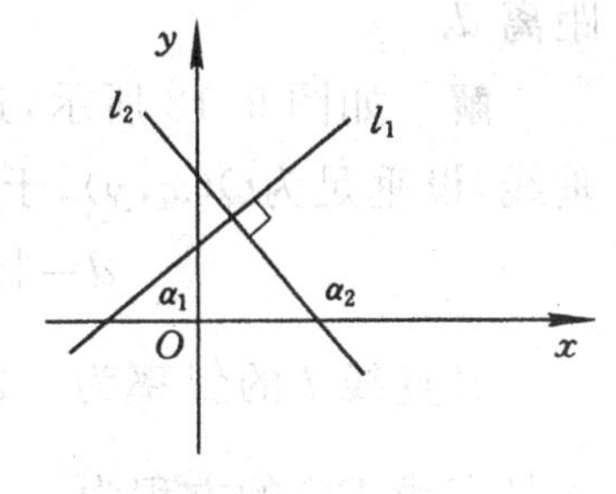

图 9-17

$$\tan\alpha_2=\tan(\alpha_1+90°)=\frac{\sin(90°+\alpha_1)}{\cos(90°+\alpha_1)}$$

$$=\frac{\cos\alpha_1}{-\sin\alpha_1}=-\frac{1}{\tan\alpha_1},$$

即

$$k_2=-\frac{1}{k_1},$$

或 $$k_2 \cdot k_1 = -1.$$

反之，如果 $$k_2 = -\frac{1}{k_1},$$

即 $$\tan\alpha_2 = -\frac{1}{\tan\alpha_1} = \tan(\alpha_1 + 90°),$$

则由直线倾斜角取值范围得

$$\alpha_2 = \alpha_1 + 90°,$$

即 $$l_1 \perp l_2.$$

这就是说，如果两条直线互相垂直，且其斜率都存在，那么这两条直线的斜率互为负倒数；反之，如果两条直线的斜率互为负倒数，则这两条直线互相垂直.

即

$$\boxed{l_1 \perp l_2 \Leftrightarrow k_2 = -\frac{1}{k_1}} \tag{9-12}$$

例 7 求纵截距为-3，且垂直于直线 $x+2y-3=0$ 的直线方程.

解 已知直线的斜率是$-\frac{1}{2}$，由于所求直线与已知直线垂直，因此根据关系式(9-12)，所求直线斜率等于 2. 又因为所求直线的纵截距 b 为-3，代入斜截式方程，得所求直线方程为

$$y = 2x - 3,$$

即 $$2x - y - 3 = 0.$$

五、点到直线的距离

先看一个例子.

例 8 求点 $P(-1,2)$到直线 l:$2x+y-5=0$ 的距离 d.

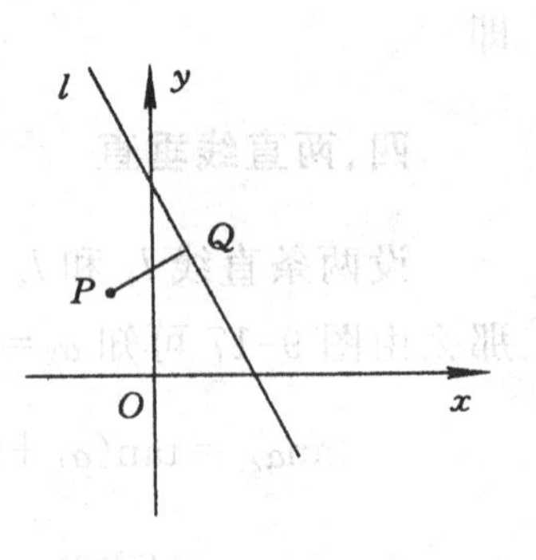

图 9-18

解 如图 9-18 所示，过点 $P(-1,2)$作直线 l 的垂线，设垂足为$Q(x,y)$，于是

$$d = |PQ|,$$

又直线 l 的斜率为-2，故直线 PQ 的斜率为$\frac{1}{2}$，

于是直线 PQ 的方程为

$$y - 2 = \frac{1}{2}(x+1),$$

即 $$x - 2y + 5 = 0.$$

解方程组

$$\begin{cases}2x+y-5=0,\\x-2y+5=0,\end{cases}$$

得

$$\begin{cases}x=1,\\y=3,\end{cases}$$

所以 Q 点的坐标为(1,3)，由两点间距离公式，得

$$d=|PQ|=\sqrt{[1-(-1)]^2+(3-2)^2}=\sqrt{5}$$

一般地，设已知点 $P_0(x_0,y_0)$ 是直线 $l:Ax+By+C=0$ ($A\neq0$ 或 $B\neq0$)外一点，则点 $P_0(x_0,y_0)$ 到直线 l 的距离 d(证明从略)为

$$\boxed{d=\frac{|Ax_0+By_0+C|}{\sqrt{A^2+B^2}}} \tag{9-13}$$

如果 A、B 之一为 0，那么，直线 l 垂直于坐标轴，上述距离公式仍成立，但此时不用公式也可直接求出距离.

例 8 可用公式(9-13)求得

$$d=\frac{|2\times(-1)+2-5|}{\sqrt{2^2+1^2}}=\frac{5}{\sqrt{5}}=\sqrt{5}$$

例 9 求点 $P(2,3)$ 到直线 $x+2=0$ 的距离.

解 易知直线 $x+2=0$ 垂直于 x 轴，点 $P(2,3)$ 到该直线距离为

$$d=|-2|+2=4.$$

如图 9-19 所示.

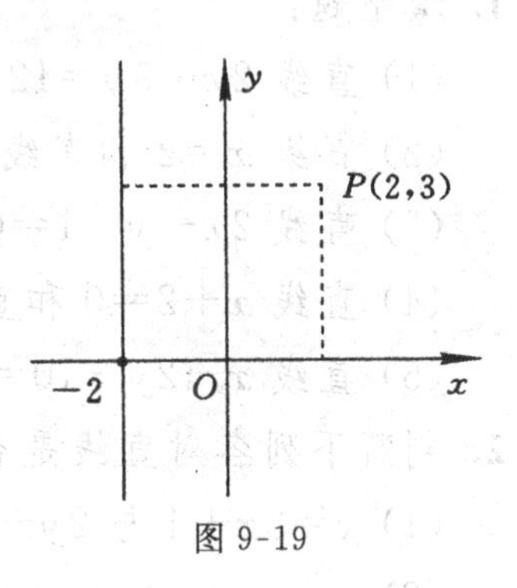

图 9-19

六、两平行线间的距离

下面通过一个例子来看如何计算两平行线间距离.

例 10 求平行线

$$l_1: 2x-7y+8=0,$$
$$l_2: 2x-7y-6=0,$$

之间的距离.

解 在直线 $l_2: 2x-7y-6=0$ 上任取一点，例如取 $P_0(3,0)$，如图 9-20 所示，于是两平行线间的距离就是点 P_0 到直线 l_1 的距离. 因此

$$d=\frac{|2\times3-7\times0+8|}{\sqrt{2^2+(-7)^2}}=\frac{14}{\sqrt{53}}=\frac{14}{53}\sqrt{53}.$$

一般地,设直线的方程为 $l_1: Ax+By+C_1=0$, $l_2: Ax+By+C_2=0$. 则两平行直线 l_1 和 l_2 间的距离为

$$d=\frac{|C_2-C_1|}{\sqrt{A^2+B^2}}.$$

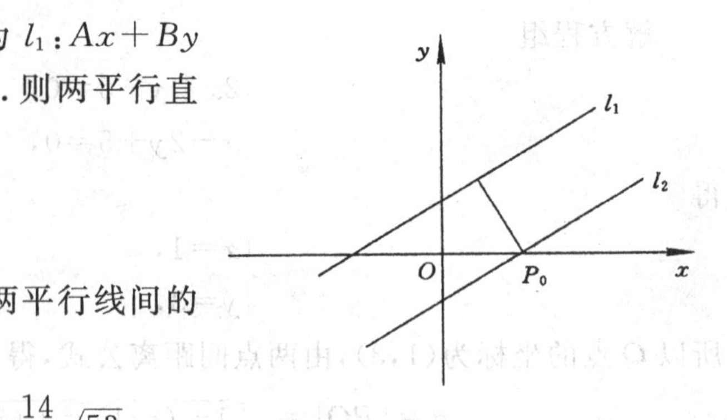

图 9-20

例如,例 10 可直接使用两平行线间的距离公式求得距离

$$d=\frac{|-6-8|}{\sqrt{2^2+(-7)^2}}=\frac{14}{\sqrt{53}}=\frac{14}{53}\sqrt{53}.$$

习题 9-2(A 组)

1. 填空题:

(1) 直线 $2x+3y=12$ 和直线 $x-2y-4=0$ 交点坐标是____________;

(2) 直线 $x=2$ 和直线 $3x+2y=12$ 交点坐标是____________;

(3) 直线 $2x-y-1=0$ 和 $x+2y-8=0$ 的夹角是____________;

(4) 直线 $x+2=0$ 和直线 $x-y+1=0$ 的夹角是____________;

(5) 直线 $x-2y-10=0$ 和直线 $3x-y+2=0$ 的夹角是____________.

2. 判断下列各对直线是否平行或垂直:

(1) $y=3x+4$ 与 $2y-6x+1=0$;

(2) $x-y=0$ 与 $3x+3y-10=0$;

(3) $3x+4y=5$ 与 $6x-8y-7=0$.

3. 求过点 $A(1,-2)$,且平行于直线 $2x-3y-1=0$ 的直线方程.

4. 求过原点且垂直于直线 $3x+4y-2=0$ 的直线方程.

5. 求两点 $(7,-4)$、$(-5,6)$ 连线的垂直平分线的方程.

6. 求点 $(2,1)$ 到直线 $3x-y+7=0$ 的距离.

7. 求两平行线 $x+3y-8=0$ 和 $x+3y=0$ 间的距离.

扫一扫,获取参考答案

习题 9-2(B 组)

1. 已知两条直线

$$l_1: (3+m)x+4y=5-3m,$$
$$l_2: 2x+(5+m)y=8,$$

问 m 为何值时,直线 l_1 和 l_2

(1) 相交;　　(2) 平行;　　(3) 重合.

2. 光线从点 $M(-2,3)$ 射到点 $P(1,0)$，然后被 x 轴反射．求反射光线的方程．

3. 求满足下列条件的直线方程：

(1) 经过两条直线 $3x-y+4=0$ 和 $4x-6y+3=0$ 的交点，且垂直于直线 $5x+2y+6=0$；

(2) 经过两条直线 $x+y-2=0$ 和 $3x-y-2=0$ 的交点，且平行于 $A(3,4)$，$B(-1,3)$ 两点的连线；

(3) 经过两条直线 $x-2y+3=0$ 和 $x+2y-9=0$ 的交点和原点．

扫一扫，获取参考答案

4. 直线 $ax+2y+8=0$ 和 $4x+3y=10$ 和 $2x-y-10=0$ 相交于一点，求 a 的值．

复习题 9

1. 填空题：

(1) 直线 $2x-3y+8=0$ 在两轴间线段的长度为____________；

(2) 直线的____________称为斜率；

(3) 过原点，且与 $y=2x+5$ 的夹角为 $\frac{\pi}{4}$ 的直线方程是____________；

(4) 已知两点 $A(1,-2)$ 和 $B(x,4)$，如果直线 AB 的斜率是 3，那么 x 的值是______；

(5) 已知 $A(1,-1)$，$B(x,3)$，$C(5,x)$ 三点共线，则 x 的值是________；

(6) 过两点 $(1,2)$ 与 $(-1,3)$ 的直线倾斜角为______；斜率为______；点斜式方程为____________；一般式方程为____________；

(7) 直线 $3x+2y-6=0$ 的倾斜角为____________；

(8) 当直线斜率存在时，两直线平行的充要条件为________，两直线垂直的充要条件为____________；

(9) 两平行线 $x-y-6=0$ 与 $x-y-2=0$ 间的距离为____________；

(10) 点 $P(2,-1)$ 到直线 $3x-4y+12=0$ 的距离为____________．

2. 选择题：

(1) 直线 $ax+by=ab$ $(a<0,b>0)$ 的倾斜角是(　　)．

A. $\arctan\frac{a}{b}$　　B. $\arctan\frac{b}{a}$

C. $\arctan\left(-\frac{a}{b}\right)$　　D. $\pi-\arctan\frac{a}{b}$

(2) 直线 $y=\frac{2}{3}x-\frac{1}{3}$ 与经过点 $(1,-2)$,$(2,3)$ 的直线夹角是(　　).

A. $\frac{\pi}{3}$　　B. $\frac{\pi}{4}$

C. $\frac{\pi}{6}$　　D. $\frac{\pi}{2}$

(3) 若方程 $Ax+By+C=0$ 表示的直线是 y 轴,则 A,B 和 C 满足(　　).

A. $B\cdot C=0$　　B. $A\neq 0$

C. $A\neq 0$ 且 $B=C=0$　　D. $B\cdot C=0$ 且 $A\neq 0$

(4) 平行于直线:$x-y-2=0$,且与它的距离为 $2\sqrt{2}$ 的直线方程为(　　).

A. $x-y-6=0$ 或 $x-y+6=0$　　B. $x-y-6=0$ 或 $x-y+2=0$

C. $x-y-2=0$ 或 $x-y+2=0$　　D. $x-y-2=0$ 或 $x-y+6=0$

(5) 直线 $2x-y+p=0$ 和直线 $x+2y+q=0$ 的位置关系是(　　).

A. 平行　　B. 相交

C. 重合　　D. 垂直

(6) 直线 $2x-y+a=0$ $(a\neq 0)$ 与直线 $x-\frac{1}{2}y+b=0$ $(b\neq 0)$ 无公共点的条件是(　　).

A. $\frac{a}{b}\neq 2$　　B. $a\neq 2,b\neq 1$

C. $a=2,b=1$　　D. $a=2b$

(7) 直线 $Ax+By+C=0$ 的系数满足 $AB>0$,$BC<0$,则其示意图形为图9-21之(　　).

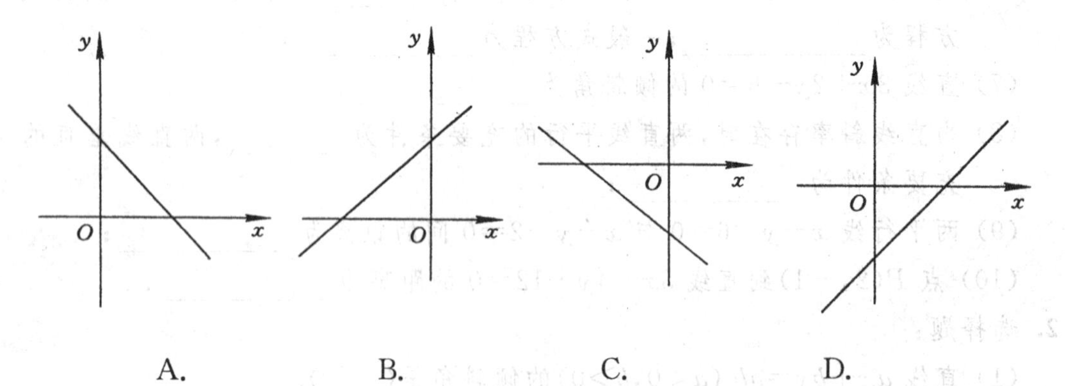

图 9-21

(8) 已知直线 $Ax+By+C=0$ 通过Ⅰ,Ⅲ,Ⅳ象限,则(　　).

A. $AB<0,BC>0$　　B. $AB>0,BC<0$

C. $A=0,BC>0$　　D. $C=0,AB<0$

(9) 已知$\triangle ABC$的三个顶点为$A(1,4)$,$B(4,1)$和$C(7,4)$,则此三角形是(　　).

A. 等边三角形　　B. 直角三角形

C. 等腰三角形　　D. 等腰直角三角形

3. 写出图 9-22 中各直线 l 的方程:

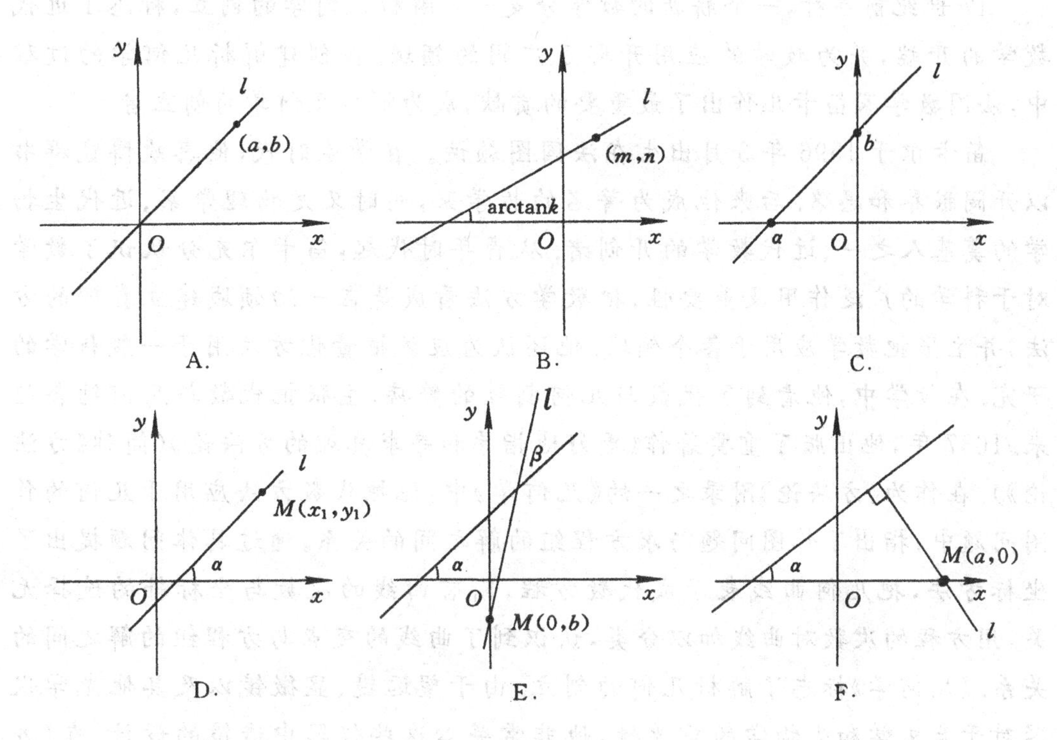

图 9-22

4. 解答题:

(1) 试在直线$5x-3y+15=0$上求一点,使它到x轴的距离等于到y轴的距离的$\frac{2}{3}$.

(2) 求经过点$(0,3)$和$(1,1)$两点的直线与直线$x-2y-3=0$的夹角.

(3) 已知等腰直角三角形的一条直角边所在直线方程为$x-2y+9=0$,这条直角边所对的顶点为$(3,-4)$,求该三角形的斜边的方程和斜边上的高的方程.

(4) 求经过两直线$3x+2y+1=0$和$2x-3y+5=0$的交点且垂直于直线$2x+y=0$的直线方程.

(5) 设一直线经过点$M(-2,2)$,且与两坐标轴所构成的三角形的面积为1,求该直线的方程.

扫一扫,获取参考答案

[阅读材料9]

独具慧眼的笛卡尔

17世纪前半叶，一个崭新的数学分支——解析几何学的创立，标志了近代数学的开端，并为数学的应用开辟了广阔的领域.在创建解析几何学的过程中，法国数学家笛卡儿作出了最重要的贡献，成为解析几何学的创立者.

笛卡尔于1596年3月出生在法国图赖讷。在学生时代，他喜欢博览群书以开阔眼界和思路.后来他成为著名的哲学家，同时又是物理学家、近代生物学的奠基人之一、近代数学的开创者.从青年时代起，笛卡尔充分认识了数学对于科学的广泛作用及重要性，把数学方法看成是在一切领域建立真理的方法，并主张把数学应用于各个领域.他还认为应该把量化方法用于一般科学的研究.在数学中，他看到了代数与几何割裂的弊病，主张把代数与几何结合起来.1637年，他出版了重要著作《更好地指导和寻求真理的方法论》(简称《方法论》).在作为《方法论》附录之一的《几何学》中，他把代数方法应用于几何的作图问题中，指出了作图问题与求方程组的解之间的关系，通过具体问题提出了坐标方法，把几何曲线表示成代数方程，断言曲线的次数与坐标轴的选择无关，用方程的次数对曲线加以分类，认识到了曲线的交点与方程组的解之间的关系.《几何学》标志了解析几何的创立.由于望远镜、显微镜以及其他光学仪器对于天文学和生物学的重要性，他非常关心这些仪器中透镜的设计.在《方法论》的另一个附录《折光》里，他用坐标方法研究了折射等光学现象.

下面讲两个关于笛卡尔的小故事.

1617年5月，笛卡尔正在法国公爵奥伦治的一支部队中当兵，当时这支部队驻扎在荷兰南部的布莱达城.一天笛卡尔在街头散步，看见很多人在围观一张榜文，好奇心驱使笛卡尔也上去看个究竟.因为它是用荷兰文写的，笛卡尔便请在场的一位学者译给他听，原来是一道几何题，悬赏征求答案.笛卡尔仅用了几个小时就解出了这道难题.那位当翻译的学者对笛卡尔的数学才能大为惊奇，邀请笛卡尔到家中作客叙谈，他建议笛卡尔专心研习数学，从此两人结为好友.这位学者就是当时多特大学的校长、数学家毕克门.这件事对笛卡尔的一生有很大影响，它使笛卡尔自信自己具有数学才能，从此开始认真地研究数学，后来终于在数学上做出了杰出的贡献.这个故事告诉我们，保持旺盛的求知欲是多么的重要.用数学家波利亚的话来说，就是要使自己始终保持一个解题的“好胃口”，就像当年笛卡尔那样.

关于笛卡尔的另一个故事，是他写的书故意让人难以看懂．笛卡尔写的《几何学》一书很难读．他声称，欧洲当时几乎没有一位数学家能读懂它，书中很多模糊不清之处是他故意搞的．那么，人们不禁要问：笛卡尔为什么故意要让他的书使人难懂呢？他自有他的理由．

其一，他在给朋友的一封信中解释说："我没有做过任何不经心的删节，但我预见到，对于那些自命无所不知的人，我如果写得使他们充分理解，他们将不失机会地说我写的都是他们已经知道的东西．"这就是说，他不愿意为那些不虚心的人提供机会．

其二，他在书中只约略地指出作图法和证法，而把细节留给读者，为什么要这样做呢？他在一封信中作了解释：他把自己的工作比作建筑师所做的工作，即订立计划，指明什么是应该做的，而把动手的操作留给木工和瓦工．他还说，他不愿意夺去读者自己进行加工时会获得的乐趣．

其三，他的思想必须从他的书中许多解出的例题去推测．他说他之所以删去书中绝大多数定理的证明，是因为如果有人不嫌麻烦而去系统地考查这些例题，一般定理的证明就成为显然的了，而且他认为照这样去学习更为有益．

笛卡尔所说的这三条理由，对于我们来说，无论是在端正学习态度方面，还是在采取正确的学习方法方面，都有很大的裨益，值得我们用心去体会．

笛卡尔创立解析几何，在数学史上具有划时代的意义．解析几何沟通了数学中数与形、代数与几何等最基本对象之间的联系：几何的概念得以用代数方式表示，几何的目标得以用代数方法达到；反过来，代数语言可得到几何解释而变得直观、易懂．从此，代数与几何这两门学科互相吸收营养而得到迅速发展，并结合产生出许多新的学科，近代数学便很快发展起来了．这种方法也被广泛应用于精确的自然科学领域之中．

第9章单元自测

1. 填空题

(1) 若点 $P(1,m)$ 在直线 $y=2x-1$ 上，则 m 的值为________．

(2) 已知一直线倾斜角的余弦值是 0.5，则此直线的斜率是________，倾斜角是________．

(3) 已知直线的倾斜角为 $\frac{\pi}{2}$，直线与 y 轴的距离是 2，则该直线方程是__________．

(4) 已知两直线的斜率分别是方程 $3x^2-7x-20=0$ 的两个根，则它们的夹角是________．

(5) 直线 $3x+4y+C=0$ 到原点的距离等于 10，则 $C=$__________．

2. 选择题

(1) 直线 $y=-x+3$ 的倾斜角是(　　).

A. $\arctan(-1)$　　B. $-\arctan 1$　　C. $\pi-\arctan(-1)$　　D. $\pi+\arctan(-1)$

(2) 直线 $ay+\frac{1}{a}=0$ $(a\neq 0)$的图像是(　　).

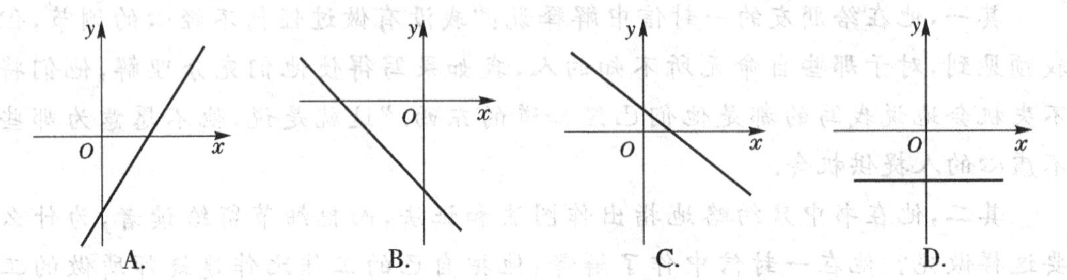
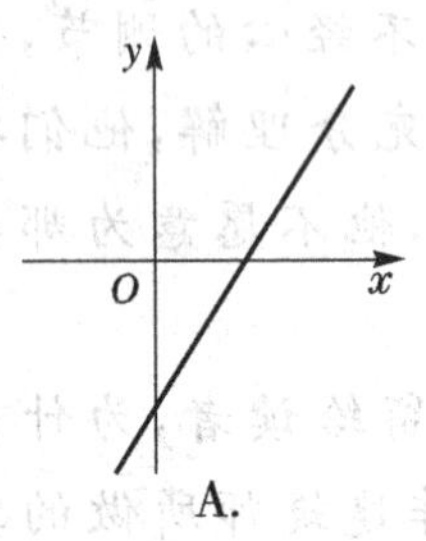
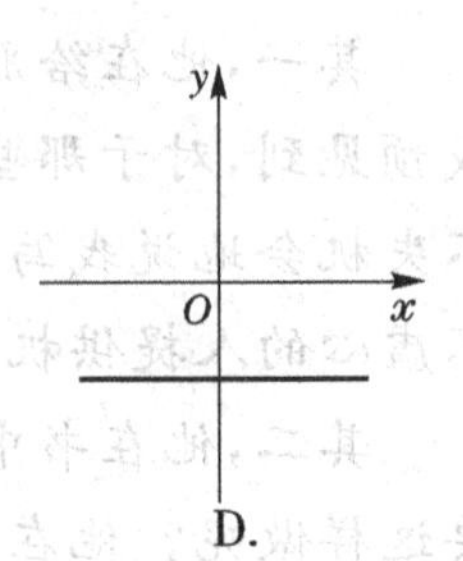

A.　　B.　　C.　　D.

(3) 直线 $A_1x+B_1y+C_1=0$ 与直线 $A_2x+B_2y+C_2=0$ 相互垂直，必须(　　).

A. $\frac{A_1}{B_1}\cdot\frac{A_2}{B_2}=1$　　B. $\frac{A_1}{B_1}=-\frac{A_2}{B_2}$

C. $A_1A_2-B_1B_2=0$　　D. $A_1A_2+B_1B_2=0$

(4) 直线$(a^2+a-12)x+(a^2+5a-3)y-6=0$ 与 x 轴平行，则 a 等于(　　).

A. -3 或 -4　　B. 3 或 -4　　C. -3　　D. -4

(5) 直线 $2x-ay-3=0$ 与直线 $ax+3y+5=0$ 的位置关系是(　　).

A. 相交　　B. 平行　　C. 垂直　　D. 重合

3. 解答题

(1) 求经过直线 $3x+2y+1=0$ 和 $2x-3y+5=0$ 的交点且垂直于直线 $2x+y+1=0$ 的直线方程.

(2) 求过点(1,2)且在两坐标轴上的截距之和为 6 的直线方程.

(3) 已知$\triangle ABC$ 三顶点坐标分别为 $A(2,-1)$，$B(4,3)$，$C(3,2)$，求 BC 边上的高所在直线的方程.

扫一扫，获取参考答案

附　录

常用的数学符号[1]

1. 集合论符号

符号	应用	意义或读法	备注及示例
$\in$	$x\in A$	x 属于 A；x 是集合 A 的一个元(素)	集合 A 可简称为集 A
$\overline{\in}$	$y\overline{\in} A$	y 不属于 A；y 不是集合 A 的一个元(素)	也可用 $\notin$
$\{\cdots\}$	$\{x_1,x_2,\cdots,x_n\}$	元素 $x_1,x_2,\cdots,x_n$ 构成的集	也可用 $\{x_i,i\in I\}$，这里的 I 表示指标集
$\{\mid\}$	$\{x\in A\mid p(x)\}$	使命题 $p(x)$ 为真的 A 中诸元素的集合	若集 A 已明确，则可使用 $\{x\mid p(x)\}$
card	card(A)	A 中诸元素的数目	
$\varnothing$		空集	
$\mathbf{N}$		非负整数集；自然数集	$\mathbf{N}=\{0,1,2,3,\cdots\}$，本集中排除 0 的集，应上标星号：$\mathbf{N}^*$，或下标正号：$\mathbf{N}_+$．
$\mathbf{Z}$		整数集	$\mathbf{Z}=\{\cdots,-2,-1,0,1,2,\cdots\}$
$\mathbf{Q}$		有理数集	
$\mathbf{R}$		实数集	
$\mathbf{C}$		复数集	
$[\ ,\ ]$	$[a,b]$	$\mathbf{R}$ 中由 a 到 b 的闭区间	$[a,b]=\{x\in\mathbf{R}\mid a\leqslant x\leqslant b\}$
$(\ ,\ ]$	$(a,b]$	$\mathbf{R}$ 中由 a 到 b(含于内)的左半开区间	$(a,b]=\{x\in\mathbf{R}\mid a< x\leqslant b\}$
$[\ ,\ )$	$[a,b)$	$\mathbf{R}$ 中由 a(含于内)到 b 的右半开区间	$[a,b)=\{x\in\mathbf{R}\mid a\leqslant x< b\}$
$(\ ,\ )$	(a,b)	$\mathbf{R}$ 中由 a 到 b 的开区间	$(a,b)=\{x\in\mathbf{R}\mid a< x< b\}$

[1] 本教材使用的数学符号采用中华人民共和国国家标准《物理科学和技术使用的数学符号》GB3102．11－93．

（续表）

符号	应用	意义或读法	备注及示例
$\subseteq$	$B\subseteq A$	B 包含于 A；B 是 A 的子集	B 的每一元均属于 A
$\subsetneqq$	$B\subsetneqq A$	B 真包含于 A；B 是 A 的真子集	B 的每一元均属于 A，但 B 不等于 A
$\not\subseteq$	$C\not\subseteq A$	C 不包含于 A；C 不是 A 的子集	
$\supseteq$	$A\supseteq B$	A 包含 B	$A\supseteq B$ 与 $B\subseteq A$ 的含义相同
$\supsetneqq$	$A\supsetneqq B$	A 真包含 B	$A\subsetneqq B$ 与 $B\supsetneqq A$ 的含义相同
$\not\supseteq$	$A\not\supseteq C$	A 不包含 C	$A\not\subseteq C$ 与 $C\not\supseteq A$ 的含义相同
$\cup$	$A\cup B$	A 与 B 的并集	属于 A 或属于 B 的所有元的集 $A\cup B=\{x\mid x\in A$ 或 $x\in B\}$
$\cup$	$\bigcup\limits_{i=1}^{n}A_i$	$A_1,\cdots,A_n$ 的并集	$\bigcup\limits_{i=1}^{n}A_i=A_1\cup A_2\cup\cdots\cup A_n$
$\cap$	$A\cap B$	A 与 B 的交集	所有既属于 A 又属于 B 的元的集 $A\cap B=\{x\mid x\in A$ 且 $x\in B\}$
$\cap$	$\bigcap\limits_{i=1}^{n}A_i$	$A_1,\cdots,A_n$ 的交集	$\bigcap\limits_{i=1}^{n}A_i=A_1\cap A_2\cap\cdots\cap A_n$
$\complement$	$\complement_I A$	I 中子集 A 的补集	I 中不属于子集 A 的所有元的集 $\complement_I A=\{x\mid x\in I$ 且 $x\notin A\}$ 如果行文中 I 已明确，可省去 I
$(\ ,\ )$	(a,b)	有序偶 a,b；有序数对 a,b	$(a,b)=(c,d)\Leftrightarrow a=c$ 且 $b=d$

2. 数理逻辑符号

符号	应用	符号名称	意义读法及备注
$\wedge$	$p\wedge q$	合取符号	p 和 q；p 且 q
$\vee$	$p\vee q$	析取符号	p 或 q
$\neg$	$\neg p$	否定符号	p 的否定；不是 p；非 p
$\Rightarrow$	$p\Rightarrow q$	推断符号	如果 p，那么 q；若 p 则 q；p 蕴含 q
$\Leftrightarrow$	$p\Leftrightarrow q$	等价符号	p 等价于 q
$\forall$	$\forall x\in A, p(x)$	全称量词	命题 $p(x)$ 对于每一个属于 A 的 x 为真. 当考虑的集 A 从上下文看明确时，可用记号 $\forall x, p(x)$
$\exists$	$\exists x\in A, p(x)$	存在量词	存在 A 中的元 x 使 $p(x)$ 为真. 当考虑的集 A 从上下文看明确时，可用记号 $\exists x, p(x)$

3. 其他符号

符号	应用	意义与读法	备注及示例
$=$	$a=b$	a 等于 b	$\equiv$用来强调这一等式是数学上的恒等式
$\neq$	$a\neq b$	a 不等于 b	
$\overset{\text{def}}{=\!=}$	$a\overset{\text{def}}{=\!=}b$	按定义 a 等于 b	
$\approx$	$a\approx b$	a 约等于 b	
$:$	$a:b$	a 比 b	
$<$	$a<b$	a 小于 b	
$>$	$b>a$	b 大于 a	
$\leqslant$	$a\leqslant b$	a 小于或等于 b	不用$\leqq$
$\geqslant$	$b\geqslant a$	b 大于或等于 a	不用$\geqq$
∞		无穷大或无限(大)	
.	13.59	小数点	

（续表）

符号	应用	意义或读法	备注及示例
··	$3.12\dot{3}8\dot{2}$	循环小数	即 3.123 823 82…
（ ）		圆括号	
［ ］		方括号	
｛ ｝		花括号	
±		正或负	
∓		负或正	
max		最大	
min		最小	

4. 运算符号

符号，应用	意义或读法	备注及示例
$a+b$	a 加 b	
$a-b$	a 减 b	
$a\pm b$	a 加或减 b	
$a\mp b$	a 减或加 b	
$ab, a\cdot b, a\times b$	a 乘以 b	如出现小数点符号时，数的相乘只能用×
$\frac{a}{b}, a/b, ab^{-1}$	a 除以 b 或 a 被 b 除	
$\sum_{i=1}^{n} a_i$	连加 $a_1+a_2+\cdots+a_n$	$\sum_{i=1}^{\infty} a_i=a_1+a_2+\cdots+a_n+\cdots$
$\prod_{i=1}^{n} a_i$	连乘 $a_1\cdot a_2\cdot\cdots\cdot a_n$	$\prod_{i=1}^{\infty} a_i=a_1\cdot a_2\cdot\cdots\cdot a_n\cdot\cdots$
a^p	a 的 p 次方或 a 的 p 次幂	
$a^{1/2}, a^{\frac{1}{2}}, \sqrt{a}$	a 的二分之一次方；a 的平方根	

（续表）

符号，应用	意义或读法	备注及示例
$a^{1/n}, a^{\frac{1}{n}}, \sqrt[n]{a}$	a 的 n 分之一次方；a 的 n 次方根	
$\|a\|$	a 的绝对值；a 的模	
$\overline{a}$	a 的平均值	a 为变量
$n!$	n 的阶乘	$n\geqslant1$ 时，$n!=1\times2\times3\times\cdots\times n$. $n=0$ 时，$n!=1$.
$C_n^p, \binom{n}{p}$	组合数；二项式系数	$C_n^p=\dfrac{n!}{p!(n-p)!}$ $(p\leqslant n)$

5. 函数符号

符号，应用	意义或读法	备注及示例
f	函数 f	也可以表示为 $x\mapsto f(x)$
$f(x)$	函数 f 在 x 的值	也表示以 x 为自变量的函数 f
$f(x)\|_a^b, [f(x)]_a^b$	$f(b)-f(a)$	这种表示法主要用于定积分计算
$f(g(x)), f\circ g$	g 与 f 的复合函数	$(f\circ g)(x)=f(g(x))$
$x\to a$	x 趋于 a	用 $x_n\to a$ 表示数列 $\{x_n\}$ 的极限为 a
$\lim\limits_{x\to a}f(x)$	x 趋于 a 时 $f(x)$ 的极限	$\lim\limits_{x\to a}f(x)=b$ 可以写成 $f(x)\to b$，当 $x\to a$ 右极限及左极限可分别表示为 $\lim\limits_{x\to a^+}f(x)$ 和 $\lim\limits_{x\to a^-}f(x)$
Δx	x 的增量	
$\dfrac{df}{dx}, df/dx, f'$	单变量函数 f 的导数或微商	也可用 $\dfrac{df(x)}{dx}, f'(x), \dfrac{dy}{dx}, y'$
$\left(\dfrac{df}{dx}\right)_{x=a}$， $(df/dx)_{x=a}, f'(a)$	函数 f 的导数在 a 的值	也可用 $\left.\dfrac{df}{dx}\right\|_{x=a}, \left.\dfrac{dy}{dx}\right\|_{x=a}, y'\|_{x=a}$
$\dfrac{d^nf}{dx^n}, d^nf/dx^n, f^{(n)}$	单变量函数 f 的 n 阶导数	当 $n=2,3$ 时，也可以用 f'', f''' 代替 $f^{(n)}$
df	函数 f 的微分	也可用 dy

（续表）

符号，应用	意义或读法	备注及示例
$\int f(x)\mathrm{d}x$	函数 f 的不定积分	
$\int_a^b f(x)\mathrm{d}x$	函数 f 由 a 到 b 的定积分	
a^x	x 的指数函数（以 a 为底）	
e	自然对数的底	e＝2.718 281 8…
e^x，$\exp x$	x 的指数函数（以 e 为底）	在同一场合中，只用其中一种符号
$\log_a x$	以 a 为底 x 的对数	
$\ln x$	$\ln x=\log_e x$，x 的自然对数	
$\lg x$	$\lg =\log_{10} x$，x 的常用对数	
$\sin x$	x 的正弦	
$\cos x$	x 的余弦	
$\tan x$	x 的正切	也可用 $\mathrm{tg}x$
$\cot x$	x 的余切	$\cot x=1/\tan x$，也可用 $\mathrm{ctg}x$
$\sec x$	x 的正割	$\sec x=1/\cos x$
$\csc x$	x 的余割	$\csc x=1/\sin x$
$\sin^m x$	$\sin x$ 的 m 次方	其他三角函数的表示法类似
$\arcsin x$，$\sin^{-1}x$	x 的反正弦	$y=\arcsin x\Leftrightarrow x=\sin y$ $-\pi/2\leqslant y\leqslant\pi/2$ 反正弦函数是正弦函数在上述限制下的反函数
$\arccos x$，$\cos^{-1}x$	x 的反余弦	$y=\arccos x\Leftrightarrow x=\cos y$ $0\leqslant y\leqslant\pi$ 反余弦函数是余弦函数在上述限制下的反函数
$\arctan x$，$\tan^{-1}x$	x 的反正切	$y=\arctan x\Leftrightarrow x=\tan y$ $-\pi/2< y<\pi/2$ 反正切函数是正切函数在上述限制下的反函数
$\mathrm{arccot}x$，$\cot^{-1}x$	x 的反余切	$y=\mathrm{arccot}x\Leftrightarrow x=\cot y$ $0< y<\pi$ 反余切函数是余切函数在上述限制条件下的反函数